高职高专"十二五"建筑及工程管理类专业系列规划教材

建设工程合同管理

主　编　高成民

副主编　郑秦云　贾　鹏　胡　凯

西安交通大学出版社
XI'AN JIAOTONG UNIVERSITY PRESS

内 容 提 要

　　本书在建设工程合同管理若干研究成果的基础上，全面系统地阐述了建设工程合同管理的概念、类型和操作使用方法，着重介绍了国内外工程建设领域常用的合同示范文本和其他特殊类型的合同文本，以及建设工程合同争议的解决方法。

　　本书具有以下特点：知识链条比较完整，可操作性强；注重知识点与现行法律体系的协调性及所涉及知识的准确性；语言简练，适当开拓知识范围；附加了建造师考证相关内容。

　　本书可作为工程管理专业及土木工程其他相关专业教材使用，也可作为工程建设领域各类专业技术人员和管理人员学习建设工程合同管理知识和建造师考证的参考书。

前言

建设工程合同在建筑设计、施工和其他建设事务中起着依法约束合同当事人各方行为的作用。建设工程合同管理是工程项目管理的核心内容。自从我国在工程建设领域全面推行合同管理制度和招投标制度以来，建设工程合同管理在大中型建设项目管理过程中正在发挥着愈来愈重要的作用。建设工程合同既是承发包双方履行义务和享有权利的法律基础，同时亦是处理建设项目实施过程中各类争端和纠纷的法律依据。作为工程管理专业的必修课程，通过"建设工程合同管理"这门课程的学习，有助于学生掌握合同的概念及类型、合同法的相关知识、各类型建设合同的示范文本和其他文本，以及合同争议的解决方法，培养学生提高签订合同、履行合同和管理合同的实践能力。"建设工程合同管理"同样也是土木工程其他相关专业的重要课程之一，掌握建设工程合同管理知识，可进一步提高学生的综合素质和能力，为未来从事实际工作打下良好的基础。

现将本书的一些重要特点简述如下：

第一，本书知识链条比较完整，可操作性强。本书以我国的合同法制度和招投标制度为基本的出发点，把现行建设工程合同分为实务操作类合同和咨询服务类合同，在概括介绍各类合同示范文本的同时，较详细地分析了施工合同示范文本通用条款中所采进的国际合同公约、FIDIC 合同条件和知识。本书贴近实际，紧密联系合同事务操作，许多知识点都是从工程实践中总结提炼出来的。

第二，本书注重知识点与现行法律体系的协调性及所涉及知识的准确性。例如，本书中将所有标示"业主"的地方统统改为"建设方"，用以保持与《中华人民共和国物权法》的规定协调一致。本书删除了"项目法人"等不规范的说法。本书还对"索赔"等概念作了限制性规定，强调了索赔是专有的建设事务之一，只能发生在非建设方对建设方的方向上。

第三，本书语言简练，适当开拓知识范围，不乏精彩论述。例如，本书在论述合同类型时，开拓介绍了国内外使用较多的 LEC、BOT、BT 等合同。本书叙述了合同订立方面的内容，同时详细介绍了合同谈判的准备和实施及过度分包的弊端。

第四，本书附加了建造师考证指导。在每一章之后，按"考证知识点"、"单项选择题"、"多项选择题"、"综合简答题"四个层次给出选题，既与该章内容挂钩，又在一定范围内开拓扩展，以求增大覆盖面。虽然只选了200多道题，却是题题精当，其内容是经得起回味与咀嚼的。

本书除作为工程管理专业及土木工程其他相关专业教学教材使用外，同时也可作为工程建设领域各类专业技术人员和管理人员学习建设工程合同管理知识和建造师考证的参考书。

本书由高成民担任主编，郑秦云、贾鹏、胡凯担任副主编。具体编写分工如下：第1、8章由中铁咸阳管理干部学院高成民撰写，第2、10章由陕西丰瑞律师事务所贾鹏撰写，第3章由杨凌职业技术学院王华撰写，第4、9章由中铁咸阳管理干部学院任阿娟撰写，第5、6章由长江工程职业技术学院胡凯撰写，第7章由中铁咸阳管理干部学院仵秀琦撰写。原中铁一局新运公司法律顾问、现为陕西国际商贸学院教师郑秦云负责全书统稿和修改，并编写了本书所有的习题，还在运用本书知识与考证事务的联系方面做了若干探讨。

本书编写过程中，引用了许多国内同行及学者的观点和著作，在此表示衷心的感谢！由于编者水平所限，书中难免有疏漏之处，敬请各位读者和同行批评指正，我们将不胜感激。

编者
2013 年 6 月

目 录

第1章
绪论

学习要点

1.了解合同的概念、内容和分类

2.掌握合同在工程项目中的作用以及注意事项

1.1　合同的概念

合同是指平等主体的自然人、法人、其他组织之间设立、变更、终止民事权利义务关系的协议。合同也称为契约或协议。合同有广义和狭义之分。广义的合同泛指以确定主体民事权利、义务关系为内容的协议,除经济和其他民事合同外,还包括行政合同、劳动合同等。狭义的合同一般指经济合同和与经济事务相联系的其他民事合同。本书以狭义的合同为主要的表述形式。

合同是反映交易关系和物权转换关系的一种法律形式。它具有以下法律特征:合同主体的法律地位平等;合同以设立、变更或终止民事权利义务关系为目的;合同是当事人意思表示一致的协议。

从合同的本质来看,合同是债的一种主要表现形式。《中华人民共和国民法通则》(以下简称《民法通则》)第84条规定:债是按照合同的约定或依照法律的规定,在当事人之间产生的特定的权利和义务关系。在债的法律关系中,债权人有权要求债务人按照法律或者合同约定履行义务,而债务人负有为满足债权人的请求而为特定行为的义务。由于合同反映的只是正常的、典型的交易关系和物权转换关系,而实践中还可能存在一些非正常的、特殊的上述关系,如不当得利和侵权行为所产生之债等,都不能为合同之债所概括。因此,债包括但不限于合同之债。

合同是发生在当事人之间的一种法律关系。合同关系和一般民事法律关系一样,也是由主体、内容和客体这三个要素组成的。

(1)合同关系的主体指自然人、法人、其他组织,一般是特定的,但也不是固定不变的。依照法律规定和合同约定,债可以发生变更和转移,从而合同的主体也会发生变化。

(2)合同关系的内容主要指合同当事人之间以合同标的为中心的权利义务关系。

(3)合同关系的客体是合同当事人权利和义务共同指向的对象,可以是物,也可以是行为。

1.2　合同的分类

就总体而论,合同是债的主要载体和表现形式,它可以划分成物权合同和债权合同两大类。1999 年制定现行《中华人民共和国合同法》(以下简称《合同法》)的时候,因我国尚无明确的物权方面的法律规定,致使分则中缺少了物权方面的有名合同。2007 年《中华人民共和国物权法》公布,有关规定未能在《合同法》中很好体现,成为《合同法》先天不足的部分。现就债权合同作如下分类:双务合同与单务合同、有偿合同与无偿合同、有名合同与无名合同、诺成合同与实践合同、要式合同与不要式合同、主合同与从合同。

➤ 1.2.1 双务合同与单务合同

根据合同当事人各方权利义务的对应方式,合同可划分为双务合同与单务合同。

(1)双务合同。双务合同是指合同当事人各方均享有权利和承担义务、一方的权利和另一方的义务互相对应的合同。各方都要认真履行义务以保证对方权利的实现。

典型的双务合同有买卖、租赁、借款、运输、财产保险、合伙等合同。

建设工程的各类合同均为双务合同。如施工合同中,甲方享有获得合格的建筑产品的权利和按时支付工程进度款的义务,乙方则享有获得工程进度款的权利和按施工图纸及相关标准规范提供合格建筑产品的义务。

(2)单务合同。单务合同是指合同当事人一方只享有权利而不承担义务,另一方当事人只承担义务而不享有权利的合同。

典型的单务合同有赠与合同、无偿保管合同和归还原物的借用合同。

(3)区分单务合同与双务合同的意义。

区分单务合同与双务合同的意义,主要在于确定两种合同的不同效力。即:

①是否行使抗辩权。双务合同中存在行使抗辩权(含同时抗辩权、先后抗辩权和不安抗辩权)等法律问题,单务合同中,不存在此一法律问题。

②在风险负担上不同。单务合同中不发生双务合同中的风险负担问题。

③因过错违约可导致合同执行的后果不同和违约责任的承担有区别。

在双务合同中,如果一方违约,可导致合同执行逾期、变更或解除,违约方应承担违约责任;如果双方违约,也可导致合同执行逾期、变更或解除,各方承担自身的违约责任,在部分情况下可以互相折抵。在单务合同中,也会有合同执行逾期、变更或解除的问题,但只能由义务方承担违约责任。

➤ 1.2.2 有偿合同与无偿合同

根据当事人是否可以从合同中获取某种利益,可以将合同分为有偿合同与无偿合同。

(1)有偿合同,是指一方通过履行合同规定的义务而给对方某种利益,对方要得到该利益必须支付相应代价的合同。有偿合同是商品交换最典型的法律形式。在实践中,绝大多数交易合同都是有偿的。

(2)无偿合同,是指一方给付对方某种利益,对方取得该利益时并不支付任何代价的合同。无偿合同并不是反映交易关系的典型形式,它是等价有偿原则在实践中的例外现象,一般很少采用。

各类建设工程承包合同均属有偿合同,而借用合同、赠与合同等则属无偿合同。

➤ 1.2.3 有名合同与无名合同

根据法律上是否规定了某类合同的名称,可以将合同分为有名合同与无名合同。

(1)有名合同,是指法律文件上已经确定了一定的名称及基本内容的合同。如《合同法》分则中所给出的15类合同,都属于有名合同。

(2)所谓无名合同,是指法律文件上尚未确定一定的名称的合同。无名合同产生以后,经过一定的发展阶段,其基本内容和特点已经形成,则可以由《合同法》或其他有关法律文件予以规范,使之成为有名合同。

(3)有名合同与无名合同的区分意义,主要在于两者适用的法律规则不同。

对于有名合同,应当直接适用《合同法》或其他有关法律文件的规定。但在确定无名合同的适用法律时,首先是《合同法》的一般规则;其次,应当比照类似的有名合同的规则,参照合同的经济目的及当事人的意思表示等进行处理。例如旅游合同,因其包含了运输合同、服务合同、房屋租赁合同等多项有名合同的内容,因此可以类推适用这些有名合同的规则。

➤ 1.2.4 诺成合同与实践合同

(1)所谓诺成合同,是指当事人各方意思表示一致,合同即告成立的合同——"一诺即成"的合同。

根据合同法律规定,具有救灾、扶贫等社会公益、道德义务性质的赠与合同,属于诺成合同。赠与人在赠与财产的物权转移之前不能撤销赠与。

(2)所谓实践合同,是指除当事人意思表示一致外尚须交付标的物才能成立的合同。例如寄存合同,必须要寄存人将寄存的物品交保管人,合同才能成立并生效。

➤ 1.2.5 要式合同与不要式合同

根据合同是否应以一定的形式为要件,可将合同分为要式合同与不要式合同。

(1)所谓要式合同,是指在具备书面形式的前提下,根据法律法规或章程规定以及约定须经办理某种手续才能成立的合同。

对于一些重要的交易合同,法律常要求当事人必须采取特定的方式订立。例如,中外合资经营企业合同,只有获得地方政府商务管理部门的批准才能成立。抵押合同依法应登记而不登记的,则合同不能产生法律效力。

(2)所谓不要式合同,是指当事人订立的合同并不需要采取特定的形式就能成立的合同。当事人可以采取口头方式,也可以采取书面形式。

合同除法律等有特别规定者外,均为不要式合同。

➤ 1.2.6 主合同与从合同

根据合同相互间的主从关系,可以将合同分为主合同与从合同。

(1)所谓主合同,是指不需要依附其他合同而可独立存在的合同。

(2)所谓从合同,就是以依附其他合同的生效为存在前提的合同。

如建设工程施工合同为主合同,质量保修书为施工合同的从合同。

(3)主合同未成立,从合同也不能成立。主合同被宣告无效,从合同不一定无效。例如合同争议仲裁协议是有关合同的从合同,它的效力并不受主合同效力的影响。

1.3 合同在工程项目管理中的地位与作用

➤ 1.3.1 合同是工程项目管理的核心

任何一个建设项目的实施,特别是大中型建设项目的实施,都是通过签订一系列的承发包合同和其他有关合同来实现的。通过对承包范围、价款、工期和质量标准等合同条款的约定和履行,建设方可以在合同环境下调控建设项目的运行状态。通过对合同管理目标责任的分解,合同当事人各方还可以规范项目管理机构的内部职能,紧密围绕合同条款开展项目管理工作。合同始终是工程项目管理的核心。

➤ 1.3.2 合同是合同当事人各方履行义务、享有权利的法律基础

建设工程合同通常约定了合同当事人各方的基本权利和义务关系。如发包方必须按时支付工程进度款,及时参加隐蔽验收和中间验收,及时组织工程竣工验收和办理竣工结算等。承包方则必须按施工图纸和批准的施工组织设计组织施工,向建设方提供符合约定质量标准的建筑产品等。合同中明确约定的各项权利和义务是合同当事人各方履行义务、享有权利的法律基础。

➤ 1.3.3 合同是处理工程项目实施中各种争执和纠纷的法律依据

工程项目通常具有建设周期长、标底金额大、参建单位众多和技术复杂等特点。在合同履行中,建设方与承包商之间、不同承包商之间、承包商与分包商之间以及建设方与供应商或生产厂家之间不可避免地产生各种争执和纠纷。而调解处理这些争执和纠纷的基本依据应是合同当事人各方在合同中事先作出的各种约定,如合同的索赔与反索赔条款、不可抗力条款、合同变更条款等。作为合同的一种特定类型,建设工程合同同样具有一经签订即具有法律效力的属性。所以,合同是处理工程项目实施中各种争执和纠纷的法律依据。

▌ 复习思考题

1. 简述合同的概念及其法律特征。
2. 合同的本质是什么?
3. 合同关系的内涵如何表述?
4. 简述双务合同与单务合同的概念和联系。
5. 简述有偿合同与无偿合同的概念和联系。
6. 简述有名合同与无名合同的概念和联系。
7. 简述诺成合同与实践合同的概念和联系。
8. 简述要式合同与不要式合同的概念和联系。
9. 简述主合同与从合同的概念和联系。
10. 分析合同在工程项目管理中的地位与作用。

考证知识点

1. 建设工程合同管理是工程项目管理的核心内容。

2. 建设合同必须具有书面形式。

3.《合同法》第16章明文规定了建设工程合同的地位和作用。

4. 建设合同主体必须具有法人资质。

5. 建造师是一种专业资格的名称，而项目经理是一种工作岗位的名称。

6. 国际上项目经理不是企业在项目的代表人，前者的权力要大得多。

7. 按FIDIC合同文件规定，银皮书适用于交钥匙承包工程，一般采用固定总价合同条件。

8. 项目总包和施工总包的最大不同之处，在于项目总包方需要负责全部或部分设计，并可负责物资设备的采购。

9. 质量方针是组织最高管理者的质量宗旨、经营理念和价值观的反映。

10. 质量目标的决策者是建设方。

11. 建设工程的五重包含是指：项目工程⊇单项工程⊇单位工程⊇分部工程⊇分项工程⊇检验批。

12. 一级建造师可以担任房建工程等全部十种工程的项目经理，而二级建造师只能担任其中的六种工程的项目经理。

13. 劳务分包是独立类别的资质系列。

14. 工程监理资质分为综合资质、专业资质和事务所资质三类，或称一、二、三级资质。

15. 勘察、设计单位往往合一，资质并算。

16. 工程档案移交程序是：分包方→总包方→建设方→档案馆（或自行保存）。

17. 当事人不服某级行政处罚，可向同级人民政府或上级行政部门申请行政复议。

单项选择题

1. 以下建设工程（　　）管理是工程项目管理的核心内容。
A. 索赔　　　　　　B. 安全　　　　　　C. 施工　　　　　　D. 合同

2. 建设合同必须具有书面形式是（　　）合同的表现形式之一。
A. 双务　　　　　　B. 有偿　　　　　　C. 要式　　　　　　D. 实践

3.《合同法》第16章明文规定了建设工程合同的地位和作用，说明该种合同是（　　）合同。
A. 有名　　　　　　B. 主　　　　　　C. 从　　　　　　D. 诺成

4. 建设工程合同的主体应当具有（　　）资质。
A. 自然人　　　　　B. 法人　　　　　C. 其他组织　　　　D. 任意

5. 建造师源于英国，已有160多年的历史，是一种（　　）的名称。
A. 职业种类　　　　B. 专业资格　　　C. 工作岗位　　　　D. 技术职称

6. 国内建设工程项目经理一般是承包企业在项目的代表人，这同国外的现状基本是（　　）的。
A. 一致　　　　　　B. 吻合　　　　　C. 类似　　　　　　D. 不同

7. 按FIDIC合同文件规定，银皮书适用于交钥匙承包工程，一般采用（　　）合同条件。
A. 固定单价　　　　B. 成本＋固定酬金　C. 固定总价　　　　D. 可调总价

8.施工总包方需要实施主体工程施工任务,并可负责物资设备的采购,但( )承担全部或部分设计任务。

A.并不　　　　　B.还须　　　　　C.还可　　　　　D.可选择

9.质量方针是( )的质量宗旨、经营理念和价值观的反映。

A.全体经营者　　B.建设方　　　　C.施工方　　　　D.组织最高管理者

10.质量目标的( )者是建设方。

A.实施　　　　　B.制订　　　　　C.决策　　　　　D.提出

11.为实施抽样检查而汇集起来的单位产品称为检验批。它一般处于工程项目的( )。

A.顶层　　　　　B.底层　　　　　C.中层　　　　　D.任意层次

12.经调整,现行建造师考试大纲将一、二级建造师可担任项目经理的工程项目门类划为( )类。其中二级门类完全包含在一级门类之中。

A.14,8　　　　　B.10,6　　　　　C.14,9　　　　　D.10,5

多项选择题

1.以下关于企业资质等级划分的表述中正确的是( )。

A.取得甲级工程勘察劳务资质的企业,承接勘察业务范围不受限制

B.劳务分包与施工总包企业资质划分属于两个独立序列

C.工程监理企业的资质等级分为一、二、三级

D.工程设计资质分为设计综合资质、设计行业资质和设计专项资质

E.工程勘察综合资质与工程设计综合资质只设置一个级别

2.项目总包单位按合同约定实施分包后,关于工程档案的移交归档正确的说法是( )。

A.总包单位汇总各分包单位的工程档案整理无误后向城建档案馆移交

B.分包单位自行整理自身分包档案向总包单位移交

C.建设单位负责对涉及项目的工程档案进行审查并在审查合格后向城建档案馆移交

D.勘察、设计单位立卷归档后向总包单位移交

E.分包单位对涉及自身的工程文件资料归档后由自家档案室保管,不考虑移交

3.对某地级市建设行政主管部门做出的具体行政行为,当事人不服,可以向( )申请行政复议。

A.市建设行政主管部门　　　　　　B.省建设行政主管部门

C.市人民政府　　　　　　　　　　D.省级人民政府

E.国务院建设行政主管部门

第2章
合同法及相关法律概述

 学习要点

1. 了解合同法及其他民事法律的法律关系
2. 掌握合同成立的要件、形式和效力
3. 了解招标投标的法律制度

2.1 合同法基础

2.1.1 民事法律关系

1. 民事法律关系的概念及特征

民事法律关系是指为民事法律规范所确认和保护的,以相关权利、义务关系为内容的社会关系。

民事法律关系具有以下特征:

(1)平等主体之间的关系,一般是自愿设立的。由于民法规范调整的社会关系是平等主体之间的财产关系及相关的人身关系,按民法规范确立的法律关系也就只能是平等主体之间的关系。同时,民事法律关系体现着当事人的意志,一般是由当事人依自己的意思自愿设立的。只要当事人依其意思实施的行为不违反法律规定,所设立的法律关系就应当受法律保护。

(2)以民事权利和义务为内容的法律关系。民法规范调整社会关系就是赋予民事主体以相应的权利和设定必要的义务,因此,民事法律关系也就是民事权利义务关系。民事法律关系一经确立,当事人一方即享有某种民事权利,而另一方便负有相应的民事义务。

(3)保障措施具有补偿性和财产性。民法调整对象的平等性和财产性也表现在民事法律关系的保障手段上,即民事责任以财产补偿为主要内容,惩罚性和非财产性责任不是民事责任的主要表现形式。

2. 民事法律关系的要素

主体、客体和内容为民事法律关系的要素。其中任何一个发生变化,民事法律关系也就发生变化。

(1)民事法律关系的主体。民事法律关系的主体简称民事主体,是指参与民事法律关系享受民事权利和负担民事义务的人。因此,自然人、法人和其他组织都可成为民事主体。国家也可以成为民事主体,例如,国家是国家财产的所有人,是国债的债务人。

(2)民事法律关系的内容。民事法律关系的内容是民事主体在民事法律关系中享有的权利和负担的义务。民事法律关系的内容包括权利和义务两个方面,既相互对立,又相互联系。

权利的内容是通过相应的义务来表现的,义务的内容是由相应的权利来限定的。

(3)民事法律关系的客体。民事法律关系的客体是指民事法律关系中的权利和义务共同指向的对象。按照不同的标准,对民事法律关系可作以下分类:

①按照是否直接具有财产利益的内容,民事法律关系可分为财产法律关系和人身法律关系。其中人身关系是指与主体不可分离的,不直接具有财产内容的民事法律关系。

②根据义务主体的范围,民事法律关系可分为绝对法律关系和相对法律关系。绝对法律关系是指义务主体不特定,权利人以外的一切人均可为义务人的民事法律关系。相对法律关系是指义务主体为特定人的民事法律关系。

③根据内容的复杂程度,民事法律关系可分为单一民事法律关系和复合民事法律关系。单一民事法律关系是指只有一组对应的权利义务关系的民事法律关系。复合民事法律关系是指具有两组以上对应的权利义务关系的民事法律关系。

④根据形成和实现的特点,民事法律关系可分为权利性民事法律关系和保护性民事法律关系。权利性民事法律关系,是指民事主体依其合法行为而形成的,能够正常实现的民事法律关系。保护性民事法律关系,是指因不法行为而发生的民事法律关系。

3.民事法律关系的发生、变更与消灭

一定的民事法律事实的出现,会使民事主体之间形成某种民事权利义务关系;或使原有的民事法律关系发生了包括主体变更、客体变更和内容变更的后果;或使原有的民事法律关系终结。以上分别被称为民事法律关系的发生、变更与消灭。

➤ 2.1.2 法律事实

1.概念

(1)法律事实,就是法律规定的、能够引起法律关系产生、变更和消灭的客观现象。法律事实的一个主要特征,是它在现实中客观存在且符合相关法律条文所设定的条件。

(2)法律事实与一般意义上的事实有重要区别:法律事实是一种规范性事实,符合相关法律条文所设定的条件;法律事实是一种能用证据证明的事实(法律明确规定可以推定的除外);法律事实是一种应当被有权部门采信用作依法处理争议所依据的事实。

2.法律事实的种类

(1)按照法律事实是否与当事人的意志有关,可以把法律事实分为事件和行为。这是一种最基本、最重要的分类。

事件又称为法律事件,指能够引起法律关系形成、变更或消灭的事件。其特点是,它的出现与当事人的意志无关,不是由当事人的行为所引发的。如各种时效的规定等。

行为指的是与当事人意志有关,能够引起法律关系产生、变更或消灭的作为和不作为。行为与事件的不同之处在于当事人的主观因素成为引发某种民事后果的原因。

由于不可抗力或不可预见的原因而引起的具有某种法律后果的事件,在法律上应被归入意外事件。

(2)按事实的存在方式,可把法律事实分为确认式法律事实和排除式法律事实。前者指的是只有当该事实得到确认之后,才能引起一定法律后果的法律事实;而后者指的是只有该事实被排除后,才能引起一定法律后果的法律事实。

（3）按照引起法律后果所需要的法律事实的数量,可把法律事实分为单一的法律事实和事实构成。前者指无需其他事实出现就能单独引起某种法律后果发生的法律事实。后者指由数个事实同时出现才能引起法律后果的法律事实。多数法律关系的形成、变更或消灭,必须以同时具备数个法律事实为条件。如房产管理部门办理过户登记手续,至少需要买卖双方达成一致,实施了房款交付和房屋交割、其他人无异议、经审查符合有关法律规定等条件。

2.1.3 代理

1. 概念

代理指代理人以被代理人的名义在代理权限内实施直接对被代理人发生效力的法律行为,包括民事代理、诉讼代理以及其他具有法律意义的行为。有些行为为必须由本人亲自进行,不得代理,如婚姻登记、设立遗嘱、某些具有人身性质的债务的履行等。

2. 基本特征

代理具有下列基本特征:

（1）代理行为必须是具有法律意义的行为。

（2）代理人在代理权限内独立为意思表示。

（3）代理人以被代理人的名义为民事法律行为。

（4）被代理人对代理人的代理行为承担民事责任。

3. 分类

（1）依产生的根据不同,分为:

①委托代理,即代理人依照被代理人授权进行的代理。

②法定代理,即根据法律规定而产生的有权代理。如父母对其未成年子女的代理。

③指定代理,即代理人依照有权机关的指定而进行的代理。如法院根据法律规定和案情需要而为某些当事人所指定的代理人。故这种代理实际上属于法定代理的范畴。

（2）依代理人的人数,可分为一人代理或数人共同代理。除法律另有规定或被代理人另有意思表示外,数人共同代理时应当共同负责。

（3）依授权人的不同,又可分为代理及复代理。复代理指代理人在必要时可将他代理事项的一部或全部转托他人代理,又称再代理。复代理人也是被代理人的代理人,其权利义务与其他代理人一致。

4. 代理权和代理证书

（1）代理权,指在某种时空条件下,代理人可用被代理人的名义实施某种法律行为的权限。

（2）代理证书是证明代理人有代理权的文件。在法定代理中,代理人的身份证明文件就是代理证书。在指定代理中,有权机关的指定函就是代理证书。

5. 无权代理

无代理权而以他人的名义实施法律行为称为无权代理。如未经授权的代理,超越授权范围的代理,原代理权已消灭条件下的代理等。无权代理如经被代理人追认即成为有效代理;未经追认,则无权代理人应当自己承担法律后果。

6. 代理关系的消灭

代理关系消灭的原因主要有以下几个方面:

（1）身为代理人或被代理人的自然人死亡或法人及其他组织消灭。

（2）代理人丧失行为能力。

（3）设定法定代理的前提消失，如被代理人取得或者恢复行为能力，代理人或被代理人之间的亲属关系或者监护关系因解除收养或离婚等而不存在。

（4）在委托代理和指定代理中，代理期限届满或代理任务完成，被代理人或指定代理机关撤销委托或指定代理，代理人辞去代理职务等。

7. 不能代理的行为

以下行为不能代理：实施具有人身性质的法律行为；履行具有人身性质的义务；实施违法行为；依照法律规定或者约定，必须由本人实施的其他法律行为。

代理人对于代理事务一般要亲自履行，复代理须经被代理人的认可或追认方有效。利己代理、双方代理都是法律所禁止的代理。

➢ 2.1.4 诉讼时效

1. 诉讼时效的概念

诉讼时效是指法律规定人民法院接受社会组织或自然人的请求追究违反法定或约定义务者及实施侵害者法律责任的有效期间。

我国的诉讼时效主要在《民法通则》第7章中进行了规定，属于实体法序列的内容。

2. 一般诉讼时效

《民法通则》第135条规定："向人民法院请求保护民事权利的诉讼时效期间为两年，法律另有规定的除外。"这表明，我国民事诉讼的一般诉讼时效为两年。

3. 特殊诉讼时效

《民法通则》第141条规定："法律对时效另有规定的，依照法律规定。"特殊时效可分为三种：

（1）短期时效。短期时效指诉讼时效不满两年的时效：

①《民法通则》第136条规定："下列的诉讼时效期间为一年：身体受到伤害要求赔偿的；出售质量不合格的商品未声明的；延付或者拒付租金的；寄存财物被丢失或者损毁的。"

②《中华人民共和国海商法》规定，海上货物运输的货主向承运人要求赔偿的时效期间为一年；被法院认定为负有责任的人向第三人提起追偿请求的，时效期间为九十日；海上拖航合同的受损方请求赔偿的时效期间为一年；请求处理共同海损分摊的时效期间为一年。

③《中华人民共和国拍卖法》规定，买方因拍卖方对拍卖标的存在瑕疵未声明的，请求赔偿的诉讼时效期间为一年。

（2）中期时效。中期时效指两年以上二十年以下的诉讼时效。

①三年诉讼时效。《中华人民共和国海商法》第265条规定："有关船舶发生油污损害请求损害赔偿的时效期间为三年，自损害发生之日起计算；但是，在任何情况下时效期间不得超过从造成损害的事故发生之日起六年。"《中华人民共和国环境保护法》第42条规定："因环境污染损害赔偿的诉讼时效期间为三年，从当事人知道或者应当知道受到污染损害时起计算。"

②四年诉讼时效。《最高人民法院关于适用〈中华人民共和国合同法〉若干问题的解释（一）》第7条规定：技术进出口合同争议当事人的权利受到侵害的事实发生在合同法实施之

前,自当事人知道或者应当知道其权利受到侵害之日起至合同法施行之日超过两年的,人民法院不予保护;尚未超过两年的,其提起诉讼的时效期间为四年。

(3)最长诉讼时效。《民法通则》第137条规定"从权利被侵害之日起超过二十年的,人民法院不予保护"。

①《民法通则》第137条规定:诉讼时效期间从知道或者应当知道权利被侵害时起计算。有特殊情况的,人民法院可以延长诉讼时效期间。

②"二十年"诉讼时效期间,可以适用《民法通则》有关延长的规定,不适用中止、中断的规定。

③《最高人民法院关于执行〈中华人民共和国行政诉讼法〉若干问题的解释》第42条规定:"公民、法人或者其他组织不知道行政机关作出的具体行政行为内容的,其起诉期限从知道或者应当知道该具体行政行为内容之日起计算。对涉及不动产的具体行政行为从作出之日起超过二十年、其他具体行政行为从作出之日起超过五年提起诉讼的,人民法院不予受理。"

4. 除斥期间

除斥期间又称预备期间,指权利人行使某种民事权利(如反诉权、撤销权、解除权)必须在一个法定不变的期间(遇到公休日和法定节假日不予延长)内进行。

(1)《最高人民法院关于贯彻执行〈中华人民共和国民法通则〉若干问题的意见》第73条规定:当事人应在一年内请求变更或撤销某种民事权利。

(2)《合同法》第55条规定:"有下列情形之一的,撤销权消灭:具有撤销权的当事人自知道或者应当知道撤销事由之日起一年内没有行使撤销权;具有撤销权的当事人知道撤销事由后明确表示或者以自己的行为放弃撤销权。"

(3)《中华人民共和国继承法》第25条规定:"受遗赠人应当在知道受遗赠后两个月内,作出接受或者放弃受遗赠的表示,到期没有表示的,视为放弃受遗赠。"

(4)《中华人民共和国婚姻法》第11条规定:"受胁迫的一方撤销婚姻的请求,应当自婚姻登记之日起一年内提出。被非法限制人身自由的当事人请求撤销婚姻的,应当自恢复人身自由之日起一年内提出。"

(5)《最高人民法院关于审理铁路运输损害赔偿案件若干问题的解释的通知》第15条规定:"对承运中的货物、包裹、行李发生损失或逾期,向铁路运输企业要求赔偿的请求权,时效期间适用铁路运输规章180日的规定。"

5. 诉讼时效的起算、中断、中止

(1)诉讼时效的起算。诉讼时效从权利人知道或应当知道其权利受到侵害之日起开始计算。

(2)诉讼时效的中断。诉讼时效的中断指在诉讼时效期内,因发生一定的法定事由,致使已经经过的时效期间统归无效,待时效中断的事由消除后,诉讼时效期间重新计算。

中断诉讼时效的法定事由包括提起诉讼、当事人一方提出要求或者同意履行义务。目的是促使权利人行使请求权,消除权利义务关系的不稳定状态。例如,张三对李四欠款若干,逾期未还。李四自逾期日起的两年内,享有对张三的起诉权。在时间流逝一年半后,李四向张三索债,致时效中断。这样,李四便获得了一个新的两年时效期。只要李四总在两年期内索债,便会始终握有对张三的起诉权。为防止这样一个过程无限延伸下去,《民法通则》规定:历次诉讼时效中断之和不得超过20年。

（3）诉讼时效的中止。诉讼时效中止，指在诉讼时效进行中，因发生法定事由而使权利人无法行使请求权，应当依法暂停计算诉讼时效期间。

①《民法通则》第139条规定："在诉讼时效期间的最后六个月，因不可抗拒力或其他障碍不能行使请求权的，诉讼时效中止。"

②诉讼时效中止的条件是：

A. 诉讼时效的中止必须是因法定事由而发生。这些法定事由包括两大类：一是不可抗力，如自然灾害、军事行动等；二是其他障碍权利人行使请求权的情况。

B. 法定事由必须发生在诉讼时效期间的最后六个月内。

C. 诉讼时效中止之前已经经过的期间与中止时效的事由消失之后继续进行的期间合并计算。

2.2　合 同 法

➤ 2.2.1　合同法概述

1. 合同法的概念和特点

广义上的合同法是指调整合同关系的所有的法律法规的总称；在我国，狭义的合同法指1999年3月15日通过的《中华人民共和国合同法》。《合同法》具有以下特点：

（1）统一性。《合同法》的颁布和施行，结束了我国《经济合同法》、《涉外经济合同法》和《技术合同法》三足鼎立的模式，形成了统一的合同法律制度。

（2）合意性。当事人通过自由协商，决定他们相互之间的权利义务关系，并可根据自身意志协议修正或废止他们之间的合同关系。

（3）强制性。《合同法》中规定："当事人订立、履行合同，应当遵守法律、行政法规，尊重社会公德，不得扰乱社会经济秩序，损害社会公共利益。"

2. 合同立法的发展

1981年12月13日在全国人大五届四次会议上通过了《经济合同法》。在此基础上，全国人大常务委员会分别于1985年3月21日和1987年6月23日通过了《涉外经济合同法》和《技术合同法》，从而形成了以《民法通则》为基本法，《经济合同法》、《涉外经济合同法》和《技术合同法》并存的合同立法格局，并于1993年9月2日对《经济合同法》作了若干修改。1999年3月15日我国九届人大三次会议通过了《合同法》，标志着我国的合同法律制度进入了一个全新的阶段。

3. 合同法结构分析

《合同法》分为3则23章共428条。其中总则包括一般规定、合同的订立等8章，主要叙述了《合同法》的基本原理、原则和其他概括性规定。分则分别阐述了买卖合同等15种列名债权合同，共计15章。因立法时我国的《物权法》尚未问世，故该《合同法》中尚缺少关于列名物权合同方面的规定。附则仅有一条，规定了《合同法》生效日期和原有的三部合同法废止。

4. 合同法的基本原则

（1）平等原则。在合同法律关系中，当事人之间的法律地位一律平等。

(2)意思自治原则。即只有合同各方当事人协商一致,合同才能成立。

(3)公平原则。即在合同的订立和履行过程中,应当公平合理地调整合同当事人之间的权利义务关系。

(4)诚实信用原则。这是合同法的王牌原则,指在合同的订立和履行过程中,合同当事人应当诚实守信,维护当事人之间的利益与维护社会公共利益之间的平衡。

(5)遵守法律与公序良俗原则。即当事人订立、履行合同应当遵守法律、行政法规规定及尊重社会公德。

➤ 2.2.2　合同的成立

合同成立就是缔约各方当事人就合同内容的意思表示达成一致。

1.合同成立的条件

(1)当事人必须就合同的主要条款协商一致。这指合同各方经过谈判、讨价还价后达成基本的认同或默许。

(2)合同的成立应当经过要约和承诺两个阶段。

2.合同成立的地点

《合同法》第34条规定:"承诺生效的地点为合同成立的地点",但也要根据合同为不要式或要式而有所区别。不要式合同应以承诺发生效力的地点为合同成立地点,而要式合同则应以完成法定或约定形式的地点为合同成立地点。而采用数据电文形式订立合同的,收件人的主营业地为合同成立的地点;没有主营业地的,其经常居住地为合同成立的地点。当事人另有约定的,从其约定。

3.合同成立的时间

该项时间是由承诺实际生效的时间所决定的。由于我国合同法采取到达主义,因此承诺生效的时间以承诺到达要约人的时间为准。然而,在确定承诺生效时间时,有以下几点情况值得注意:

(1)承诺迟延到达。根据《合同法》第29条规定:"受要约人在承诺期限内发出承诺,按照通常情形能够及时到达要约人,但因其他原因承诺到达要约人时超过承诺期限的,除要约人及时通知受要约人因承诺超过期限不接受该承诺的以外,该承诺有效。"如果要约是以信件或者电报发出的,承诺期限自信件载明的日期或者电报交发之日开始计算。信件未载明日期的,自投寄该信件的邮戳日期开始计算。要约以电话、传真等快速通讯方式作出的,承诺期限自要约到达受要约人时开始计算(参见《合同法》第24条)。

(2)采用数据电文形式订立合同的。如果要约人指定了特定系统接受数据电文,则受要约人承诺的数据电文进入该特定系统的时间,视为到达时间;未指定特定系统的,该数据电文进入要约人的任何系统的首次时间,视为到达时间。

(3)以直接对话方式作出承诺。如果承诺不需要通知的,则受要约人一旦实施承诺,则可确定承诺生效的时间。如果合同必须以书面形式订立,则以双方在合同书上签字或盖章的时间为承诺生效的时间。如果合同必须经批准或登记才能成立,则应以批准或登记的时间为承诺生效的时间。

(4)需要签订确认书的情形。《合同法》第33条规定:"当事人采用信件、数据电文等形式订立合同的,可以在合同成立之前要求签订确认书。签订确认书时合同成立。"在各国的合同实务中,除美国立法强调以数据电文形式签订的合同需要当事人签发确认书外,其余大都遵从当事人的约定。确认书签发以前,双方达成的协议不过是一个初步协议,对双方并无真正的约束力。双方在达成初步协议以后,一方不签发确认书且使订约的另一方遭受了利益损害,则应负缔约过错责任。至于承诺人在作出承诺后,又提出签订确认书的问题,则实际上构成了违约。

4. 合同的成立与生效

《合同法》第 44 条规定:"依法成立的合同,自成立时生效。"但是已成立的合同并不必然生效。

①如前述法条所论,"法律、行政法规规定应当办理批准、登记等手续生效的,依照其规定。"

②法律法规规定或合同约定有关合同须经履行某种手续、遵从某种程序或实施某种行为才能生效的,从之。例如,以交付定金、提存实物及遵从时间安排等为合同生效要件的,应当照办。

➤ 2.2.3 合同的形式与内容

当事人订立合同,有书面形式、口头形式和其他形式。法律规定和当事人约定采用书面形式的合同,从之。

口头形式优点在于方便快捷,缺点在于发生合同纠纷时难以取证,不易分清责任。口头形式适用于能即时清结的合同关系。

书面形式是指当事人以合同书或者电报、电传、电子邮件及其他数据电文形式表现所载内容的合同。书面形式有利于交易的安全,重要的合同应该采用书面形式。书面形式又可分为下列几种形式:

①由当事人双方依法就合同的主要条款协商一致并达成的书面协议。

②格式合同或称格式条款。

③双方当事人来往的信件、电报、电传等。现在各国对合同形式的要求倾向于宽松,法律只选择性地规定必须具备书面形式或其他形式的合同。

➤ 2.2.4 合同的效力

合同效力,指已经成立的合同在当事人之间产生的法律效力。合同的效力可分为四大类,即有效、无效、效力待定和可撤销。

1. 有效合同

(1)有效合同,指依照法律的规定成立并在当事人之间产生法律约束力的合同。

①对合同有效的概括要求是:当事人应当具有相应的民事权利能力和民事行为能力;当事人意思表示真实一致;合同内容不违反法律及社会公德;根据《合同法》第 10 条的规定来看,有些合同的生效或有效还要求合同必须具备一定的形式。

②依法成立的合同,受法律保护。如果一方当事人不履行合同义务,另一方当事人有权要求对方继续履行合同并承担违约责任。

(2)有效合同的效力。

①对当事人具有法定的拘束力。当事人应当按照约定履行自己的义务,不得擅自变更或

者解除合同。

②依法成立的合同,自成立时生效。

③合同效力内容有三:从权利上来说,当事人的权利依法受到保护;从义务上来说,当事人应按合同约定履行合同义务,否则要承担违约责任;在一定条件下对第三人也有拘束力。

2. 无效合同

(1)无效合同的特征。无效合同指自始不具有法律效力的合同。其特征是:

①违法性。它包括形式违法和内容违法。前者如法定的要式合同无书面文本或缺失成立的要件;后者如合同主体、标的和其他内容违反法律的强制性规定。

②自始无效性。已经履行的部分依法另行处理,尚未履行的部分应当立即停止履行。

③灵活性。有的合同虽然具有违法性,但形式或内容并非违反了法律的强制性规定,《合同法》将有关合同归入"可撤销"类,合同对方认可则有效,不认可则可取缔。

(2)合同无效的原因。

①《合同法》第52条规定:"有下列情形之一的,合同无效:①一方以欺诈、胁迫的手段订立合同,损害国家利益;②恶意串通,损害国家、集体或者第三人利益;③以合法形式掩盖非法目的;④损害社会公共利益;⑤违反法律、行政法规的强制性规定。"

②《合同法》第53条规定:"合同中的下列免责条款无效:①造成对方人身伤害的;②因故意或者重大过失造成对方财产损失的。"这一条款属于《合同法》的强制性条款,违反了这一规定的合同,都应宣告无效。

"违反法律、行政法规的强制性规定",这才是合同无效的根本性原因。《合同法》第52条、第53条的规定都是"法律的强制性规定",在合同实务中应当严格按照《合同法》的这一规定来进行具体的分析、判断和处理。

(3)无效合同的分类。根据《民法通则》第55条的规定,应将无效合同分为三大类,即主体不合格、意思表示不真实及形式或内容违反法律、社会公共利益。这三种分类其实也是合同无效原因的三种概括。只有违法情节恶劣、后果严重、达到法定的程度,才能宣告有关合同无效。

①"一方以欺诈、胁迫的手段订立合同,损害国家利益"。如果没有损害国家利益而只是损害了合同相对人的利益,则根据《合同法》第54条的规定只能宣告合同为可撤销的合同。

②"恶意串通,损害国家、集体或者第三人利益"。由于合同的一方或各方违法手段卑鄙,情节恶劣,因此应当确认有关合同无效。

③"以合法形式掩盖非法目的"。这种合同尽管在形式上是合法的,但是由于该种合同在缔约手段上的欺骗性和合同客体上的不法性,显属违法情节恶劣,所以有关合同应作无效合同处理。

④"损害社会公共利益"。现在各国都对此作出了明确的规定。《民法通则》第7条规定:"民事活动应当尊重社会公德,不得损害社会公共利益,破坏国家经济计划,扰乱社会经济秩序。"所以,此类合同显系影响很大和致损程度严重的合同,应当依法宣告无效。

(4)合同无效的宣告和撤销请求权的行使。

①人民法院或者仲裁机构是法定的可以宣告合同无效的机构。它们可以应合同当事人的申请或合同管理机关的请求,宣告有关合同无效;也可以主动就所查知的合同依法宣告无效。在这里,有关的申请和请求并不是在行使所谓的请求权,也不受一年除斥期间的限制。

②人民法院或仲裁机构对于可撤销的合同,应当充分尊重有关当事人的请求权。

按《合同法》第54条的规定,有关当事人申请撤销的,人民法院或仲裁机构才可予以撤销;"当事人请求变更的,人民法院仲裁机构不得撤销"。这种撤销请求权的行使,有一个一年除斥期间的限制。

3.效力待定合同

(1)效力待定的合同,是指有关合同虽然已经成立,但因其不完全符合法律有关生效要件的规定,一般须经完善要件并经有关的承认或追认才能生效。

(2)效力待定合同主要包括三种情况:一是无行为能力人订立的和限制行为能力人依法不能独立订立的合同,必须经其法定代理人的承认才能生效;二是无权代理人以本人名义订立的合同,必须经过本人追认,才能对本人产生法律拘束力;三是无处分权人处分他人财产权利而订立的合同,未经权利人追认,合同无效。

①《合同法》第47条规定:"限制民事行为能力人订立的合同,经法定代理人追认后,该合同有效,但纯获利益的合同或者与其年龄、智力、精神健康状况相适应而订立的合同,不必经法定代理人追认。相对人可以催告法定代理人在一个月内予以追认。法定代理人未作表示的,视为拒绝追认。合同被追认之前,善意相对人有撤销的权利。撤销应当以通知的方式作出。"

②《合同法》第48条规定:"行为人没有代理权、超越代理权或者代理权终止后以被代理人名义订立的合同,未经被代理人追认,对被代理人不发生效力,由行为人承担责任。相对人可以催告被代理人在一个月内予以追认。被代理人未作表示的,视为拒绝追认。合同被追认之前,善意相对人有撤销的权利。撤销应当以通知的方式作出。"

③《合同法》第51条规定:"无处分权的人处分他人财产,经权利人追认或者无处分权的人订立合同后取得处分权的,该合同有效。"

《合同法》在制定的过程中,充分考虑到如经完善要件便使有关合同生效的问题。这样既不损害国家、社会及公共利益,又充分尊重了当事人或相关权利人的意愿,是符合客观形式的要求,有利于促进社会经济发展的变通性规定。

人民法院或仲裁机构应当根据是否经有关方面的承认或追认这一标准来对效力待定合同作出正确的认定和处理。

4.可撤销合同

可撤销合同,是指当事人在订立合同的过程中,由于意思表示不真实,或者是出于重大误解从而作出错误的意思表示,依照法律的规定可予以撤销的合同。

(1)缔约当事人意思表示不真实。如《合同法》第54条所论,包括重大误解、显失公平、欺诈、胁迫或乘人之危等情形。

(2)法律规定可以撤销。要由享有撤销权的一方当事人主张时,人民法院或仲裁机构才能予以撤销;当事人请求变更的,人民法院或仲裁机构不得撤销。

(3)合同在撤销前应为有效。与合同解除不同,《合同法》第96条规定:"当事人一方依照本法第93条第2款、第94条的规定主张解除合同的,应当通知对方。合同自通知到达对方时解除。对方有异议的,可以请求人民法院或者仲裁机构确认解除合同的效力。法律、行政法规规定解除合同应当办理批准、登记等手续的,依照其规定。"也就是说合同解除的意思表示只要到达了对方即告解除,这是法律对于单方解除合同的一种特别规定。究其实质仍然是一种请求权,只有人民法院或仲裁机构才可作出最终的判断、认定和处理。

5.法律后果

(1)合同被确认无效或撤销后将导致合同自始无效,这是效力溯及既往原则的体现。

《合同法》第 58 条规定:"合同无效或者被撤销后,因该合同取得的财产,应当予以返还;不能返还或者没有必要返还的,应当折价补偿。有过错的一方应当赔偿对方因此所受到的损失,双方都有过错的,应当各自承担相应的责任。"第 59 条规定:"当事人恶意串通,损害国家、集体或者第三人利益的,因此取得的财产收归国家所有或者返还集体、第三人。"

(2)当事人应当承担的责任类型主要有:

①返还财产(包含不能返还或者没有必要返还时的折价补偿这一特殊方式)。

②赔偿损失。

③收归国有或返还集体、第三人。特别是第三种责任有时会超出民事责任的范畴,有可能会让行为人承担行政甚至是刑事责任。因此,人民法院或者仲裁机构应当根据案件的实际情况来进行处理。

④根据《合同法》第 56 条、第 57 条的规定,当合同部分无效而并不影响其他部分的效力的,其他部分仍然有效。而且当合同被确认无效、被撤销或者终止后,不会影响合同中独立存在的有关解决争议方法条款的效力。由于这是法律所作出的特别的、强制性的规定,应当予以足够的重视。

➤ 2.2.5　合同的履行

合同的履行,表现为当事人执行合同义务的行为。不履行、不当履行和不完全履行都属于违约行为,当合同义务执行完毕时,合同也就履行完毕。

1.履行合同的标准

只有当事人双方按照合同的约定或者法律的规定,全面、正确地完成各自承担的义务,才能使合同债权或合同物权得以实现。这也是对当事人履约行为的基本要求。只完成合同规定的部分义务,就是不完全履行;任何一方或双方均未履行合同规定的义务,则属于不履行。履行合同的方式走样变形,且有致损合同对方的结果,则属于不当履行。不履行、不当履行和不完全履行都属于违约行为,当事人均应承担相应的违约责任。

2.履行合同的过程

(1)合同的履行是一个过程,应当包括执行合同准备、具体义务的执行、义务执行的善后等三部分。准备行为是履行行为的基础或前提,甚至可以说没有准备行为就没有履行行为。没有必要的合同事务善后工作,会使原有的合同关系无法终止,甚至会严重致损义务方的利益。充分重视合同履行全程,这也是现代合同法发展的趋势。

(2)合同的履行制度,就是规范合同执行三阶段中有关合同当事人行为的制度。它包括合同履行在法律效力上的总体要求,确保合同履行的一般法律制度,合同履行中的具体规则,等等。具体表现为合同履行的规则、合同履行中的抗辩等,由此构成我国合同法完整的合同履行制度。

3.合同履行的原则

根据我国合同立法及实践,合同的履行除应遵守平等、公平、诚实信用等基本原则外,还应遵循以下合同履行的特有原则,即适当履行原则、协作履行原则、经济合理原则和情势变更原则。

（1）适当履行原则。适当履行原则是指当事人应依合同约定的标的、质量、数量，在适当的期限、地点，以适当的方式，全面完成合同义务的原则。这一原则要求：

①当事人必须亲自履行自身应承担的合同义务。

②当事人应依合同约定的数量和质量来完成约定任务。

③当事人必须依照合同约定的时间来履行合同，义务人不得迟延履行，权利人不得迟延受领。未约定履行时间的，则双方当事人可随时要求履行，但应当给对方必要的准备时间。

④当事人应当严格依照合同约定的地点来履行合同。

⑤履行方式包括标的物交付方式以及价款或酬金的给付方式，当事人应当严格依照合同约定的方式履行。

（2）协作履行原则。协作履行原则是指在合同履行过程中，双方当事人应互助合作共同实现合同目的的原则。协作履行原则也是诚实信用原则在合同履行方面的具体体现：

①义务人履行合同债务时，权利人应适时受领给付。

②义务人履行合同债务时，权利人应创造必要条件、提供方便。

③义务人因故不能或不能完全履行合同义务时，权利人应积极采取措施防止损失扩大，给予宽容和帮助。否则，应就扩大的损失负责。

（3）经济合理原则。经济合理原则是指在合同履行过程中，应讲求经济效益，以最少的成本取得最佳的合同效益。在市场经济中，合同主体在履约的过程中应遵守经济合理原则是必然的要求。该原则一直为我国的立法所认可，如《纺织品、针织品、服装购销合同暂行办法》规定，供需双方应商定选择最快、最合理的运输方法。

（4）情势变更原则。情势变更是指合同成立后出现的不可预见且不能克服的情况，致使履行合同将对一方当事人没有意义或造成显失公平的结果。这时，法律允许当事人变更或解除合同而免除违约责任的承担。这种法律规定，就是情势变更原则。情势变更原则实质上是诚实信用原则在合同履行中的具体运用，已为各国法所普遍采用。我国法律虽然没有明确规定情势变更原则，但在《最高人民法院关于适用〈中华人民共和国合同法〉若干问题的解释（二）》中，对这一原则已作了适当规定，并为诉讼和仲裁裁判所采用。

4.合同履行规则

合同义务人的履约，应当符合一些基本规则：

（1）履行主体。合同履行主体应为合同各方当事人。除必须由义务人本人履行的部分外，也可以由义务人的代理人进行，但是代理只有在履行行为是法律行为时方可适用。在同样情况下，权利人的代理人也可以代为受领给付。此外，在某些情况下，合同也可以由第三人代替履行，只要不违反法律的规定或者当事人的约定，或者符合合同的性质，第三人也是正确的履行主体，但并不取得合同当事人的地位，仅仅只是债务人的履行辅助人。

（2）履行标的。合同的标的是合同的核心内容，是合同当事人订立合同的目的所在。合同各方必须严格按照合同的标的履行就成了合同履行的一项基本规则。合同标的的质量和数量是衡量合同标的的基本指标。如果合同对标的的质量没有约定或者约定不明确，当事人可以补充协议，协议不成的，可按照有利于实现合同目的方式和交易习惯来确定。如果仍然无法确定的，按照国家标准、行业标准履行；没有国家标准、行业标准的，按照通常标准或者符合合同目的的特定标准履行。在标的数量上，要全面履行，而不应当部分履行；但是在各方协商变更的前提下,以尽量减少对方的损失为目的,也允许部分履行。

(3)履行期限。合同履行期限是指一方履行合同义务和他方接受履行的时间。作为合同的主要条款,合同的履行期限一般应当在合同中明确约定,当事人应于约定期间内完成履行,否则应当承担违约责任。履行期限不明确的,根据《合同法》第61条的规定,双方当事人可以另行协议补充,如果协议补充不成的,应当根据有利于实现合同目的的方式和交易习惯来确定。如果还无法确定的,债务人可以随时履行,债权人也可以随时要求履行,但应当给对方必要的准备时间。这也是合同履行原则中诚实信用原则的体现。不按履行期限履行,有两种情形:迟延履行和提前履行。迟延履行的当事人应当承担相应的违约责任;而提前履行不一定构成不适当履行。

(4)履行地点。履行地点是当事人一方履行义务,他方受领给付的地点。在国际经济交往中,履约地点往往是纠纷发生以后用来确定适用的法律的根据。在国内,则成为判定诉讼管辖的法律依据。如果合同约定不明确的,依据《合同法》的规定,双方当事人可以协议补充,如果不能达成补充协议的,则按照有利于实现合同目的的方式或者交易习惯确定。如果履行地点仍然无法确定的,则根据标的的不同情况确定不同的履行地点。如果合同约定给付货币的,在接受货币一方所在地履行;如果交付不动产的,在不动产所在地履行;其他标的,在履行义务一方所在地履行。

(5)履行方式。履行方式是合同当事人约定以何种形式来履行义务,主要包括运输方式、交货方式、结算方式等。履行方式一般根据法律规定、合同约定或者合同性质来确定,不同性质、内容的合同有不同的履行方式。履行义务人必须首先按照合同约定的方式履行。如果约定不明确的,当事人可以协议补充;协议不成的,可以根据有利于实现合同目的的方式和交易习惯来确定。

(6)履行费用。履行费用是指债务人履行合同所支出的费用。如果合同中约定了履行费用,则当事人应当按照合同的约定负担费用。如果合同没有约定履行费用或者约定不明确的,则按照有利于实现合同目的的方式或者交易习惯确定;如果仍然无法确定的,则由履行义务一方负担。因债权人变更住所或者其他行为而导致履行费用增加时,增加的费用由债权人承担。

➢ 2.2.6 合同的保全

合同保全制度,是指法律为防止因义务人财产的不当减少致使权利人权利的实现受到危害,而设置的保全义务人财产的法律制度。其具体包括权利人代位权制度和撤销权制度。其中,代位权着眼于义务人的消极行为,当义务人消极履行义务但对第三人享有权利时,法律允许权利人以自己的名义向第三人行使义务人的权利;而权利人的撤销权则着眼于义务人的反向积极行为,义务人不履行其义务,实施减少其财产而损害权利人权利实现的行为时,权利人有依法诉请法院宣告义务人的行为为无效民事行为的权利。

合同保全与民事诉讼中的财产保全是不同的。民事诉讼中的财产保全,指人民法院在案件受理前或诉讼过程中,为了保证判决的执行或避免财产遭受损失,而对当事人的财产和争议的标的物采取查封、扣押、冻结等措施。它是程序法所规定的措施。而合同的保全,是实体法中的制度,它是通过权利人行使代位权、撤销权而实现的。

1.合同保全制度

《合同法》第73条、第74条分别规定了有关的代位权制度和撤销权制度,填补了我国民事立法的空白,使代位权、撤销权成为权利人的两项重要的实体权利,形成了我国的合同保全制度。这两项权利的共同特征是合同义务人的行为都对权利人的合法权利造成了损害。

2.合同保全制度的条件

(1)合同保全应当方向对外。法律赋予权利人在一定条件下行使代位权或撤销权,而行使这两项权利的直接后果就会对当事人以外的第三人产生效力。

(2)合同保全主要发生在合同有效成立期间,即在合同生效之后到履行完毕前,合同保全措施都可以被采用。但合同如果没有生效、已被宣告无效或被撤销的,债权人就无法行使代位权或撤销权了。

(3)根据合同保全原则,只要义务人采取不正当的手段处分其财产,会导致权利人的利益受到危害时,权利人就可以采取保全措施,以保障合同权利人的权利实现。

3.合同保全制度的功能

(1)合同保全制度可以有效地防止合同义务人财产的非正常减少。司法实践中,经常看到在合同关系成立后,一些义务人不是想方设法履行义务,而是采取一些不正当的手法躲债。有的将个人财产非法转让给第三者;有的对第三人享有财产权利却故意不取得;更有甚者还串通他人合谋隐藏、转移财产以规避债务等。合同保全制度的设置对上述避债行为会起到防范和遏制作用。

(2)合同保全制度使权利人对第三人享有代位权,为缓解严重的"三角债"、"讨债难"现象提供了法律依据,有利于充分保障债权人合法权益。

合同保全制度与合同责任制度、合同担保制度相互配合,共同担负起保障合同各方权利实现的作用。债权保全制度与一般担保、特别担保相互为用,体现了现代民法对合同权利保护制度的周密细致化发展趋向,具有重要的现实意义。

4.合同保全制度的应用

最高人民法院1999年12月29日发布了《关于适用〈中华人民共和国合同法〉若干问题的解释(一)》,对合同保全制度的应用作了明确和细化。

(1)把握代位权的行使要件。

①合法性。合法性指合同所涉各种权义关系的合法,即权利人对义务人享有合法的债权,且义务人对第三人的债权也必须合法。如果因为赌博、买卖婚姻或因违法合同被认定无效、合同被撤销等原因形成债务,权利人就不能行使代位权。

②因果性。合同义务人怠于行使到期债权,对权利人造成损害,这是构成代位权的实质要件。

③期限性。一般认为,合同权利人行使代位权,必须两个债权均已到期,即权利人享有的债权和义务人享有的债权均已到期,不可或缺。

④货币性。合同义务人怠于行使的到期债权仅限于金钱给付内容的到期债权。

该项解释第12条规定了基于扶养、抚养、赡养、继承关系产生的给付请求权和劳动报酬、退休金、养老金、抚恤金、人身伤害赔偿、安置费等权利,这些都不属于代位权的标的。

(2)区分撤销权行使的客观要件和主观要件。

①客观要件。首先合同义务人实施了一定的处分财产的行为,已经或即将损害权利人的债权。处分财产主要有放弃到期债权、无偿转让财产、在财产上设立抵押、以明显不合理的低

价出让财产等,导致义务人事实上资不抵债,明显损害债权人的合法权益。

②主观要件。这是说合同义务人实施处分财产行为时或债务人与第三人实施民事行为时是一种故意行为,即明知自身的行为有损于权利人的合法债权,仍然执意为之。这里,合同义务人与第三人都应当具有明显的恶意。

➤ 2.2.7 合同变更与转让

1.合同变更

(1)合同变更的概念。合同变更有广义和狭义之分。广义合同变更指合同主体、客体和内容之一发生变更;狭义的合同变更仅指合同客体和内容的变更,即对合同标的、质量、数量、价格、报酬以及对履行的时间、地点、方式和其他权义条款所进行的修改、补充和限制。我国采用了狭义的变更概念,而将合同主体的变更称作合同转让。

(2)合同变更的形式。《合同法》规定的变更形式有两种:一种是当事人协商一致的变更,另一种是当事人一方请求的变更。

①《合同法》第77条规定了第一种变更:"当事人协商一致,可以变更合同。法律、行政法规规定合同变更应当办理批准、登记手续的,依照其规定。"协商不一致的,只能执行原合同。

②《合同法》第54条规定了第二种变更,即一方当事人可以请求的三种变更:因重大误解订立的;在订立合同时显失公平的;一方以欺诈、胁迫的手段或乘人之危使对方在违背真实意思的情况下订立的,当事人可以不经协商直接向人民法院或仲裁机构请求变更或撤销。若无上述三种法定情形出现,只是当事人一方请求变更某些合同条款,与对方协商不一致,不得向人民法院或仲裁机构请求变更。

(3)合同变更的程序。

①协商一致变更的程序。合同各方协商一致,达成变更协议,遵照执行则可。但当事人另有约定或须经办理批准、登记手续的除外。

②诉讼变更的程序。经当事人请求,人民法院或仲裁机构依法审理后作出变更裁决。自裁决生效之日起按裁决内容执行。

(4)对合同变更内容的要求。当事人请求对合同内容进行修改、补充和限制等,应做到内容明确、约定清楚、便于执行。《合同法》第78条规定:"当事人对合同变更的内容约定不明确的,推定为未变更。"此项规定有利于促使处理纠纷机构认定事实,分清责任;有助于当事人提高法律意识,充分重视合同变更协议的精准程度,减少纠纷。

2.合同权利转让

合同转让指合同主体发生变化,即新的当事人取代原当事人或者成为共同权利人或共同义务人,但合同内容并无变化。在该项制度中,权利人变化的,称为合同权利转让;义务人变化的,称为合同义务转移。《合同法》将合同转让分为权利转让、义务转移、合同权义全部或部分转让(又称为合同权义的概括转让)三种情况。在合同权义部分转让情况下,受让人成为一方共同当事人。

(1)合同权利转让,指合同权利人将其权利转让给第三人的双方法律行为。转让自协议成立时生效;转让须经批准、登记的,自完成批准、登记日生效。

《合同法》第79条规定,合同权利人可以全部或部分转让权利,但有三种例外:根据合同性质不得转让的,如国家采购合同、保管合同等;按当事人约定不得转让的,如当事人约定汇票不得转让和变相转让;法律规定不得转让的。

(2)合同权利转让的要件。

①合同权利例如债权有效存在。以不存在、无效或已消灭的债权转让他人,则权利转让合同无效。

②合同权利人与受让人就合同权利转让达成协议。合同权利人应有完全的民事行为能力,否则,应经其法定代理人同意。因为违背当事人意愿、有损于社会公益或他人利益的转让属于可撤销的或无效的转让。

③合同权利具有可让与性。法定不得转让的债权合同,当事人转让无效。

④应当通知合同义务人。《合同法》第80条规定:"债权人转让权利的,应当通知债务人。未经通知,该转让对债务人不发生效力。"通知是为维护新债权人的利益而设立的。

⑤《合同法》第87条规定,合同权利转让时,法律、行政法规规定办理批准、登记的,从其规定。

(3)合同权利转让的效力。合同权利有效转让后,即对合同权利人、义务人和受让人生效。体现为:

①合同权利全部转让后,受让人成为新的合同权利人,原权利人退出合同关系。合同权利部分转让的,受让人成为合同共同权利人,依照转让协议约定,享有按份或连带的债权或物权。

②按《合同法》第81条规定,受让人在取得合同主权利的同时,也取得有关的从权利,如担保权、债权利息等。该法条还规定:"该从权利专属于债权人自身的除外。"例如合同的解除权,专属于合同原权利人。

③合同权利人转让权利的通知不得撤销。转让通知一经发出,原权利人就不得再向义务人主张权利。《合同法》第80条规定了一种例外情形,转让权利的通知经受让人同意的,可以撤销。

④合同义务人享有抗辩权。《合同法》第82条规定:"债务人接到债权转让通知后,债务人对让与人的抗辩,可以向受让人主张。"主张转让权利无效或可撤销是合同义务人的法定权利。

⑤合同义务人享有抵销权。《合同法》第83条规定:"债务人接到债权转让通知时,债务人对让与人享有债权,并且债务人的债权先于转让的债权到期或者同时到期的,债务人可以向受让人主张抵销。"这是一种法定的特殊的抵销,如果债权不到期,不能主张抵销。而合意抵销不需要这一前提,甚至不需要是同种类、同品质的合同义务。

3.合同义务的转移

广义的该项转移指合同义务人与第三人达成协议,在维持合同内容不变的前提下,将合同义务全部或部分转移给第三人的法律行为。而狭义的该项转移仅指合同义务全部转移给第三人,原义务人脱离与该合同的关系。

《合同法》采用广义概念。该法第84条规定:"债务人将合同义务全部或者部分转移给第三人的,应当经债权人同意。"

(1)合同义务转移的要件。

①有生效的合同义务存在。无效债务,不发生转移效力。

②有合同义务转移协议。一般情况下,由义务人与第三人达成转移协议;特殊情况下,由第三人与义务人直接签订协议。

③须经合同权利人同意。防止第三人为皮包公司一类的主体,会妨碍权利人实现权利。

④法律有特别规定的,从其规定。如《合同法》第87条规定,法律、行政法规规定债务转移应当办理批准、登记手续的,办理后转移才生效。

(2)合同义务转移的效力。《合同法》第85条规定:"债务人转移义务的,新债务人可以主张原债务人对债权人的抗辩。"第86条规定:"债务人转移义务的,新债务人应当承担与主债务有关的从债务,但该从债务专属于原债务人自身的除外。"从而,合同义务转移的效力有:

①债务转移生效。全部转移时,原合同义务人退出有关的合同关系,权利人不得向原义务人请求履约。部分转移时,新义务人按份或按连带关系依约定履约。约定不明的,推定为存在连带义务,由合同当事人共担责任。

②新义务人享有抗辩权,可以主张原义务人对权利人的抗辩。如行使尚未行使过的撤销权、不安抗辩权等。但一般不得使用与原义务人相同的抗辩理由。

③从义务的有条件转移。如借贷,主债务转移,利息与不履约的违约金、赔偿金等应一并转移。原履约担保非经担保人同意不得一并转移。专属于原义务人的从义务不得转移。

4.合同变更与转让的特殊种类

合同承受是指合同当事人将合同权义全部或部分转让给第三人的情形。全部转让的,原当事人退出有关合同关系,受让人成为新的当事人。部分转让的,受让人成为合同关系一方的按份或连带责任的共同当事人。

(1)合同承受的成立要件。

①有合法有效的合同存在。

②合同一般属于双务合同。

③原合同一方当事人与第三人达成了转让合同权义的协议。

④须经对方当事人同意,否则转让无效。

⑤法律、行政法规规定应当办理批准、登记手续的,从之。

(2)合同承受的效力。

①合同权义全部转移的,新当事人取代原当事人,成为合同关系的一方主体。法定属于原当事人自身的权义除外。部分转移的,新老当事人共同行使合同一方当事人的权义。

②享有抗辩权和其他从权利。

③适用《合同法》第89条的各项规定。

(3)当事人的合并与分立。对法人和其他组织所进行的资产重组、兼并、收购、合资等项活动,可用合并和分立来进行概括。《合同法》第90条规定:"当事人在合同订立后合并的,由合并后的法人或者其他组织行使合同权利,履行合同义务。当事人订立合同后分立的,除债权人和债务人另有约定的以外,由分立的法人或者其他组织对合同的权利和义务享有连带债权,承担连带义务。"实践中,某些企业为逃避债务,搞成既不是全合并,也不是纯分立的怪形式。一般比照当事人分立的情况处理,由有关新企业对原有的合同权义承担连带责任。此外,因当事人的合并和分立属于行政管理,故有关的合同权义转移可以不必经对方当事人同意,而以公告、广告或通知的形式告知对方即可。

➢ 2.2.8 违约责任

违约责任是指合同当事人一方或各方不履行合同义务或履行合同义务不符合合同约定所应承担的民事责任。

1. 违约责任是一种民事责任

法律责任有民事责任（含经济责任）、行政责任、刑事责任等类型。民事责任是指民事主体在民事活动中，因实施民事违法行为，依据民事法律法规所应承担的法律后果。违约责任作为一种民事责任，在目的、构成要件、责任形式等方面均有别于其他法律责任。它是违约的当事人一方对另一方承担的责任。《合同法》第 121 条规定："当事人一方因第三人的原因造成违约的，应当向对方承担违约责任。当事人一方和第三人之间的纠纷，依照法律规定或者按照约定解决。"

2. 违约责任是当事人不履行、不完全履行合同的责任

（1）违约责任是违反有效合同的责任。合同有效是承担违约责任的前提。这一特征使违约责任与合同法上的其他民事责任（如缔约过错责任、导致合同无效的责任等）区别开来。其次，违约责任以当事人不履行、不完全履行合同、履行存在瑕疵为条件。

（2）违约责任具有补偿性和一定的选择性。

①违约责任以违约方补偿合同对方所受损失为主要目的，以损害赔偿为主要责任形式。

②违约责任可以由当事人在法律规定的范围内约定，具有一定的选择性。《合同法》规定：当事人可以约定一方违约应向对方支付的一定数额的违约金，也可以约定违约金计算方法。

3. 违约责任的担责条件

违约责任的担责条件有二：有违约行为；无免责事由。前者称为积极条件，后者称为消极条件。

（1）对违约行为的判断。

①违约行为的主体是合同当事人。第三人的行为不构成违约，可以构成侵权。

②违约行为是一种客观的违反合同的行为。违约行为的认定以当事人的行为是否违反法律规定和合同约定为标准。

③违约行为侵害的客体是合同对方的合同权利。

（2）违约行为的分类。

①单方违约与双方违约。双方违约，是指双务合同的各方当事人分别违反了自身的合同义务。《合同法》第 120 条规定："当事人双方都违反合同的，应当各自承担相应的责任。"

②根本违约与一般违约。这是以违约行为是否导致另一方订约目的不能实现为标准所作的分类。根本违约可构成合同法定解除的理由。

③不履行、不完全履行与迟延履行。

④实际违约与预期违约。其中预期违约系英美法系的一项合同制度，指有关合同订立后，一方当事人以明示或默示的方式表示不履约，则合同对方有权解除合同并诉请赔偿损失的制度。《合同法》第 108 条规定："当事人一方明确表示或者以自己的行为表明不履行合同义务的，对方可以在履行期限届满之前要求其承担违约责任。"

实际违约，即实际发生的违约行为。其具体形态包括：

A. 不履行。不履行包括履行不能和拒绝履行。履行不能是指债务人在客观上已经没有履行能力。如在提供劳务的合同中，债务人丧失了劳动能力；在以特定物为标的的合同中，该特定物灭失。

B. 迟延履行。迟延履行指合同债务已经到期，债务人能够履行而未履行。

C.不适当履行。不适当履行是指债务人虽然履行了债务,但其履行不符合约定,包括瑕疵给付(即履行有瑕疵,如给付数量不足、质量不尽符合约定等)和加害给付(即造成对方利益的其他损失,如出售不合格产品导致的损害)。

(3)免责事由,也称免责条件,指当事人对其违约行为免于承担违约责任的法定和约定事由。法定免责事由主要指不可抗力。

不可抗力是指不能预见、不能避免并且不能克服的客观情况。

不可抗力主要包括以下几种情形:自然灾害,如台风、洪水、冰雹等;政府行为,如征收、征用等;社会异常事件,如罢工、骚乱等。

在不可抗力的适用上,有以下问题值得注意:合同中是否约定不可抗力条款,不影响直接援用法律规定;约定不可抗力条款可适当大于或小于法定范围;不可抗力作为免责条款的适用是有条件的。有关当事人在不可抗力事件发生时,应尽力降低损失,并应及时通知有关方面,还须在合理期内举证。因不可抗力影响履约的,可根据影响情况,对违约方免除部分或全部责任。但有以下例外:金钱债务的迟延履行不适用不可抗力免责;迟延履行期间发生的不可抗力不具有免责效力。

4.违约责任的形式

《合同法》第107条对违约责任的形式作了明文规定:当事人一方不履行合同义务或者履行合同义务不符合约定的,应当承担继续履行、采取补救措施或者赔偿损失等三种基本形式。违约责任还有其他形式,如违约金和定金责任。

(1)继续履行。继续履行也称强制实际履行,是指违约方根据对方当事人的请求继续履行合同规定的义务的形式。其特征为:

①继续履行是一种独立的违约责任形式。无论是否实施了其他违约责任形式,只要对方当事人认为有必要并提出要求,违约方就得继续履约。

②继续履行的内容为按合同约定的标的履行义务。

③继续履行以对方当事人请求为条件,法院不得径行判决。

继续履行的适用因债务性质而有所不同。金钱债务:无条件适用继续履行。非金钱债务:原则上可以请求继续履行,但下列情形除外:法律上或者事实上不能履行的(履行不能);标的不适用继续履行或者继续履行费用过高的;债权人在合理期限内未请求继续履行的。

(2)采取补救措施。采取补救措施,指矫正对合同的不当履行、使履行缺陷得以消除的具体措施。这种责任形式,与继续履行和赔偿损失具有互补性。

①我国相关法律对其具体形式作了如下规定:《合同法》第111条规定为:修理、更换、重作、退货、减少价款或者报酬等;《中华人民共和国消费者权益保护法》第44条规定为:修理、重作、更换、退货、补足商品数量、退还货款和服务费用、赔偿损失;《中华人民共和国产品质量法》第40条规定为:修理、更换、退货。

②在采取补救措施的适用上,应注意以下几点:对于不当履行的违约责任形式,当事人有约定者应依其约定;没有约定或约定不明者,首先应按照《合同法》第61条规定确定违约责任;没有约定或约定不明又不能按照该项规定确定违约责任的,才适用这些补救措施。受害方对补救措施享有选择权,但选定的方式应当合理,应以标的物的性质和损失大小为依据。

(3)赔偿损失。赔偿损失,也称违约损害赔偿,是指违约方以支付金钱的方式弥补受害方受损害所减少的财产或者所丧失的利益的责任形式。

①赔偿损失的特点。

A. 赔偿损失具有根本救济功能，其他责任形式都可以转化为损害赔偿。

B. 赔偿损失是以支付金钱的方式弥补损失。但在特殊情况下，也可以以其他物品代替金钱赔偿。

C. 赔偿损失责任具有一定的选择性。其范围和数额，可由当事人约定。当事人也可以约定损害赔偿的计算方法。

②法定损害赔偿是指由法律规定的，由违约方对合同对方遭受的有关损失承担的赔偿责任。法定损害赔偿应遵循以下原则：

A. 完全赔偿原则。违约方承担的赔偿责任包括直接损失与间接损失。前者主要表现为标的物灭失、为准备履行合同而支出的费用、停工损失、为减少违约损失而支出的费用、诉讼费用等；后者是指在合同正常履行后可以实现和取得的财产利益。

B. 合理预见规则。违约损害赔偿的范围以违约方在订立合同时预见到或者应当预见到的损失为限。

C. 减轻损失规则。一方违约后，另一方应当及时采取合理措施防止损失的扩大，否则，不得就扩大的损失要求赔偿。

③约定损害赔偿，指当事人在订立合同时，预先约定一方违约时应当向对方支付一定数额的赔偿金或约定损害赔偿额的计算方法。

（4）违约金。违约金是指合同当事人一方违约时应当向对方支付的一定数量的货币。依不同标准，违约金可分为法定违约金和约定违约金。

①违约金具有以下法律特征：它是在合同中预先约定的一定数量的货币；是对承担赔偿责任的一种常规约定，一般以能够覆盖预估的违约致损额为约定基础。在实际操作层面，当约定违约金与实际违约致损额相差甚远，《合同法》第114条第2款规定：有关当事人可以向人民法院或仲裁机构请求适当增加或减少违约金数额。

②违约金与赔偿金的关系。所谓赔偿金，指约定的违约金数额较低，不足以覆盖实际的违约致损额，经有关当事人向人民法院或仲裁机构请求，由违约方在约定违约金之外另行支付的实际违约致损额与约定违约金的差额。

在约定违约金大于或等于实际的违约致损额的情况下，并不会有赔偿金发生。违约金实际赔损的意义是第一位的，惩罚意义是第二位的。

（5）定金责任。所谓定金，是指合同当事人为了确保合同的履行，双方约定，由一方按合同标的额的一定比例预先给付对方的一定数量的货币。

《合同法》第115条规定："依照《中华人民共和国担保法》约定当事人一方可以向对方给付定金作为债权担保。债务人履行债务后，定金应当抵作价款或者收回。给付定金的一方不履行约定的债务的，无权要求返还定金；收受定金的一方不履行约定的债务的，应当双倍返还定金。"

在当事人约定了定金担保的情况下，如一方违约，定金罚则即成为一种违约责任形式。定金的数额由当事人约定，但不得超过主合同标的额的20%。

5. 违约责任的承担原则

（1）过错责任原则。过错责任是指由于当事人主观上的故意或者过失而引起的违约责任。其含有下列两个方面的内容：违约责任由有过错的当事人承担。一方当事人有过错的，由该方自己承担;各方都有过错的,由各方分别承担;无过错的违约行为,如不可抗力造成的违约,可依法减免违约责任。

(2)赔偿实际损失的原则。实际损失是指违约行为在事实上给对方造成的经济损失,一般包括财物的减少、损坏、灭失和其他损失及支出的必要费用,还包括可得利益的损失。违约方应当向对方承担赔偿责任。

(3)履约责任不可替代原则。履约责任不可替代原则是指违约方实际承担违约责任。如一方支付违约金及赔偿金之后仍应按对方要求履行合同。也就是说,合同当事人的履约义务具有不可替代性。

6.与违约责任有关的两项制度

(1)抗辩制度。该制度指法律规定合同一方当事人在履约中针对合同对方的特定状况所依法采取的一些不履约或不完全履约的行为,不应承担违约责任的制度。实施抗辩又称行使抗辩权。

《合同法》第66~68条就抗辩的几种形式作了规定。

①《合同法》第66条就同时抗辩权作出规定:"当事人互负债务,没有先后履行顺序的,应当同时履行。一方在对方履行之前有权拒绝其履行要求。一方在对方履行债务不符合约定时,有权拒绝其相应的履行要求。"这实际是对一手交钱一手交货的经营活动的概括:不交钱则不供货或者不供货则不给钱。这种抗辩属于延期抗辩,不能消灭对方的请求权,仅能使对方的请求延期。

②《合同法》第67条规定了先后抗辩权,又称顺序抗辩权,指双务合同的履行有先后顺序,先方不履约或履约不符合合同约定,则后方有权拒绝其相应的履约要求。例如,双方在合同中约定货到付款,买方在未收到货时,有权拒绝卖方的付款要求。先后抗辩权的法律效力与同时抗辩权一致。

③《合同法》第68条规定了不安抗辩权:"应当先履行债务的当事人,有确切证据证明对方有下列情形之一的,可以中止履行:①经营状况严重恶化;②转移财产、抽逃资金,以逃避债务;③丧失商业信誉;④有丧失或可能丧失履行债务能力的其他情形。当事人没有确切的证据中止履行的,应当承担违约责任。"

《合同法》为保障先给付方免受损害而设立不安抗辩权,但同时增加了两项附加义务:

A.中止履行应及时通知对方,以便对方提供担保;先方有举证义务,应能确切证明对方难以履行债务。

B.不安抗辩权的法律效力大于其他两项抗辩权。它赋予先方以合理期内对对方的担保请求权和合同解除权。还可直接阻止合同对方的延期履约请求。

(2)违约归责制度。《合同法》第107条的规定:"当事人一方不履行合同义务或者履行义务不符合约定的,应当承担继续履行、采取补救措施或者赔偿损失等违约责任。"这是对该项制度的法定注释。

我国关于民事责任的归责方式历来是以过错责任为原则,以无过错责任为例外。而《合同法》关于违约责任的归责由过去的过错责任制改为严格责任制。即合同当事人一方或各方只要有不履约、不当履约和不完全履约的行为,就应当承担违约责任,但是法律规定除外的情况有:属于正确行使抗辩权的,应当免责;属于不可抗力引发的,可以减免责任;属于第三人的责任引发的,有关合同当事人在担责之后,有权向该第三人追偿。

2.3 招标投标法律制度

招标投标实质上是一种市场竞争行为。招标人通过招标活动在众多投标人中选定报价合理、工期较短、信誉良好的承包商来完成工程建设任务。而投标人则通过有选择的投标，竞争承接资信可靠的建设方的适当的工程建设项目，以取得较高的利润。

1. 工程建设招标投标的意义

(1)有利于建设市场的法制化、规范化。从法律意义上说，工程建设招标投标是招标、投标双方按照法定程序进行交易的法律行为，所以双方的行为都受法律的约束。这就意味着建设市场在招标投标活动的推动下将更趋理性化、法制化和规范化。

(2)形成市场定价的机制，使工程造价更趋合理。招标投标活动最明显的特点是投标人之间的竞争，而其中最集中、最激烈的竞争则表现为价格的竞争。价格的竞争最终导致工程造价趋于合理的水平。

(3)促进建设活动中劳动消耗水平的降低，使工程造价得到有效的控制。在建设市场中，不同的投标人，其个别劳动消耗水平是不一样的。但为了竞争招标项目，在市场中取胜，降低劳动消耗水平就成了市场取胜的重要途径。当这一途径为大家所重视，必然要努力提高自身的劳动生产率，降低个别劳动消耗水平，进而导致整个工程建设领域劳动生产率的提高、平均劳动消耗水平下降，使得工程造价得到控制。

(4)有力地遏制建设领域的腐败，使工程造价趋向科学。工程建设领域在许多国家被认为是腐败行为多发区、重灾区，我国也不例外。但我国设立专门机构对招标投标活动进行监督管理、从专家人才库中选取专家进行评标的方法，使工程建设项目承发包活动变得公开、公平、公正，可有效地减少暗箱操作、营私舞弊和行贿受贿等腐败现象的产生，使工程造价的确定更趋科学化。

(5)促进了技术进步和管理水平的提高，有助于保证工程质量、缩短工期。投标竞争最激烈的是价格竞争，而实质是人才、设备、技术水平、管理水平的全面竞争。竞争迫使竞争者必须加大自身投入，采用新材料、新技术、新工艺，加强管理，因而促进了全行业进而使我国工程建设项目质量普遍得到提高，工期普遍得以缩短。

2. 开展招标投标活动的原则

开展招标投标活动必须遵循公开、公平、公正和诚实信用的原则。

(1)公开。招标投标活动要求招标活动信息等量公开、评标标准公开、定标结果公开。

①招标活动信息等量公开。招标人在招标之始，应将招标的有关信息均在指定的媒介上发布，晓谕潜在的投标人，使其作出是否参加投标的判断。

②评标标准公开。评标标准应在招标文件中载明，以便投标人作相应的准备，以证明自己是最合适的中标人。否则投标人因准备不当而错失中标的机会，这样的评标是欠科学的。

③定标结果公开。招标人根据评标结果，经综合平衡，确定中标人后，应当向中标人发出中标通知书，同时将定标结果通知未中标的投标人。

(2)公平。招标人要给所有的投标人以平等的竞争机会，这包括给所有投标人同等的信息量、同等的投标资格要求，不设倾向性的评标条件，例如不能以某一投标人的产品技术指标作为标的要求，否则就有明显的授标倾向。招标文件中所列权利和义务要对等，要体现承发包双方的平等地位。投标人不得串通打压别的投标人和抬高报价损害建设方的利益。

（3）公正。招标人在执行开标程序、评标委员会在执行评标标准时都要严格照章办事，尺度相同，不能厚此薄彼，尤其是处理迟到标、判定废标、无效标以及质疑过程中更要体现公正。

（4）诚实信用。招标投标的双方都要诚实守信，不得有欺骗、背信的行为。招标人不得搞内定承包人的虚假招标，也不能设圈套损害投标人的利益。投标人不能用虚假资质、虚假标书投标。合同签订后，任何一方都要严格、认真地履行。

3. 我国工程项目招标的范围

（1）必须招标的工程建设项目。依照《中华人民共和国招标投标法》及有关规定，国内的以下项目必须招标：

①关系社会公共利益、公众安全的大型基础设施项目。具体有：煤炭、石油、天然气、电力、新能源项目；铁路、公路、管道、水运、航空以及其他交通运输业等交通运输项目；邮政、电信枢纽、通信、信息网络等邮电通讯项目；防洪、灌溉、排涝、引（供）水、滩涂治理、水土保持、水力枢纽等水利项目；道路、桥梁、地铁和轻轨交通、污水排放及处理、垃圾处理、地下管道、公共停车场等城市设施项目；生态环境保护项目；其他基础设施项目。

②关系社会公共利益、公众安全的公用事业项目。具体有：供水、供电、供气、供热等市政工程项目；科技、教育、文化等项目；体育、旅游等项目；卫生、社会福利等项目；商品住宅，包括经济适用房；其余公用事业项目。

③全部或部分使用国有资金投资的项目。

④全部或部分使用国家融资的项目。

⑤使用国际组织或者外国政府贷款的项目。

以上范围内总投资超过3000万元人民币的各类工程建设项目，包括项目的勘察、设计、施工、监理以及与工程建设有关的重要设备、材料等的采购必须进行招标。另外，总投资虽然低于3000万元人民币，但合同估算价达到下列标准之一的，也必须进行招标：施工单项合同估算价在200万元人民币以上的；重要设备、材料等货物的采购，单项合同估算价在100万元人民币以上的；勘察、设计、监理等服务的采购，单项合同估算价在50万元人民币以上的。

（2）可以不进行招标的项目。依照《中华人民共和国招标投标法》及有关规定，我国的以下工程项目可以不招标投标：

①涉及国家安全、国家机密、抢险救灾或者属于利用扶贫资金实行以工代赈、需要使用农民工等特殊情况，不适宜进行招标的项目。（《中华人民共和国招标投标法》第66条规定）

②建设项目的勘察设计，采用特定专利或者专有技术的，或者其建筑艺术造型有特殊要求的，经项目主管部门批准，可以不进行招标。（原国家计委2001年第9号令第3条规定）

③《中华人民共和国招标投标法实施条例》第9条规定："除招标投标法第66条规定的可以不进行招标的特殊情况外，有下列情形之一的可以不进行招标：①需要采用不可替代的专利或者专有技术；②采购人依法能够自行建设、生产或者提供；③已通过招标方式选定的特许经营项目投资人依法能自行建设、生产或者提供；④需要向原中标人采购工程、货物或者服务，否则将影响施工或者功能配套要求；⑤国家规定的其他特殊情形。"

4. 工程招标分类

工程招标，按标的内容可分建设项目总承包招标，工程勘察设计招标，工程施工招标，项目设备、材料招标和工程建设监理招标。

（1）建设项目总承包招标。工程建设项目总承包招标是指从立项开始,经勘察设计、设备材料采购、工程施工、投料试车,直至竣工验交到工后保修的建设全过程招标,常称之为"交钥匙"招标。总承包招标对投标人来说利润高,但风险也大,因此要求投标人要有很强的技术力量和相当高的管理水平,并有可靠的信誉。在我国较多的是设计施工总承包,风险相对小些。

（2）工程勘察设计招标。工程勘察设计招标是招标人择优选定勘察设计单位的活动。

在我国勘察和设计分别招标是常见的。一般是设计招标之后,根据设计单位提出的勘察要求再进行勘察招标,或由设计单位承包后,分包给勘察单位,或者设计、勘察单位联合承包。

（3）工程施工招标。工程施工招标是最常见、最典型的招标活动,是招标人就建设项目的施工任务发出招标信息或投标邀请,选定施工承包人的活动。施工招标可分为总承包、单项或单位工程施工及专业施工招标等。

（4）项目设备、材料招标。工程项目的设备、材料依照施工合同约定,可分为甲供料和非甲供料两类,招标由施工合同各方分别就设备、材料的采购发布信息或发出投标邀请,由投标人投标竞争以获取交易资格的活动。

（5）工程建设监理招标。工程建设监理招标是工程项目的建设方为了加强对设计、施工阶段的管理,发布招标信息或发出投标邀请,委托经过竞争的有实力的工程监理单位的活动。

5.工程招标方式

工程项目招标的方式主要有公开招标、邀请招标、议标和两阶段招标。

（1）公开招标。公开招标是指招标人以招标公告的方式吸引不特定的个体、法人或者其他组织投标。

公开招标的优点是一切有资格的承包商或供应商均可参加投标,都有同等的竞争机会,招标人有较大的选择范围,可在众多的投标人中选到报价合理、工期较短、技术可靠、资信良好的中标人;缺点是审查及评标的工作量大、耗时长、费用高,且有可能导致鱼目混珠的现象发生。

（2）邀请招标。邀请招标是指招标人以投标邀请书的方式邀请3～10个有实力且资信良好的潜在投标人投标。该方式大大减轻了招标时间、费用和评标负担,但限制竞争是不公平的,可能会失去技术上、报价上有竞争力的投标人。

（3）议标。议标属于邀请招标的特例。一般邀请的都是招标人所熟悉的或在本地区、本系统拥有良好业绩、建立了良好形象的投标人。这种招投标双方直接谈判签约的招标活动称为议标。其优缺点与邀请招标大体相仿,同时还可减少合同履行过程中承包人违约的风险。

（4）两阶段招标。先对按公开招标方式吸引来的投标人进行资格预审,评审他们对项目工程的初步安排及其自身资质条件,遴选出3～10个优秀的中标候选人,再按邀请招标的方法运作,直到最后确定中标人的招标方式。

两阶段一般划分为:第一阶段称为资格预审阶段,第二阶段称为竞价阶段。该招标方式吸收了以上几种招标方式的优点,克服了它们的不足之处,摒弃了盲目竞标,大大减轻了评标负担,至今看来并无明显不足之处,在国内外被广泛应用。

6.工程承包合同类型的选择

在建筑工程的勘察设计、物资供应、土建和安装工程施工过程中需要用不同的方法,可以把有关合同形成合同链。

（1）工程建设合同的分类方法。

①按承包范围和内容不同,工程建设合同可分为:建设项目总承包合同,项目建设前期咨

询合同,工程勘察设计合同,工程材料、设备采购合同,工程施工合同,建设监理合同。

②按承包方式不同,工程建设合同可分为:独立承包合同、分包合同、联合承包合同。

③按计价方式不同,工程建设合同可分为:总价合同,如固定总价合同、可调总价合同;单价合同,如固定单价合同、可调单价合同;成本加酬金合同,如成本加固定比例酬金合同、成本加固定酬金合同、成本加固定酬金及奖罚合同、最高限额成本加固定最高酬金合同。

(2)承包合同的确定。在以上合同类型中,承包范围、内容是招标人通过招标文件确定的,承包方式则是投标人所采用的投标策略决定的,基本上是单方行为。这里建设合同类型仅是承包内容、承包方式在合同中的体现,所以合同类型选择的实质是合同计价方式的选择。

7. 招投标程序

(1)招标准备。招标准备包括招标组织准备、招标条件准备和招标文件准备。

①招标组织准备。

A. 自行招标。如果招标人具有编制招标文件和组织评标的能力,则可以自行组织招标,并报建设行政监督部门备案。

B. 委托招标。招标人无自行招标能力,应先选择招标代理机构,与其签订招标委托合同,委托其代为办理招标事宜。

所谓的招标代理机构是具有从事招标代理业务的营业场所和相应的资金,拥有能够编制招标文件和组织评标的相应专业力量,并经国务院和省级建设行政主管部门认定的具有代理招标资质、具有法人资质的社会中介组织。

C. 无论是自行招标还是委托招标,招标人都要组织招标领导班子。

②招标条件准备。招标项目按照规定需要履行审批手续的应先办理。同时,资金、物资条件也能满足招标的要求。

③招标文件的准备。招标用文件的准备可以随招标工作的进展而跟进。例如中标通知书、落标通知书就可以在评标的同时准备。

招标的中心工作是向投标人发售招标文件。招标文件最好由具备丰富招投标经验的工程技术、经济及法律方面的专家合作编制。

(2)对投标人的一般性审查。

①投标人的财务状况:如注册资本、固定资产、流动资金、上年度产值额、可获得贷款额、能提供担保的银行或法人。

②投标人的人员、设备条件:如与招标项目有关的关键人员一览表(姓名、学历、职称、经验等)、关键设备一览表(名称、性能、原值、已使用年限)、职工总数等。

③投标人的业绩:如投标人近年来特别是近三年来在技术、管理、企业信誉、实力方面所取得的成绩;近年来完成的承包项目及履行中的合同项目情况(名称,地址,主要经济技术指标,交付日期,评价,业主名称、电话等);完成类似招标项目的经验。

④投标人在本招标项目上的优势。

(3)资质预审结论。

①在投标人填写资质预审表的基础上,由招标人在审查结束后填写。

②资质预审表附件:投标人法定资质的证书文件,如企业法人营业执照等;投标人资质等级证明文件,如资质等级证书;投标人近几年的财务报表,如资产负债表;证明投标人业绩、信誉、水平的证明文件,如完成项目的质量等级证书、获奖证书、资信等级证书、通过 ISO9000 系

列质量认证书等。

③资质预审合格通知书。对资质预审合格的潜在投标人，要签发资质预审合格通知书，并邀请其参加第二阶段投标，所以也可称之为投标邀请书。

④致谢信是发给资质预审不合格的申请人的通知书。

（4）审查与评议。一般项目投标人资质评审工作由招标人内部组成的招标工作班子完成，大项目招标的投标人资质评审工作由招标人主持，邀请有关职能部门的人员和经济、技术专家参加，组成评审委员会来完成，其中经济、技术方面的专家占三分之二以上。

①要对申请文件的完整性和真实性进行审查，必要时还作一些调查。

②评审可以采用简单多数法或评分法来确定投标人。

（5）组织现场踏勘。现场踏勘是到现场进行实地考察。投标人通过对招标的工程项目踏勘，可以了解施工场地和周围的情况，获取其认为有用的信息；核对招标文件中的有关资料和数据并加深对招标文件的理解，以便对投标项目作出正确的判断，对投标策略、投标报价作出正确的选择。

招标人在投标须知规定的时间组织投标人自费进行现场踏勘。踏勘人员一般可由投标决策人员、拟派现场实施项目的负责人及投标报价人员组成。其主要内容包括交通条件及当地的市场行情、社会环境条件等。

（6）召开标前会议。标前会议也称投标预备会，是招标人按投标须知规定时间和地点召开的会议。标前会议上招标单位除了介绍工程概况外，还可对招标文件中的某些内容加以修改，或予补充说明，以及对投标人提出的问题给予解答。会议结束后，招标人应将会议记录发给每一位投标人。

会议纪要和答复函件形成招标文件的补充文件，是招标文件的组成部分，与招标文件具有同等的法律效力。当补充文件与招标文件的规定不一致时，以补充文件为准。

招标单位可根据情况在标前会上确定延长投标的截止时间。

（7）投标。

①投标文件应当对招标文件提出的实质性要求和条件作出响应。招标项目属于工程施工的，投标文件应当包括拟派出的项目负责人与主要技术人员的简历、业绩和机械设备等。

②投标人拟在中标后将中标项目的部分非主体、非关键性工程进行分包的，应当在投标文件中载明。

③两个以上法人或者其他组织可以组成一个联合体，以一个投标人的身份共同投标。条件是：联合体各方均应具备承担招标项目的相应能力；同一专业的联合体，按照资质等级最低的单位确定资质等级；联合体各方应当签订共同投标协议，明确约定各方拟承担的工作和责任，并提交招标人；联合体中标的，联合体各方应当共同与招标人签订合同，就中标项目向招标人承担连带责任。

④投标禁忌。投标人不得相互串通投标报价，不得排挤其他投标人的公平竞争，损害招标人或者其他投标人的合法权益；投标人不得与招标人串通投标，损害国家利益、社会公共利益或者他人的合法权益；在招标文件要求提交投标文件的截止时间后送达的投标文件，招标人应当拒收。

⑤其他。投标人在提交投标文件的截止时间前，可以补充、修改或者撤回已提交的投标文件，并书面通知招标人。此时的补充、修改为有效修改。提交有效投标文件的投标人少于三个

的,招标人必须重新组织招标。

(8)开标。开标是按招标文件中确定的时间、地点公布标底、相继开启所有投标人的标书,宣读投标人名称、报价和有效修改的活动。

①开标应邀请项目有关主管部门、当地计划部门、经办银行等代表出席,招标投标管理机构派人监督开标活动。

②开标时,如果有标底应首先公布。

③开标会上,由投标人或其推选的代表检验投标文件的密封情况。确认无误后,当众拆封,实施唱标。所有在投标致函中提出的附加条件、补充声明、优惠条件、替代方案等均应宣读。

④开标过程应当记录,并存档备查。

⑤招标人可在开标会当场宣告废标、重新招标和确定中标人并说明理由。

⑥开标会当场宣告废标的条件:投标书未按招标文件中规定封记;投标书投递以邮戳为准逾期送达;投标书未加盖法人或法定代表人印鉴;投标书书写或印刷粗糙致字迹模糊无法辨认;投标人无故不参加开标会议;投标书未按规定的格式、内容和要求填写;一个投标人递交两份以上投标书或在一方投标书上有两个以上的报价,且未声明哪一份和哪一个有效。

(9)评标。

①评标组织。评标由招标人依法组建的评标委员会负责。评标委员会由招标人的代表和有关技术、经济等方面的专家组成,其负责人由建设单位法定代表人或授权人担任,成员人数为五人以上单数,其中技术、经济等方面的专家不得少于成员总数的三分之二。评标委员会成员的名单在中标结果确定之前应当保密。

②评标一般要经过符合性审查、实质性审查和复审三个阶段,但不实行合理低价中标的评标,可不进行复评。

A. 符合性审查。符合性审查一般由招标工作人员协助评委会完成。重点是审查投标书是否实质上响应了招标文件的要求。还要审查投标担保的有效性、报价计算的正确性等。计算错误的修改一般由评标委员会负责,但改正后一定要投标人的代表签字确认。投标人拒绝确认,按投标人弃标对待,没收其投标保证金。

没有通过符合性审查的投标书不得进入下一阶段的评审。

B. 实质性审查。这是评标的核心工作,包括技术评审和商务评审,设有标底的招标评标要参考标底进行。对于大型的尤其是技术复杂的招标项目,技术评审和商务评审是分开进行的。一般中小型招标项目则技术评审和商务评审合在一起进行。

评审方法可以分为定性评议法和定量评议法。专家定量评议法是目前常用的方法。小型招标项目的评标一般采用定性比较法,中型以上项目则一般都采用量化评价法。

技术评审主要由评委中的技术专家负责进行,主要是对投标书的技术方案、技术措施、技术手段、技术装备、人员配置、组织方法和进度计划的先进性、合理性、可靠性、安全性、经济性进行分析评价。评标委员会应组织投标人答辩。没有通过技术评审的标书,不能得标。

商务评审主要由评委中的经济专家负责进行,是对投标报价的构成、计价方式、计算方法、支付条件、取费标准、价格调整、税费、保险及优惠条件等进行评审。在国际工程招标文件中还有报关、汇率、支付方式等作为评审内容。商务评审的核心是评价投标人在履约过程中可能给招标人带来的风险。

C.复审。复审是指经过评审阶段后,择优选出若干个中标候选人,再对他们的投标书作进一步的复查审核,必要时要求投标人进一步澄清商务内容和技术内容最后评选出中标单位。

评标委汇总技术评审和商务评审的结果,形成评标报告,交招标人作为最后选择。

评标报告由评标委员会编写,一般包括评标过程、评标依据、评审内容、评审方法、评审结论、推荐的中标候选人及评委会存在的主要分歧点。中标候选人一般推荐2~3家,但要排序,并说明理由。

评标的过程要保密。评标委员和有关工作人员不得私下接触投标人,不得透露、评价有关情况。

(10)定标。定标是招标人最终确定中标人的活动。

①对于特大型、特复杂且标价很高的招标项目,招标人也可委托咨询机构对评标结果作出评估,在此基础上再作决策。

②对于中、小型招标项目,招标人可以授权评标委员会直接选定中标人。招标人保留定标审批权和中标通知书的签发权。

③招标人不得在评标委员会依法推荐的中标候选人以外确定中标人,也不得在所有投标书被评标委员会依法否决后自行确定中标人。否则所作的中标决定无效,并将依法受到处罚。

(11)签发中标通知。定标之后招标人应及时签发中标通知书。投标人在收到中标通知书后要出具书面回执,证实已经收到中标通知书。中标通知书对招标人和中标人都具有法律效力。中标通知书发出后,招标人改变中标结果的,或者中标人放弃中标项目的,应当依法承担法律责任。

(12)提交履约担保,订立书面合同。招标人和中标人应当自中标通知书发出之日三十日内订立书面合同。招标文件要求中标人提交履约担保的,中标人应当在合同签字前或合同生效前提交。

复习思考题

1.民事法律关系具有哪些特征?

2.民事法律关系具有哪些要素?

3.法律事实与一般意义上的事实有什么区别?

4.举例说明法律事实的分类。

5.简述代理的分类和基本特征。

6.何谓诉讼时效?为什么说诉讼时效是实体法序列的内容?

7.我国的时效中断、时效中止、短期时效和最长时效是如何规定的?

8.何谓除斥期间?其主要的作用是什么?

9.我国现行合同法的结构和基本原则是怎样的?

10.合同成立的要素有哪些?合同成立时间有哪些变数?

11.合同成立与合同时效有什么关系?

12.有效合同的效力有哪些?无效合同的特征有哪些?

13.无效合同与可撤销合同的关系是怎样的?

14.合同履行的原则有哪些?

15.合同变更和转让的内容各有哪些?

16.简述违约责任的分类和形式。

17.简述合同法中的抗辩制度。

18.开展招投标活动的原则有哪些?

19.简述我国强制招标的范围。

20.简述我国的招标方式。

21.对投标人的一般性审查有哪些内容?

22.投标禁忌和开标各有哪些内容?

23.确定废标的条件是什么?

24.简述评标的程序和内容。

25.招标人如何定标?

考证知识点

1.著作权属于知识产权的范畴。在委托或其他可以产生知识产权的合同事务中应由有关合同当事人约定有关知识产权的归属。未能明确约定的,该项知识产权应归属创造方。

2.具有某种特殊身份(如董事长、总经理、厂长)的企业员工以其特殊身份私自从事一定的民事活动并被对方接受的现象称为表见代理。

3.实施施工管理的监理工程师无权就设计方面的问题直接指令设计方纠错以及指令施工方从事施工外的修改,但可以要求建设方按监理方的意思给出指令。建设方考虑专业的对口性,会指令设计方实施纠错的。

4.招标程序严重违规,评标委员会应当否决招标的结果,招标人应当接受并组织重新招标。投标人不足三家,不论评标委员会是否否决,招标人都必须重新组织招标。

5.导致诉讼时效中止的条件:一是时间处于时效期最后六个月内;二是届期发生了影响诉讼的不可抗力事件或其他障碍事件。

6.建材买卖合同中未就建材质量的选用标准进行约定或约定不明的,有关当事人可以用补充协议的形式对有关标准进行明确约定。

7.招标公告实质上是一种要约邀请,而施工单位的投标行为是要约。要约要向特定的受要约人表示才有效。

8.质押和留置是不同的担保形式。质押是指质押方将质押物交由质押权方占有和保管,以换取某种权利或机会的担保形式。留置是运输、保管、承揽等合同的专项义务方在对方拒不支付服务费的前提下,将合法取得的对方部分财产予以处分以冲抵服务费的担保形式。

9.施工中未经竣工验交,建设方不得使用有关的建设标的物。否则,自其使用之日起,应视为有关的建设标的物已经竣工验交合格。

10.合同中的仲裁条款的效力具有独立性,它不随合同文本的立废而变化,除非有关的仲裁条款因自身约定不明而无效。

11.工程项目的总包方和分包方就分包工程向建设方承担连带责任。任何一方担责后可向应承担责任的他方主张民事赔偿。

12.最高人民法院关于审理合同纠纷案件的司法解释中规定:合同当事人约定按照固定总价或固定单价结算工程价款的,履约中一方当事人请求对工程价款进行鉴定的,不予支持。

13.招标人发布招标公告旨在吸引潜在的投标人参加投标,其性质如同广告,又称要约邀请。

14.根据《建设工程施工合同》(示范文本)的通用条款规定:甲供料由建设方采购并承担试验费,由使用方负责试验。

15.无效合同的类型:一方以欺诈、胁迫手段使人与之签约并损害国家利益;恶意串通签约,损害国家、集体和第三人的利益;以合法形式掩盖非法目的;损害社会公共利益的合同;违反法律、行政法规的强制性规定的合同。

16.对建设期为一年左右的工程项目一般签订固定总价合同,通常不考虑价格调整问题;建设期为一年半以上的工程项目则应考虑价格调整问题。

17.有关法律规定:投标人有权在开标前撤回投标文件;投标人有权拒绝招标人延长投标有效期;中标人拒绝按招标文件规定提交履约保证金,并不影响招标人通过诉讼等方式从中标人处获取履约保证金。

18.民间借贷,可以采取较为灵活的形式进行约定:可以无息;可以约定利率适当高于银行同期贷款利率,但不得超过银行同期贷款利率的四倍,且不允许复利。

19.《工程建设国家标准管理办法》规定的强制性标准有:通用综合标准;安全标准;制图方法标准等。

20.根据《评标委员会的组成和评标办法》,评标委员会由招标人的代表和有关的技术、经济方面的专家组成:一般为5人以上单数;技术、经济方面的专家应占评标委员会的2/3以上。其中技术、经济方面的专家应由工作满8年、具有高级以上职称或在同行业具有相应水平的人员组成;也可从省部级专家库名单中选聘。

21.根据《民法通则》第55条、第56条的规定,从事民事活动的行为人应当具有相应的民事行为能力,意思表示真实,行为内容和形式合法,且行为不违反社会公共利益。

22.违约责任的变更方式:约定违约金低于实际损失的,有关方可请求有权机构(法院和仲裁机构)予以增加;违约方支付迟延违约金后,合同对方仍有权要求其继续履行合同——履约责任的不可替代性;当且仅当约定违约金高于实际损失的30%以上时,有权机构才能批准调低;当约定违约金和约定定金并存时,允许合同当事人择一高而用之。

23.根据有关土地管理的法律法规规定:农村的土地归集体所有,城市和其他土地归国家所有。宅基地也属集体所有,因而不得抵押;图书馆等公众教育设施、医疗设施和其他公益设施不得抵押;已被国家强制力覆盖(依法查封、扣押)的财产也不得作为抵押标的。

24.《建设质量管理条例》属于行政法规,不是法律文件,不得就人身权设定处罚:例如拘役(刑事处罚)、行政拘留(行政处罚)。

25.成本+酬金承包方式是一种常用的承包方式。该方式有利于承发包双方和谐共事,缩短工期;有利于建设方介入工程管理,提高质量和降低造价;该承包方式使施工方积极性较高,有利于改进和弥补设计不足。

26.分部分项工程三算对比法指对建设工程实施预算成本、目标成本和实际成本的对比分析。

单项选择题

1. 建设方甲为一工程项目委托设计方乙制图,乙派遣本方员工丙实施操作,未定有关图纸权属事宜。则有关图纸的著作权的归属是(　　)。

A. 建设方　　　　　B. 设计方　　　　　C. 某操作员工　　　　　D. 甲、乙双方

2. 某大型钢厂王厂长到陕西一游,突然起意要收编陕西某小钢厂。这种行为属于(　　)。

A. 法定代理　　　B. 委托代理　　　C. 表见代理　　　　D. 指定代理

3. 某工程项目施工中,监理工程师李某发现该项目的一个环节设计有错误,他应该(　　)。

A. 指令设计方修改　　　　　　B. 指令施工方修改

C. 报告建设方要求指令设计方修改　　　D. 报告建设方要求指令施工方修改

4. 某必须招标的工程项目实施招标后,只有三家施工企业投标,其中一家未按要求提交投标保证金。则本案(　　)。

A. 评标委员会可否决招标,招标人应组织重新招标

B. 评标委员会可否决招标,招标人可直接发包

C. 评标委员会须否决招标,招标人可组织重新招标

D. 评标委员会须否决招标,招标人应组织直接发包

5. 2005年9月1日某项目工程竣工验交,建设方甲与施工方乙约定两月内结清工程款,但甲方届期并未践行则导致诉讼时效中止的情况是(　　)。

A. 2006年8月1日,施工现场突发洪水,一月后消除灾况

B. 2007年6月1日,施工现场突发地震,一月后消除灾况

C. 2007年7月1日,施工方法定代表人生病住院,一月后出院

D. 2007年9月1日,施工方提起诉讼,一月后撤诉

6. 甲供应商向乙、丙两个施工单位出售水泥,而有关买卖合同未定质量标准。后来,乙方力主参照某企业标准,丙方主张执行总包单位标准,而甲方提出执行行业标准,乙、丙两家并未反对。则甲、乙、丙应通过(　　)的方法解决这一问题。

A. 两两签订补充协议　　　　　　B. 甲乙、甲丙分别签订补充协议

C. 两两修改买卖合同　　　　　　D. 甲乙、甲丙分别修改有关的买卖合同

7. 某施工单位同时投标两个工程项目,不慎将两份标书错位误投,致使两项投标均告失败。其主因是要约(　　)。

A. 内容不明　　　B. 要约人不对号　　C. 受要约人错位　　　D. 无缔约意思表示

8. 甲仓库为乙公司保管500吨水泥,后来乙公司未能如期支付保管费,甲仓库可以(　　)。

A. 行使质押权,变卖全部水泥从中受偿,余款退回

B. 行使质押权,变卖部分水泥从中受偿,余款退回

C. 行使留置权,变卖部分水泥从中受偿,余款退回

D. 行使留置权,变卖全部水泥从中受偿,余款退回

9. 建设方甲未经竣工验交而于2011年11月15日强行使用由施工方乙在建的某工程标的物。当月20日乙方提交竣工验交报告,当月30日甲方组织验交工作,被某市质监站判定工程质量不合格。对乙方而论,有关工程质量(　　)。

A. 自2011年11月15日应视为合格

B. 自 2011 年 11 月 20 日应视为合格

C. 自 2011 年 11 月 30 日应视为不合格

D. 任何时候都应视为不合格

10. 总包方甲将部分工程交由分包方乙施工,双方在分包合同中设定仲裁条款,则(　　)。

A. 分包合同无效,仲裁条款也无效

B. 分包合同有效,仲裁条款也有效

C. 分包合同有效,仲裁条款无效

D. 仲裁条款的效力不随分包合同效力变化

11. 甲方发包工程,乙方总包工程。乙方将某分项工程分包给丙方施工。丙方一员工在施工中被钢筋戳瞎右眼。则该员工的损失由(　　)承担责任。

A. 丙方　　　　　B. 乙方　　　　　C. 乙、丙两方　　　　　D. 甲、丙两方

12. 承发包双方约定按固定总价合同结算工程款。履约中因建材涨价引发纠纷和诉讼,承包方请求进行造价鉴定,则法院对此项请求(　　)。

A. 支持　　　　　B. 不予支持　　　　　C. 征求发包人意见　　　　　D. 要求承包人提供证据

13. 工程招投标旨在选择承包人,以下说法正确的是(　　)。

A. 投标邀请书属于要约邀请

B. 投标人购买招标文件属于要约

C. 投标人参加现场踏勘属于要约

D. 评标委员会推荐中标候选人属于承诺

14. 依照《建设工程施工合同》(示范文本)的通用条款规定,建设方负责采购的物料属于甲供料,其具体责任的划分是(　　)。

A. 建设方负责购料并承担物料试验费

B. 建设方负责购料并同承包方分担物料试验费

C. 建设方负责购料并承担物料试验费,承包方负责试验

D. 建设方负责购料,施工方负责试验并由双方分担物料试验费

15. 甲水泥厂因无力支付赊购的钢材款,用水泥向钢材供应商乙抵账。后来乙方将这批水泥出售给丙方。则关于水泥买卖合同的效力,正确的说法是(　　)。

A. 有效

B. 因乙方超越经营范围而无效

C. 因乙方超越经营范围而效力待定

D. 因乙方超越经营范围而可撤销

16. 进行工程承包招标时,建设期为(　　)的工程项目一般签订固定总价合同通常不考虑价格调整问题。

A. 一年左右　　　　　B. 一年半　　　　　C. 半年　　　　　D. 一年两个月

多项选择题

1. 某工程项目招标中,招标文件要求投标人提交投标保证金。招标中,招标人有权没收该项保证金的情形有(　　)。

A. 投标人在投标有效期内撤回投标文件

B. 投标人在开标前撤回投标文件

C. 中标人拒绝提交履约保证金

D. 投标人拒绝招标人延长投标有效期的要求

E. 中标人拒绝签约

2. 某单位张三向李四借款。关于借款合同下列说法错误的是（　　）。

A. 应以书面形式订立

B. 若未约定利率，应以银行同期利率计算利息

C. 利率大于或等于银行同期贷款利率

D. 利率不得超过银行同期贷款利率的 4 倍

E. 除非利率低于银行同期贷款利率，否则不得按复利计算

3. 下列工程标准，属于强制标准的是（　　）。

A. 工程建设通用综合标准

B. 工程建设安全标准

C. 工程建设制图方法标准

D. 工程建设行业专用试验标准

E. 工程建设行业专用信息技术标准

4. 对评标委员会组成的要求包括（　　）。

A. 由 5 人以上单数组成

B. 评标委员会中的专家应当既是法律专家，又是经济专家

C. 聘任社会知名专家或在省部级专家库名单中选聘

D. 专家在相关领域工作满 8 年、具有高级职称或同等专业水平

E. 技术、经济方面的专家占评标委员会成员的三分之二

5. 下列各选项中属于民事法律行为成立要件的是（　　）。

A. 行为人意思表示真实

B. 行为人必须具有完全民事行为能力

C. 行为内容合法

D. 行为形式合法

E. 行为不违反社会公共利益

6. 以下关于违约金变更的说法正确的是（　　）。

A. 约定违约金低于造成的损失的，可请求法院、仲裁机构增加

B. 违约方支付迟延违约金后，合同对方仍有权要求其继续履约

C. 当事人既约定违约金，又约定定金的一方违约时，对方可以选择适用

D. 当事人约定违约金，又约定定金的，一方违约时，对方可同时适用

E. 约定违约金高于造成的损失的，当事人可以请求有权机构按实际损失予以调减

7. 《中华人民共和国担保法》规定，禁止抵押的财产有（　　）。

A. 土地所有权　　　　　　　　　　B. 宅基地使用权

C. 荒山承包经营权　　　　　　　　D. 学校、图书馆

E. 被扣押的汽车

8. 《建设质量管理条例》设定的行政处罚包括（　　）。

A. 罚款   B. 拘役   C. 行政拘留   D. 责令停业整顿

E. 吊销营业执照

9. 对建设方而言,成本+酬金承包形式的优点是( )。

A. 可以减少承包商的对立情绪

B. 可以通过分段施工缩短工期

C. 可以通过施工方改进和弥补设计不足

D. 建设方可以较深入地介入和控制工程管理

E. 等待所有施工图完成后开始施工,保证质量

10. 分部分项工程成本分析采用"三算"对比法,其中成本指( )。

A. 预算成本   B. 估算成本   C. 结构成本   D. 目标成本

E. 实际成本

第3章
建设工程合同

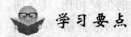 **学习要点**

1. 了解建设工程合同的基本构成和特点、签订和管理的依据
2. 熟悉附有特殊条件的合同承包形式和合同类型
3. 掌握建设工程合同关于索赔、质量保修等方面的知识和变化

3.1 建设工程合同概述

3.1.1 建设工程合同的概念

《合同法》第269条规定："建设工程合同是承包人进行建设、发包人支付价款的合同。"建设工程的主体是发包人和承包人。发包人，可以是建设单位，也可以是建设单位委托的具有组织开展工程建设能力的单位，如代建公司。代建公司，又称工程项目管理专业公司或工程承发包公司，是接受建设单位的委托对项目的运作实施全程控制，最终向委托方交付合格工程成品的单位。而建设单位一般为投资有关工程的单位或其所委托的管理机构。承包人，是实施建设工程的勘察、设计、施工等业务的单位。

3.1.2 建设工程合同的特点

1. 合同主体的严格性

《中华人民共和国建筑法》对建设工程合同的主体有非常严格的要求。

建设工程合同中的发包人必须取得准建证件，如土地使用证、规划许可证、施工许可证等。国有单位投资的经营性基本建设大中型项目，在建设阶段必须组建项目经理部，由项目经理部所在的单位负责工程策划、资金筹措、建设实施、生产经营、债务偿还并对资产保值增值承担责任。

建设工程的承包人应该具有从事勘察、设计、施工、监理业务的合法资格。《中华人民共和国建筑法》规定：承包人有符合国家规定的注册资本；有与其从事的建筑活动相适应的具有法定执业资格的专业技术人员；有从事相关建筑活动所应有的技术装备；法律、行政法规规定的其他条件。承包人按照其拥有的注册资本、专业技术人员、技术装备状况及完成的建设工程业绩等条件，取得相应等级的资质证书后，方可在其资质等级许可的范围内从事建筑活动。

2. 合同标的的特殊性

建设工程合同包括基本建设工程的勘察、设计、施工和监理等具体门类的合同，以完成有关建设工程某方面的工作为合同标的。建设工程分为四类，主要指各类房建工程，其他土木工

程,配套的线路、管道、设备安装工程以及各类装饰装修工程。其具体包括房屋、铁路、公路、机场、港口、桥梁、矿井、电站、通信线路等14类工程。在2010年住建部编制的建造师考试大纲中,已将原有的14类工程合并为10类:房建、公路、水利水电、机电、矿业、市政公用、铁路、民航机场、港口与码头、通信与广播电视工程,为一级建造师的专用取向。其中前6类工程为二级建造师的全部专业取向。

3. 合同履行期限长

建设工程由于结构复杂、建筑材料类型多、工程量大,与一般工业产品的生产相比,其合同履行往往需要数月乃至数年。建设工程合同的订立和履行一般都需要较长的准备期;在合同的履行过程中,还可能因为不可抗力、工程变更、材料供应不及时等原因导致履约期限延长。

4. 合同的订立和履行应当符合法定程序

建设工程,应当先行立项,确定建设单位;再行招投标,遴选合格的勘察、设计、施工和监理单位;再由建设单位分别同各中标单位签订相应的建设合同。各类承包人不得超越资质等级承包工程。其中,中标的施工单位应组成项目部,在监理、建设方和国家有关建设行政机关的监督下依照各类施工规范实施操作。

5. 要式合同

要式,指首先要有书面形式,还要满足法定或约定的其他形式条件。根据《合同法》第270条的规定,建设工程合同应当采用书面形式,该合同为要式合同。连与建设工程合同相关联的从合同、合同资料也应当是要式的。

➢ 3.1.3 建设工程的主要合同

工程项目的实施可分为立项、项目实施准备、施工、竣工验交和工后等五个阶段,每个阶段都有其特定的工作内容。特别在施工阶段需要各种材料、设备、资金和劳动力等多项建设资源的供应,这些资源又可分为自然资源和社会资源两类。由于社会化大生产和专业化分工,提供这些资源就会形成一定的经济关系。而维系这种经济关系的纽带就是一系列合同。其中主要的合同有:

1. 与建设单位有关的主要合同

建设单位根据项目实际情况,确定工程项目的整体目标,这个目标是所有相关合同的核心。要实现工程总目标,建设单位可以将建设工程的管理、勘察、设计、施工、设备和材料供应等工作发包或委托出去,必须按照承发包方式和范围的不同,订立多份合同。例如将工程分阶段、分专业发包,将材料和设备供应分别发包,也可能将上述发包或委托以各种形式合并,如把土建和安装总包给一个承包人,再由他实施分包,称为施工平行承发包模式;也可以把整个设备供应委托给一个成套设备供应企业;建设方还可以与一个承包人订立总包合同,由该承包人负责整个工程的设计、供应、施工和相应的管理工作。

2. 与承包人有关的主要合同

承包人中标后与建设单位签订工程承包合同。承包人要完成承包合同的责任,即有关工程项目范围内的施工、竣工和保修,并为完成这些工程提供劳动力、施工设备、材料及施工组织设计。实施总包的承包人并不完全具备所涉专业工程的施工能力、各种材料和设备的生产与供应能力,他同样要实施发包,寻求伙伴。所以与承包人有关的合同主要有:分包合同、供应合同、加工合同、运输合同、租赁合同、保险合同和劳务合同等。

实际工程运作中还有如下情况：要求承包人带资承包，他就必须融资，订立借贷合同；承包人有时也承担工程设计，有时也委托设计，故须签订设计合同；设计单位、各供应单位也可能存在各种形式的分包；在许多大工程中，尤其在建设单位要求全包的工程中，承包人经常是几个企业的联营体，即国内外工程中都很常见的联合承包。

➢ 3.1.4　与建设事务相关的合同类型

工程项目建设过程涉及多种多样的承包合同条件。如立项阶段涉及的合同类型主要有：立项事务委托合同（包括完成立项建议书、可行性研究报告和评估报告等单项委托合同），土地开发征用合同，建筑物拆迁补偿合同，土地使用权出让合同，融资租赁合同等。

又如项目准备阶段和实施阶段涉及的合同类型主要有：勘察合同、设计合同、招标代理合同、施工合同、装饰合同、材料设备买卖合同、担保合同、保险合同、技术开发合同等。

按合同的计价方式来划分的合同类型主要有：总价合同、单价合同、成本加酬金合同等。

按运作方式来划分的合同主要有：咨询合同、监理合同、运输合同、加工合同、租赁合同等。

按承发包方式来划分的合同类型主要有：勘察设计或施工总包合同，施工分包合同，劳务分包合同，工程项目总包合同等。

3.2　部分含有特定承包形式合同简介

➢ 3.2.1　固定总价合同

固定总价合同是指合同期间为一年左右，合同总价一次包死，不因环境因素（如通货膨胀、政策调整等）的变化而调整的合同。

（1）适用性。采用这种合同一般要求工程设计图的深度达到施工图的基准，项目范围及工程量准确，合同履行过程中不会出现较大的设计变更；适用于工程规模较小，工期不长，工程条件稳定，施工技术不太复杂的中、小型工程项目。

（2）基本要求。在合同履行过程中，双方均不能以工程量、设备和材料价格、工资变动等为理由提出对合同总价调值的要求，承包人承担了全部的工作量和价格风险。价格中不可预计的因素较多，故其报价一般也就比较高。除非承包商能事先预测他可能遭到的全部风险，否则将为许多不可预见的因素付出代价。

➢ 3.2.2　固定单价合同

固定单价合同指承包人就分部或分项工程按招标文件给出的工程量清单所列单价和实际完成的工程量来计算合同价款的合同。

固定单价合同具体分为三种类型：

（1）估价计量单价合同。即由发包人列出分部分项工程名称和计量单位，由承包人逐项填报；经双方磋商确定承包单价，并根据实际完成的工程数量，结算工程价款的合同。

（2）纯单价合同。即发包人不对工程量作任何规定，按实际完成数量作为计算依据，确定使用承包人的投标单价或略作调整，以此来计算工程价款的合同。这种承包方式主要适用于施工图没有或不全、工程量不明而急需开工的工程。

(3)单价与包干混合式合同。即有关工程可分为易于计价和不易于计价两部分。对于易于计价的部分,按估价计量单价合同方式计算价款;对于不易于计价部分(如施工导流,小型设备购置与安装调试等),采用包干办法计价。该合同属于对有关两种计价方式予以明确约定的合同。

▶3.2.3 可调总价合同

可调总价合同又称为变动总价合同,指合同工期在一年以上,合同价款可因工期、工资、政策等因素的变化而调整的合同。

合同价格是一种相对固定的价格,在合同条款中双方约定,如果在执行合同中,由于通货膨胀而使其所使用的工、料成本增加达到某一限度时,其合同总价也应作相应的调整。在可调总价合同中,发包人承担了通货膨胀这一不可预见的风险因素,而承包人只承担施工中的有关时间和成本等因素的风险。可调总价合同适用于对工程内容和技术经济指标都规定得很明确的项目。工期在一年以上的项目可以采用这种合同形式。

应用得较普遍的调价方法有文件证明法和调价公式法。

(1)通俗地讲,文件证明法就是凭正式发票向建设单位结算价差的方法。为了避免因承包商对降低成本不感兴趣而引起的副作用,合同文件中规定建设单位和监理工程师有权指令承包人选择廉价的供货来源。

(2)调价公式法就是用计算公式来计算调价,公式为:

$$C = C_0(\alpha_0 + \alpha_1 \frac{M}{M_0} + \alpha_2 \frac{L}{L_0} + \alpha_3 \frac{T}{T_0} + \cdots + \alpha_n \frac{K}{K_0})$$

式中:C——调整后的合同价。

C_0——原签订合同中的价格。

α_i——固定价格的加权系数,合同价格中不允许调整的固定部分的系数,包括管理费用、利润,以及没有受到价格浮动影响的预计承包人以不变价格支付的部分;$i=0,1,2,3,4,\cdots,n$。

$M,L,T,\cdots,K$——分别代表受到价格浮动影响的材料设备、劳动工资、运费等价格;带有脚码"0"的项为原合同价,没有脚码的项为付款时的价格。

$\alpha_1,\alpha_2,\alpha_3,\cdots,\alpha_n$——与各有关项相关的加权系数,一般通过对工程概算进行分解测算得到;各项加权系数之和应等于1,即 $\alpha_0 + \alpha_1 + \alpha_2 + \alpha_3 + \cdots + \alpha_n = 1$。

▶3.2.4 可调单价合同

可调单价合同是指在工程实践中由于物价、材料设备等发生实质性的变化,可经建设单位批准调整单价的合同。

(1)适用性。此类合同类似于前述的纯单价合同,适用于施工设计图纸不齐全且工期长、不确定因素多等工程项目或实行"三边政策"(边协商、边设计、边施工)的项目。

(2)风险性。与其他计价方式相比,双方的责任风险都小些,不过究竟多大的变化才算实质性变化,这是很难确定的。

➤ 3.2.5 成本加酬金合同

成本加酬金合同也称为成本补偿合同,指工程合同当事人双方约定,发包人在向承包人支付工程结算款时,按照工程的实际成本再加上一定的酬金进行计算的合同。

(1)酬金取值。在合同签订时,工程实际成本往往不能确定,只能确定酬金的取值比例或者计算原则。

(2)风险承担。采用这种合同,承包商不承担任何价格变化或工程量变化的风险,这些风险主要由建设单位承担,对建设单位的投资控制很不利。而承包商往往缺乏控制成本的积极性,甚至还会期望提高成本以提高自己的经济效益,因此这种合同有时会导致损害工程整体利益的结果,应予防止。

(3)合同适用。成本加酬金合同通常适用如下情况:

①工程较复杂,工程技术、结构方案不能预先确定,或者尽管可以确定,但是不可能开展竞标活动并以总价合同或单价合同的形式确定承包商,如研发性质的工程项目。

②时间特别紧迫,如抢险、救灾工程,来不及进行详细的计划和商谈。

(4)对建设单位而言,这种合同形式也有一定的优点。如:

①可以通过分段施工缩短工期,减少因等待施工图的交付而发生的空耗。

②可以减少承包商的对立情绪,承包商对工程变更和不可预见条件的反应会比较积极和快捷。

③可以利用承包商的施工技术专家,帮助改进或弥补设计中的不足。

④可以较深入地介入及控制工程的施工和管理。

⑤可以通过确定最大保证价格约束工程成本不超过某一限制,从而转移一部分风险。

(5)对承包商来说,这种合同比固定总价合同的风险低,利润比较有保证,因而比较有积极性。其缺点是合同的不确定性,由于设计未完成,无法准确确定合同的工程内容、工程量以及合同的终止时间,有时难以对工程计划进行合理安排。

(6)成本加酬金合同有许多种形式。

①成本加固定酬金合同。酬金确定,合同双方都能接受。

②成本加固定百分比酬金合同。固定百分比往往以利润率的形式给出。这样,承包人所得结算款=实际成本×(1+利润率)。

③成本加奖金合同。双方根据投标书中的估算指标约定成本的底点、顶点或取值范围(如 $60\%\sim70\%$,$110\%\sim135\%$),并约定奖罚办法:成本超顶则罚,罚款限额不超过最高约定酬金;成本在底点与顶点之间,只得失成本自身带来的利益,不另计奖罚;成本低于底点,一般以加大酬金或酬金比例的加大部分作为奖金。

④最大成本加费用合同。承发包双方按成本加酬金方式签约时,可约定一个总价和一个固定酬金。实施中,如实施成本>总价,由承包商承担所有额外费用;如节约了成本,一般由双方按约定比例共享节约带来的利益。

⑤成本加浮动酬金合同。在这种承包方式中,承、发包商双方事先商定工程成本和酬金的预期水平,促使承包商关注成本的降低和工期的缩短。有 C——计算成本,C_d——实际成本,F——酬金,C_o——预期成本,F^*——酬金增量,从而有:若 $C_d=C_o$(持平),则 $C=C_d+F$;若 $C_d<C_o$(降低造价,简称降造),则 $C=C_d+F+F^*$(意在褒奖);若 $C_d>C_o$(成本加大),则 $C=$

$C_d + F - F^*$(意在约束)。这种承包方式的优点在于:尽管酬金及其增量相对都较小,但使承包商有一种安全感,并且对他们产生一种激励作用。

➤ 3.2.6 设计-施工合同

设计-施工总承包(D&B模式)是指工程总包企业按照合同约定,承包工程项目的设计和施工,并对承包工程的质量、安全、工期、造价全面负责的运作方法。

(1)D&B模式分为:传统设计-施工合同、详细设计-施工合同和咨询代理设计-施工合同。

①传统设计-施工合同。建设单位在项目早期阶段邀请一家至几家承包商投标。承包商根据设计任务书提出设计方案和费用概算。建设单位可能邀请咨询公司帮助编制较为详细的设计任务书。一旦中标,承包商必须对项目的工程设计和施工负起全责。其合同结构如图3-1所示。

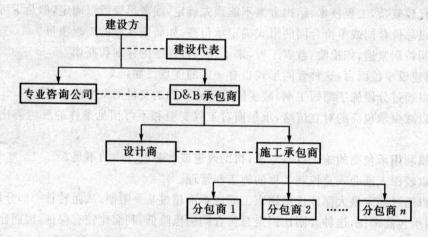

图3-1 传统设计-施工合同结构示意图

②详细设计-施工合同。建设单位可以自行或外聘咨询公司作出项目达到一定深度的设计方案,并要求投标的公司完成详细设计、进行设计费用估算和给出建议书。建设方一般根据投标者的费用估算对建议书进行评估。当建设方将全部设计任务交给承包商感到不放心,或想对设计过程进行控制,但又打算让一家公司负责项目的详细设计和施工时,可选用这种做法。

③咨询代理设计-施工合同。同详细设计-施工合同一样,建设单位先自行或外聘咨询公司作出工程项目的方案设计,然后请投标的公司提交建议书和费用估算。在选定承包商时,建设方促成承包商同该咨询公司签订协议,后者协助承包商进行详细设计,完成未完的其余工作,并在施工阶段提供帮助。

(2)D&B模式的特点主要体现在单一的债权关系方面,可提供项目投资的综合效益、风险的重新分配等。

(3)D&B模式的主要工程类型大致可分为下列五类:

①建筑工程,包括简单的建筑工程(如一般住宅、办公大楼)、特殊用途的建筑工程(如医院、体育馆、看守所)和社区开发工程等。

②需要专利技术的工程,包括石化发展工厂(如石油裂解厂、化学材料制造厂、肥料厂等)、

电厂工程(如水力、火力、核能发电厂工程)、废弃物处理工程(如垃圾焚化场、污水处理厂)等。

③交通工程,包括隧道工程、公路工程、地铁等。

④机密性工程,如配置重要军事武器的基地工程,涉及国家安全机密的特殊工程等。

⑤建设单位有特定需求的工程,如研究单位的无菌室、放射性工程等。

➤ 3.2.7 设计-采购-施工合同(EPC)

EPC 是规划设计(engineering)、采购(procurement)、施工(construction)的英文缩写,是总承包商按照合同约定,完成工程设计、材料设备采购、施工、试运行(试车)服务等项工作,并对工程的进度、质量、造价和安全全面负责的项目管理模式。

1. EPC 合同的类型

EPC 合同可分为以下几种类型:

(1)EPC 一揽子合同。承包商中标后与建设单位签订实施项目的设计、采购、施工全过程的总承包,并对项目最终产品负责的合同。其合同结构形式如图 3-2 所示。

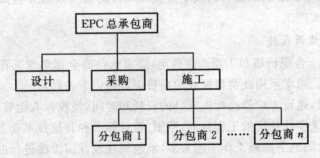

图 3-2 EPC 一揽子合同的结构示意图

(2)EPC 管理合同。EPC 管理合同指总承包商与建设方签订的、承诺负责工程项目的设计、采购和施工等一系列管理工作的合同。具体的设计、采购和施工承包商需要接受 EPC 总承包商对施工工作的管理。设计、采购、施工管理承包商对工程的进度和质量全面负责。具体合同结构如图 3-3 所示。

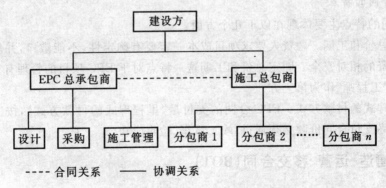

---- 合同关系 —— 协调关系

图 3-3 EPC 管理合同的结构示意图

(3)EPC 咨询合同。EPC 咨询合同指总承包商负责工程项目的设计和采购,并可对施工承包商提供咨询服务的合同。其中施工咨询费不包括在承包价中,按实际工时计取。施工承包商与业主另行签订施工合同,负责按图施工,并对施工质量负责。合同结构如图3-4所示。

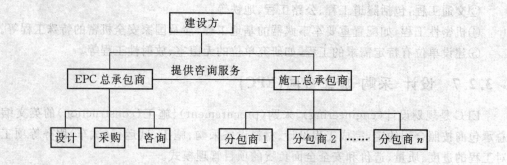

图3-4 EPC咨询合同的结构示意图

EPC模式提供从设计、施工直到竣工验交给建设方的全套服务。采用此模式,在工程项目确定之后,建设单位只需选定负责项目的设计与施工的实体——交钥匙的承包商,该承包商对设计、施工及项目完工后的试运行的成本负责。项目的供应商与分包商仍须在建设方的监督下采取竞标的方式产生。

2.EPC合同的适用条件

EPC合同适用于合同价格和工期高度确定,要求承包商全面负责工程设计和实施并承担大多数风险的项目。通常采用此类型模式的项目应具备以下条件:

(1)在投标阶段,建设方应给投标人充分的资料和时间,使投标人能够详细审核“建设方的要求”,全面了解有关文件规定的工程目的、范围、设计标准和其他技术要求等。

(2)该工程包含的地下隐蔽工作不能太多,承包商在投标前无法进行勘察的工作区域不能太大。

(3)建设方不能过分地干预承包商的工作,如要求审批大多数的施工图纸等。既然合同规定承包商负责全部设计,并承担全部责任,只要其设计和完成的工程符合“合同中预期的工程目的”,就认为承包商履行了合同中的义务。

(4)合同中的期中支付款应由建设方按照合同支付。

3.EPC合同的特点

EPC合同的特点主要体现在以下几个方面:

(1)固定总价和工期。融资人要求项目成本一定要有确定性,不能敞口,并且还要有前瞻性,以保证融资的相对安全。固定总价和工期这一特点对于EPC项目的管理有很大的影响。

(2)没有“工程师”作为第三方。

(3)里程碑式的付款方式。EPC合同的支付是“里程碑式的付款方式”,按工程量来确定期中支付,最终支付合同价款必须通过“竣工试车”验收成功。

➢ 3.2.8 建造-运营-移交合同(BOT)

1.BOT(build-operate-transfer)承包模式

其基本思路是:由项目所在国政府或所属机构为项目的建设和经营提供一种特许协议作为项目融资的基础,由本国公司或者外国公司作为项目的投资者和经营者安排融资,承担风险,开发建设项目,并在有限的时间内经营项目获取商业利润,最后根据协议将该项目无偿交给东道国政府机构。

（1）BOT 模式具有如下优点：

①降低政府财政负担。通过采取民间融资、建设、经营的方式，吸引各种资金参与道路、码头、机场、铁路、桥梁等基础设施项目建设，以便政府集中资金用于其他公共设施的投资。

②政府可以避免大量的项目风险。实行该种方式融资，使政府的投资风险由投资者、贷款者及相关当事人等共同分担，其中投资者承担了绝大部分风险。

③有利于提高项目的运作效率。项目资金投入大，周期长，由于有民间资本参加，贷款机构对项目的审查、监督就比政府直接投资方式更加严格。民间资本为了降低风险，获得较多的收益，客观上就更要加强管理，控制造价，这从客观上为项目建设和运营提供了约束机制和有利的外部环境。

④BOT 项目通常多由外国的公司承包，这会带来先进的技术和管理经验，也促进了国际经济的融合。

（2）BOT 模式具有如下缺点：

①公共部门和私人企业往往都需要经过一个调查了解、谈判和磋商过程，以致项目准备期过长，投标费用过高。

②投资方和贷款人风险过大，没有退路，使融资困难。

③参与项目各方存在某些利益冲突，对融资造成障碍。

④机制不灵活，降低私人企业引进先进技术及管理经验的积极性。

⑤在特许期内，政府对项目难以充分控制。

2. BT 承包模式

该模式是 BOT 承包模式的变形，指一国政府通过特许协议引入外资或私资，并由投资方实施基础设施等方面的建设，竣工后由该国政府按协议赎回的方式。

复习思考题

1. 陈述建设主体—发包人—建设单位的组成和关系。

2. 建设工程合同的特点有哪些？

3. 概述与承发包各方有关的合同。

4. 立项阶段和项目准备阶段的合同类型有哪些？

5. 可调单价合同的定义和适用性是什么？

6. 成本＋酬金合同的变化形式有哪些？

7. 试述 D&B 合同的基本分类模式。

8. 试述 EPC 合同的定义和分类。

9. BOT 合同的定义、优缺点及其变化类型各是什么？

考证知识点

1. 施工平行发包可以根据施工项目的结构进行，可以根据施工任务进行，还可以根据专业不同进行。这是工程项目实施中常用的发包形式。

2. 监理工程师的所有指令都应以书面形式下达，并且尽可能给出执行指令的处理意见。如果现场事务紧急，监理工程师可以先行口头下达指令，在 48 小时内将有关书面指令连同相应处理意见下达到位。

3.总包方与分包方就分包工程向建设方承担连带责任。严格限制分包方与建设方(含监理人员)发生直接工作关系,以免发生损害总包方利益和正常工作的事。

4.总体说来,成本＋酬金合同比较有利于承包方。只要承包方保质保量完成了施工任务,建设方就应当承担成本费,并另外付给承包方一笔工程款作为工资待遇,无需承担其他风险。

5.劳动报酬通常采用计量、计件付酬的形式较多,也有根据具体工作实况采用计时工资的情形。但要防止约定计件、计量付酬,却实行计时工资;或者相反,造成管理混乱。

6.实行工程预付款的合同当事人应严格按有关合同专用条款的约定实施预付和扣回的操作。

7.单位工程指具有独立施工条件,但建成后不能独立发挥生产能力或效益的工程。一般说来,单位工程是施工的基本单元,而单项工程是竣工验交的基本单元。

8.采用单价合同,建设方需要首先核实工程量的大小。只有对工程量变化不大的工程项目才能采用。

9.可调总价合同又称变动总价合同,合同价格以施工图和规范为基础,按一年内的时价进行计算。

10.固定单价合同适用于工期较短、工程量变化不会太大或抢险救援等紧急状态下无法精细度量工程量的合同。

11.在专业分包事务中,承包人的地位类似于一般承发包合同中的发包人。首先要保证向发包人提供三通一平的施工场地,还要保证按合同约定向分包方提供诸如设备、设施、资料等。特殊之处在于其与分包方就分包工程向建设方承担连带责任。

12.工程变更事项所在多有。其大体成因为:建设方或工程师指令变更;施工图中出现了较大、较多、较严重的问题,错误设计量甚至达25％以上;有关政策或导向发生变化,例如环保要求升级;合同实施中发生较大问题,例如建设资金业已告罄等。

13.购料方因重大失误写错物料品名,可通过签订补充协议订正原买卖合同中物料品名,也可以申请有权机构(法院或仲裁机构)撤销有关合同。

14.成本＋酬金合同适用于:时间紧迫但合同履行条件具备,工程内容复杂,又不宜用其他方式招标以确定承包人的合同。

15.BOT合同与BT合同的相似点是:二者的承包主体都是外资方或私资方;施工的对象都是社会公共工程;施工资源(物料、机械、人员)经我国政府有关部门批准才可投入或使用。

二者的不同点是:有关标的物建成后,对于BOT合同,政府允许承包方经营或使用一段时间后向我国有关政府无偿移交;对于BT合同,政府应及时赎回投入使用。

▶ 单项选择题

1.关于施工平行承发包的应用,下列说法错误的是(　　)。

A.关于施工平行承发包,发包方不能根据建设项目的结构分解发包

B.关于施工平行承发包,发包方可以根据建设项目的结构分解发包

C.关于施工平行承发包,发包方可以根据建设项目的不同专业分解发包

D.某办公楼建设中,建设方将打桩工作发包给甲企业,将主体土建工作发包给乙企业,将机电安装工作发包给丙企业,将装饰装修工作发包给丁企业,即施工平行承发包

2.监理工程师认为确有必要暂停施工时,应以书面形式指令承包人执行,并在指令下达后（　　）小时内提出书面处理意见。

A. 12 　　　　　　　　B. 24 　　　　　　　　C. 36 　　　　　　　　D. 48

3.如果分包人与发包人或工程师发生（　　），分包人将被视为违约,并承担违约责任。

A. 直接工作关系 　　　B. 间接工作关系 　　　C. 合同规定的关系 　　　D. 工作意见分歧

4.采用成本＋酬金合同时,（　　）不承担任何价格或工程量变化的风险。

A. 建设方 　　　　　　B. 承包方 　　　　　　C. 发包商 　　　　　　D. 分包商

5.劳动报酬不能采用的方式是（　　）。

A. 固定劳动报酬（含管理费）

B. 约定不同工种的计时单价（含管理费）,按工时计算

C. 约定不同工种的计时单价（含管理费）,按确认的工程量计算

D. 约定不同工种的计件单价（含管理费）,按确认的工程量计算

6.实行工程预付款的合同当事人双方应在（　　）约定发包人向承包人给付工程款的时间、数额和用途。开工后在各次结算工程款的时段内由发包方约定分次扣回。

A. 工程师指导下 　　　　　　　　　　　　B. 第三者在场的情况下

C. 专用条款内 　　　　　　　　　　　　　D. 有关法律精神指导下

7.单位工程的含义是（　　）。

A. 具有独立设计文件,建成后一般能够独立发挥生产能力和效益的工程

B. 具有独立设计文件,建成后一般不能独立发挥生产能力和效益的工程

C. 按一个总体设计而进行施工的各个子项之和

D. 指一个建（构）筑物的某一部位

8.采用单价合同,在结算中单价优先。建设方最重要的工作核实（　　）。

A. 单价 　　　　　　　B. 工程量 　　　　　　C. 工期 　　　　　　D. 承包人的身份

9.可调总价合同的当事人双方最重要的工作是以施工图、规范为基础类比（　　）某同类工程的造价。

A. 某历史年份 　　　B. 一年之内 　　　C. 半年之内 　　　D. 三个月之内

多项选择题

1.固定单价合同适用于（　　）的工程项目。

A. 工期较短 　　　　　　　　　　　　B. 投标期宽裕

C. 工程量较大 　　　　　　　　　　　D. 工程量变化幅度不会太大

E. 工程结构完善详细

2.专业分包合同承包人的具体工作是（　　）。

A. 向分包人提供具备施工条件的施工场地

B. 向分包人提供各种证件、批件和相关资料

C. 与分包人就具体分包工程向建设方承担连带责任

D. 负责提供有关分包合同专用条款约定的设备和设施

E. 向分包人进行设计交底工作

3.工程变更的主要原因有（　　）。

A. 建设方对建设标的有新要求,指令进行工程变更

B. 施工图中出现了较多、较大、较严重的错误

C. 投资方追加投资

D. 政府有关部门对建设标的有新的政策要求

E. 合同实施中发生重大问题

4.某施工单位在签订钢材买卖合同时,误将甲型钢材写成乙型钢材,则该单位(　　)。

A. 只能购买乙型钢材

B. 应按效力待定合同处理

C. 可要求通过签订补充协议变更原合同标的为甲型钢材

D. 可以申请有权机构撤销原所签订的合同

E. 可以请求有权机构确定原所签订的合同无效

5.成本＋酬金合同通常用于(　　)的情况。

A. 时间相当紧迫　　　　　　　　B. 合同条件完备

C. 工程内容比较复杂　　　　　　D. 工程建设方案基本无法确定

E. 工程建设方案可以确定,但不可能进行竞争性的招投标活动以总价合同形式确定承包商

综合简答题

简述 BOT 合同和 BT 合同的联系和区别。

第4章
建设工程施工合同（示范文本）

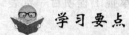 学习要点

1. 了解各建设工程施工合同示范文本的主要内容和基本构成
2. 熟悉建设工程施工合同示范文本各组成部分的知识点和解释顺序
3. 掌握合同变更、竣工验收与结算、质量保证等内容与环节

4.1 合同示范文本的结构

合同示范文本是由某些国际组织、国内有关经济行政主管部门、行业协会等权威机构组织编写，供有关合同当事人协商选用的合同模本或合同格式。

以我国在用的《建设工程施工合同（示范文本）》（GF—1999 - 0201）为例对其结构和内容作介绍。由原建设部、国家工商总局和国家科学技术部等部门编制的各类合同示范文本有十余个，与施工合同（示范文本）结构及内容有相仿之处。

施工合同（示范文本）系原建设部和国家工商总局于 1999 年 12 月发布的，由协议书、通用条款、专用条款三部分组成，并附有三个附件，分别是：承包人承揽工程项目一览表；发包人供应材料设备一览表；工程质量保修书（2000 年已改为：房屋建设工程质量保修书和其他八种建设工程质量保修书）。现作如下介绍：

1. 协议书

协议书是集中体现双方的商务性约定内容和对双方的综合性要求的总纲性文件。协议书的内容包括：工程概况、工程承包范围、合同工期、质量标准、合同价款、组成合同的文件等 10个条款。其中合同词语约定、质量保修责任和价款支付承诺系强制性规定，一般不得修改。

2. 通用条款

该条款给出了施工合同的一般性条件，对文本所有概念限定了唯一性解释，是在总结国内工程实施中成功经验和失败教训基础上，揉进了联合国合同公约和 FIDIC 条件的内容而编制的。该条款包括了施工的基本进程，共 11 部分 47 个条款 168 个具体环节。

3. 专用条款

专用条款就是对通用条款规定内容的确认和具体化，其结构与通用条款一一对应。部分条款和环节设定空格，允许合同当事人填写协商一致的内容，使其与通用条款有关部分共同组成对解决某一方面问题的具体约定。专用条款是对通用条款的补充、细化，补充和细化的内容不得与通用条款中的强制性规定相抵触，否则无效。

4.2　协议书

"协议书"是双方当事人就建设工程施工中最基本、最重要的事项依照法定和约定内容所达成的商务条款,是合同文本中最具执行和解释效力的部分。

"协议书"主要包括以下十方面内容:

(1)工程概况:工程名称、工程地点、工程内容、群体工程应附承包人承揽工程项目一览表(附件1)、工程立项批准文号、资金来源等。

(2)工程承包范围。

(3)合同工期:开工日期、竣工日期、合同工期总日历天数。

(4)质量标准。

(5)合同价款:分别用大小写表示。

(6)组成合同的文件。

(7)本协议书中有关词语含义与通用条款中分别赋予它们的定义相同。

(8)承包人向发包人承诺按照合同约定进行施工、竣工并在质量保修期内承担工程质量保修责任。

(9)发包人向承包人承诺按照合同约定的期限和方式支付合同价款及其他应当支付的款项。

(10)合同生效:合同订立时间(年月日)、合同订立地点、双方约定生效的时间和其他有关事项。

4.3　词语定义及合同文件

合同示范文本原则上给出了一种格式条款。《合同法》第41条规定:"对格式条款有两种以上解释的,应当作出不利于提供格式条款一方的解释。"为防止这一现象发生,在通用条款中特别给出了词语定义。

▷4.3.1　通用条款的格式和内容

1.词语定义

下列词语除专用条款另有约定外,应具有以下定义:

(1)通用条款:是根据法律、行政法规规定及建设工程施工的需要订立,通用于建设工程施工的条款。

(2)专用条款:是发包人与承包人根据法律、行政法规规定,结合具体工程实际,经协商达成一致意见的条款,是对通用条款的具体化、补充或修改。

(3)发包人:指在协议书中约定,具有工程发包主体资格和支付工程价款能力的当事人以及取得该当事人资格的合法继承人。

(4)承包人:指在协议书中约定,被发包人接受的具有工程施工承包主体资格的当事人以及取得该当事人资格的合法继承人。

(5)项目经理:指承包人在专用条款中指定的负责施工管理和合同履行的代表。

（6）设计单位：指发包人委托的负责本工程设计并取得相应工程设计资质等级证书的单位。

（7）监理单位：指发包人委托的负责本工程监理业务并取得相应资质等级证书的单位。

（8）工程师：指本工程监理单位委派的总监理工程师或发包人指定的履行本合同的代表，其具体身份和职权由承发包双方在专用条款中约定。

（9）工程造价管理部门：指国务院有关部门、县级以上人民政府建设行政主管部门或其委托的工程造价管理机构。

（10）工程：指发包人承包人在协议书中约定的承包范围内的工程。

（11）合同价款：指承发包双方在协议书中约定，发包人用以支付承包人按照合同约定完成承包范围内全部工程并承担质量保修责任的款项。

（12）追加合同价款：指在合同履行中发生需要增加合同价款的情况，经发包人确认后按计算合同价款的方法增加的合同价款。

（13）费用：指不包含在合同价款之内的应当由发包人或承包人承担的经济支出。

（14）工期：指承发包双方在协议书中约定，按总日历天数（包括法定节假日）计算的承包天数。

（15）开工日期：指承发包双方在协议书中约定，承包人开始施工的绝对或相对的日期。

（16）竣工日期：指承发包双方在协议书中约定，承包人完成承包范围内工程的绝对或相对的日期。

（17）图纸：指由发包人提供或由承包人提供并经发包人批准，满足承包人施工需要的所有图纸（包括配套说明和有关资料）。

（18）施工场地：指由发包人提供的用于工程施工的场所以及发包人在图纸中具体指定的供施工使用的任何其他场所。

（19）书面形式：指合同书、信件和数据电文（包括电报、电传、传真、电子数据交换和电子邮件）等可以有形地表现所载内容的形式。

（20）违约责任：指合同一方不履行合同义务或履行合同义务不符合约定所应承担的责任。

（21）索赔：指在合同履行过程中，对于并非自己的过错，而是应由对方承担责任的情况造成的实际损失，向对方提出经济补偿和（或）工期顺延的要求。

（22）不可抗力：指不能预见、不能避免并不能克服的客观情况。

（23）小时或天：合同中规定按小时计算时间的，从事件有效开始时计算（不扣除休息时间）；规定按天计算时间的，开始当天不计入，从次日开始计算。时限的最后一天是休息日或者其他法定节假日的，以节假日次日为时限的最后一天，但竣工日期除外。时限的最后一天的截止时间为当日 24 时或次日 0 时。

2.合同文件及解释顺序

（1）合同文件应能相互解释，互为说明。除专用条款另有约定外，组成合同的文件及优先解释顺序如下：①合同协议书；②中标通知书；③投标书及其附件；④合同专用条款；⑤合同通用条款；⑥标准、规范及有关技术文件；⑦图纸；⑧工程量清单；⑨工程报价单或预算书。

合同履行中，承发包双方有关工程的洽商、变更等书面协议或文件应视为合同的组成部分。

（2）当合同文件内容含糊不清或不相一致时，在不影响工程正常进行的情况下，由承发包双方协商解决。双方也可以提请负责监理的工程师作出解释。双方协商不成或不同意负责监理的工程师的解释时,按通用条款第37条关于争议的约定处理。

3.语言文字和适用法律、标准及规范

(1)语言文字。合同文件使用汉语语言文字书写、解释和说明。如专用条款约定使用两种以上(含两种)语言文字时,汉语应为解释和说明合同的标准语言文字。

在少数民族地区,双方可以约定使用少数民族语言文字书写和解释、说明合同。

(2)适用法律和法规。合同文件适用国家的法律和行政法规。需要明示的法律、行政法规,由双方在专用条款中约定。

(3)适用标准、规范。双方在专用条款内约定适用国家标准、规范的名称;没有国家标准、规范但有行业标准、规范的,约定适用行业标准、规范的名称;没有国家和行业标准、规范的,约定适用工程所在地地方标准、规范的名称。发包人应按专用条款约定的时间向承包人提供一式两份约定的标准、规范。

国内没有相应标准、规范的,由发包人按专用条款约定的时间向承包人提出施工技术要求,承包人按约定的时间和要求提出施工工艺,经发包人认可后执行。发包人要求使用国外标准、规范的,应负责提供中文译本。

因此所发生的购买、翻译标准、规范或制定施工工艺的费用,由发包人承担。

4.图纸

(1)发包人应按专用条款约定的日期和套数,向承包人提供图纸。承包人需要增加图纸套数的,发包人应代为复制,复制费用由承包人承担。发包人对工程有保密要求的,应在专用条款中提出保密要求,保密措施费用由发包人承担,承包人在约定保密期限内履行保密义务。

(2)承包人未经发包人同意,不得将本工程图纸转给第三人。工程质量保修期满后,除承包人存档需要的图纸外,应将全部图纸退还给发包人。

(3)承包人应在施工现场保留一套完整图纸,供工程师及有关人员进行工程检查时使用。

➤ 4.3.2 有关专用条款的格式、内容及编制示例

在专用条款中,应当对通用条款进行细化,并对不明确部分予以明确。示范文本中仅对主要内容给出了格式,在实际应用时应针对具体情况予以编制。

1.示范文本

以下给出示例,以供参考:

(1)发包人(甲方)。

①发包人:在合同中特指_____。

②合法继承人:指工程竣工验收合格后,发包人将工程移交给其承接使用的产权管理单位。在继承生效后,合法继承人享有发包人在合同中的一切权利并承担相应的义务。

(2)专业承包人:指在协议书中约定,由发包人指定或直接发包的具有专项或特定专业工程施工承包资质(单位)资格(个体)的当事人以及取得该当事人资质资格的合法继承人。

(3)项目经理:指承包人在合同专用条款中指定的负责合同工程施工管理和合同履行的负责人。

(4)监理单位。

本合同工程的监理单位是：_____。

书面函件送达的地址：_____。

电话：_____。

（5）工程师。

合同条款中的工程师，如无特别注明，均是监理单位及发包人派驻本合同工程施工场地的现场管理机构的负责人。

（6）工期。

节点工期：指经发包人和工程师批准的施工组织设计或者工程工期网络计划中载明的承包人按总日历天数（包括法定节假日）计算完成某一阶段或某一工序的承包天数。按工程工期网络计划的一般线路和关键线路分为一般节点工期和关键节点工期。合同约定的关键节点工期为关键线路上的节点工期及发包人要求的节点工期。

（7）书面形式：指合同书、信件和数据电文（包括电报、电传、传真、电子邮件）等可以有形地表现所载内容的形式。

（8）天：指事件发生当日的 0 时至当日的 24 时的时间段。

（9）通知：指合同中所提及的各方之间传达意思表示的方式，包括但不限于申请、报告、同意、答复、批准、指令、证书、决定等。

（10）重大事故：指在工程建设过程中由于责任人的过错造成工程报废、机械设备毁坏、多名人身伤亡或者重大经济损失的事故，包括重大安全事故、重大质量事故和重大机械事故。重大事故的界定划分参照国家标准。

（11）工程量清单综合单价项目：指根据招标文件、图纸、国家规范、技术文件标准等内容，采取综合单价包干计价的项目。综合单价是指完成工程量清单中规定计量单位项目全部工作内容所需的所有相关费用，包括人工费、材料费、机械使用费（简称机使费）、综合管理费、规费、利润、税金及不可预见的其他费用等。有关费用经发包人确认后用于确定本项目中标单价。其中：

①人工费、材料费、机使费和综合管理费：按建标〔2003〕206 号文《建筑安装工程费用项目组成》执行。

②规费：指政府和有关部门规定必须缴纳的费用，包括社会保障费、住房公积金、工程排污费等。

③不可预见的其他费用：指除不可抗力因素外的市场物价的不稳定因素、政府部门颁发的各项调价因素、项目清单报价中未能完全考虑的项目及承包人预计会发生的其他情况所产生的额外费用。

④预算包干费：指对施工中除各类事故处理费用外的其他可能发生的常规费用予以充分考虑所形成的估算值，如施工中雨水、废水的排除费用、夜间施工费等。

⑤施工企业承担的社会保障金计入投标报价，开工前由发包人按有关规定向人力资源和社会保障部门缴纳，并在承包人的进度款中扣回。

（12）措施费：指发生于工程施工前和施工中非工程实体项目的费用。若工程实施中实际没有发生的项目，该项费用不予支付；另有约定的除外。其包括以下费用：

①环境保护费：指施工现场为达到环保部门的要求进行治理整顿所需要的各项费用。

②安全施工费和文明施工费：指为确保安全施工和文明施工按有关行政管理部门与发包

人的布置或自行采取的保障措施及其他措施所发生的相关费用,包括排污、控制噪音等所发生的各项费用及按规定应由承包人缴纳的各种费用。如承包人未能按照有关的要求和规定实施,则由发包人另行委托队伍施工,其费用由承包人自行承担。

③临时设施费:指除发包人提供的临时设施外,承包人为进行工程施工而搭设生活和生产用的临时建(构)筑物及其他设施的整体费用等。

④大型机械设备进出场及安拆费:指机械整体或分体自停放场地运至施工现场或由一个施工地点运至另一个施工地点,所发生的机械进出场运输和转移费用及机械在施工现场进行安装、拆卸所需的人工费、材料费、机使费、试运转费和安装所需的辅助设施的费用。

⑤脚手架搭拆费:指施工需要的各种脚手架搭、拆、运输费用及脚手架的损耗摊销(或租赁)费用。一般由承包人自行承担费用与工期损失。另外,由于脚手架的搭设不当而影响其他专业正常施工时,承包人必须无偿进行调整和修改,费用不予增加。

⑥垂直运输费:指建筑物施工中为了将所需要的人工、材料、机具自地面垂直提升到所需高度的机械费用,主要包括使用塔吊、卷扬机及外用电梯和配合机械等所发生的费用。

⑦其他:工程量清单项目和以上项目没有体现的,施工中可能发生或者承包人认为为完成本工程项目将会发生的其他费用。

(13)其他项目清单报价:指除工程量清单报价表的措施项目清单报价以外的、为完成本工程项目施工必须发生的其他费用,没有实际发生的其他费用不予支付;除合同约定项目之外,在合同执行期内其他项目清单报价固定不变。其包括以下费用:

①其他项目包干费。

②施工总承包管理和配合服务费:指施工总承包单位根据发包人的要求和合同约定对发包人另行发包的专业承包单位进行统一管理和配合服务所发生的费用,包括施工总承包管理费和专业工程配合服务费。

A. 施工总承包管理费包括但不限于以下费用:项目总进度计划管理和协调费;信息管理费;公共临时设施管理费;公共区域和部位的安全文明施工和安全生产设施维护管理费;现场综合管理费(现场治安、保卫及周边关系协调);总体组织协调配合费等。

B. 专业工程配合服务费包括但不限于以下费用:为发包人另行发包的专业承包单位提供场地内公共运输道路和通道使用费;现有水平、垂直运输设施使用费;现有脚手架使用费、工程竣工清退场费以及其他配合服务费等。

(14)工程款:指承包人完成工程进度造价并扣除应扣的费用(如预付款、约定保留金等)后的净额。

(15)工程进度款:指施工中按约定时段(或形象进度,或控制界面等)对完成的工程数量计算的合同价款。

(16)质量保修金:指承发包双方在建设工程施工合同中约定,从应付的工程款中预留,用以保证承包人在缺陷责任期内对建设工程出现的缺陷进行维修的资金。

鉴于我国质量法规中关于质保期的原则性规定很不便于具体实施,原建设部发文用质量异议期的形式将房建质保期限定在1年以下,特殊情况可约定1~2年。现在约定质量异议期以取代质量保修期的操作已在各类建设工程合同实务中得到了大面积推广。

(17)通讯形式:合同无论涉及各方之间表示同意、请求、拒绝、通知等的通讯(含派人面交、邮寄、电子传输等),均应采用书面形式,只有在对方当事人确认收到后方能生效;合同各方之间通讯不能无理扣押或拖延，应按协议书约定的地址和收件人送达。收件人应在通讯回执上签署姓名和时间。一方当事人拒绝签收时，另一方当事人先以电话通知，并以特快专递、挂号信等方式将通讯送达通讯地址的，应视为送达。

（18）现场踏勘：指以下两种情况：

①招标人召集所有投标人和潜在投标人参加标前会议的同时到施工现场踏勘地质情况、地形地貌特征、水文和气候条件。

②当地建设行政主管部门收到建设单位办理施工许可证的申请后，对建筑工程场地是否符合施工条件进行现场核查的活动。现场踏勘记录一般由当地建筑稽查大队派遣专人完成，是建设单位领取施工许可证的必备手续。

（19）预留金：指根据承发包双方的约定，发包人在向承包人支付进度款（一般为首期）时，留存约定比例或数额的资金。预留金用以应对可能发生的工程变更或其他约定用途。竣工结算时，按约定和承包人实际完成的工作量多退少补。

（20）退场补偿费：指因非双方原因造成工程短期内无法进行或因政府、外界影响造成短期内不能正常开工，经双方商定退场，由发包人对承包人给予的一次性补偿费用。

（21）工程指令：指由发包人或工程师下发的《设计变更》、《工程委托单》、《工程暂停令》等关于本工程需由承包人完成的指示与命令。

（22）"一户一验"，指住宅工程竣工验收前，对每一套房进行的专门验收，并在逐套验收合格后出具《住宅工程质量逐套验收表》的活动。如果已选定物业公司，物业公司也应参加逐套验收工作。

2. 语言文字和适用法律、标准及规范

（1）适用法律和法规。

适用于合同的法律法规是生效在用的中华人民共和国法律、法规、合同约定的部门规章及工程所在地的地方法规。

（2）适用标准、规范。

适用标准、规范的名称：国家现行有效的有关建设项目管理、设计、施工及验收规范和验收标准；建设行业、工程所在地最新的地方性标准、规定、规章；发包人根据本合同工程具体情况，依照国家有关标准制订的施工标准、规定、规范、办法和制度。

3. 图纸

（1）发包人向承包人提供图纸日期和套数：发包人在开工前向承包人提供 X 套图纸（其中 Y 套为编制竣工图所需，X＞Y）。承包人确需增加图纸套数的，应当取得发包人的同意，所需费用由承包人自行承担。

（2）承包人对图纸的保密要求：由发包人提供的图纸、文件等，未经发包人许可，承包人不得转借、出让、泄露。保密措施及费用由承包人自行承担。

（3）施工图纸及其变更必须加盖发包人专用章方为有效。

（4）图纸的错误：承包人发现发包人提交的施工设计图纸有明显错漏或疏忽，或发现影响工程质量、成本的设计图纸或工艺，应及时通知工程师，经报发包人指令及时修正。

4.4 合同当事人一般权利和义务

▶4.4.1 通用条款的格式和内容

1.工程师

(1)监理单位委派的总监理工程师及负责专业子项目监理业务的监理工程师或驻扎工地的甲方代表(适用于未聘任监理的工程项目)在合同中统称工程师,其姓名、职务、权责由承发包双方在专用条款内写明。工程师按合同约定行使职权,发包人在专用条款内要求工程师在行使某些职权前需要征得发包人批准的,工程师应照办。

(2)除合同内有明确约定或经发包人同意外,负责监理的工程师无权解除合同约定的承包人的任何权利与义务。

2.工程师的委派和指令

(1)工程师可委派工程师代表,行使合同约定的自己的职权,并可在认为必要时撤回委派。委派和撤回均应提前7天以书面形式通知承包人,负责监理的工程师还应将委派和撤回通知发包人。委派书和撤回通知作为合同附件。

除工程师或工程师代表外,发包人派驻工地的其他人员均无权向承包人发出任何指令。

(2)工程师应按合同约定,及时向承包人提供所需指令、批准并履行约定的其他义务。由于工程师未能按合同约定履行义务造成工期延误,发包人应承担延误造成的追加合同价款,并赔偿承包人有关损失,顺延延误的工期。

3.项目经理

(1)承包人依据合同发出的通知,以书面形式由项目经理签字后送交工程师,工程师在回执上签署姓名和收到时间后生效。

(2)项目经理按发包人认可的施工组织设计(施工方案)和工程师依据合同发出的指令组织施工。

(3)承包人如需更换项目经理,应至少提前7天以书面形式通知发包人,并征得发包人同意。

(4)发包人可以与承包人协商,建议更换其认为不称职的项目经理。

4.发包人工作

发包人按专用条款约定的内容和时间完成以下工作:

(1)办理土地征用、拆迁补偿、平整施工场地等工作,使施工场地具备施工条件,在开工后继续负责解决以上事项遗留问题。

(2)将施工所需水、电、电讯线路从施工场地外部接至专用条款约定地点,保证施工期间的需要。

(3)开通施工场地与城乡公共道路的通道,以及专用条款约定的施工场地内的主要道路,满足施工运输的需要,保证施工期间的畅通。

(4)向承包人提供施工场地的工程地质和地下管线资料,对资料的真实准确性负责。

(5)办理施工许可证及其他施工所需证件、批件和临时用地、停水、停电、中断道路交通、爆破作业等的申请批准手续（证明承包人自身资质的证件除外）。

（6）确定水准点与坐标控制点，通过设计人员或工程师以书面形式交给承包人，一般与审查施工图同时进行，俗称审图交桩。

（7）组织承包人、监理人员和设计单位进行图纸会审和设计交底。

（8）协调处理施工场地周围地下管线和邻近建筑物、构筑物（包括文物保护建筑）、古树名木的保护工作，承担有关费用。

（9）发包人应做的其他工作，双方可在专用条款内约定。

5. 承包人工作

承包人按专用条款约定的内容和时间完成以下工作：

（1）根据发包人委托，在其设计资质等级和业务允许的范围内，完成施工图设计或与工程配套的设计，经工程师确认后使用，发包人承担由此发生的费用。

（2）向工程师提供年、季、月度工程进度计划及相应进度统计报表。

（3）根据工程需要，提供和维修非夜间施工使用的照明、围栏设施，并负责安全保卫。

（4）按专用条款约定的数量和要求，向发包人提供施工场地办公和生活的房屋及设施，发包人承担由此发生的费用。

（5）遵守政府有关主管部门对施工场地交通、施工噪音以及环境保护和安全生产等的管理规定，按规定办理有关手续，并以书面形式通知发包人，发包人承担由此发生的费用，因承包人责任造成的罚款除外。

（6）已竣工工程未交付发包人之前，承包人按专用条款约定负责已完工程的保护工作，保护期间发生损坏，承包人自费予以修复；发包人要求承包人采取特殊措施保护的工程部位和相应的追加合同价款，双方在专用条款内约定。

（7）按专用条款约定做好施工场地地下管线和邻近建筑物、构筑物（包括文物保护建筑）、古树名木的保护工作。

（8）保证施工场地清洁符合环境卫生管理的有关规定，交工前清理现场达到专用条款约定的要求，承担因自身原因违反有关规定造成的损失和罚款。

（9）承包人应做的其他工作，双方在专用条款内约定。

➤ 4.4.2　有关专用条款编制示例

1. 工程师

合同条款中的工程师，如无特别注明，均是监理单位及发包人派驻合同工程施工场地的现场工作机构的负责人。

（1）监理单位。

发包人委托＿＿＿＿＿＿＿＿＿＿为本合同工程的监理单位，总监理工程师为＿＿＿＿，监理单位的职责以发包人与监理单位签订的《委托监理合同》为准。

（2）监理工程师工作。

①发包人委托的监理公司及其监理人员按国家监理条例履行监理职责，代表发包人对承包人施工的工程质量、进度、安全文明生产、成品保护、现场协调配合、交付入住配合进行全面管理及工程量、进度款的初审工作。

②承包人应接受监理对本工程的质量监督、进度控制及协调配合的管理工作。如监理的

要求涉及合同价款的调整,承包人应在执行前得到发包人的确认。

③发包人承包人双方的文件通过监理公司传递,但须发文方总代表或授权人签字和盖章才生效。一方不得以任何理由拒绝签收另一方的文件,双方文件发送到监理公司即视同已到达对方。特殊情况下发包人可以直接向承包人发出指令,承包人代表或指定收件人必须签收。

(3)发包人代表。

发包人派驻施工场地履行合同的代表在合同中称为发包人代表。其姓名、职务如下:

姓名:_____ 职务:_____。

2.工程师的委派和指令

(1)在紧急情况下,工程师可以当场发出口头指令,连同对执行指令的处理须在48小时内书面下达到位。承包人应遵照执行。由于工程师指令错误而延误工期的,工期顺延情形只适用于一般节点工期。

(2)工程师可发出除影响功能、系统、标准、造价、节点工期以外的施工管理指令,并加盖监理单位驻施工场地机构印章。具体按发包人相关管理制度执行。

(3)凡涉及设计和工程变更的应按发包人有关变更管理制度执行(可以在附件中详细约定)。

3.项目经理

姓名:_____ 职务:_____。

(1)现场管理机构。

①承包人必须组成项目经理部,实施《建设工程项目管理规范》及相关补充文件,并积极主动接受建设行政主管部门监督和检查。

②现场管理机构各部主要技术管理人员在开工前必须全部到位,并接受工程师和发包人代表的查验。项目部主要技术管理人员不得兼职,并需接受监理单位的监督。

(2)项目部机构设置及主要技术管理人员应与投标文件保持一致。发包人不要求更换时不得更换。因特殊情况需要更换的,承包人必须保证后任人员的资格、资历、业绩、实际工作能力不低于前任人员的素质。

(3)项目部主要技术管理人员的实际工作能力和工作效果达不到要求,不适应现场工作需要,发包人有权向承包人提出撤换。承包人坚持不予撤换的应按约定承担违约责任。

(4)项目部主要技术管理人员必须全职在现场办公,不得擅自离岗。因特殊情况需短暂离岗的,应当事先报工程师批准,且须妥善安排工作交接。否则,造成不良后果的应按约定承担违约责任。

4.发包人工作

(1)发包人应按约定的时间和要求完成以下工作:

①办理土地征用、拆迁补偿等工作,使施工场地具备施工条件,在开工后继续负责解决以上事项遗留问题。

②发包人提供施工所需水、电接点,保证施工期间的需要。

③结合现场实际情况开通施工场地与公共道路通道。

④开工前提供施工场地的工程地质和地下管线资料。

⑤办理施工许可证及其他发包人应办理的证件、批件和临时用地、停水、停电、中断交通、

爆破作业等的申请批准手续。

⑥参与和监督设计方或监理方向承包人所作的水准点与坐标控制点的交验，并作好交验记录。

⑦组织承包人、施工监理与设计单位进行设计交底和审图交桩，时间期限为承包人接到施工图纸后的14天内进行。

⑧协调处理施工场地周围地下管线和邻近建筑物、构筑物、文物及古树名木的保护工作。

⑨发包人委托承包人办理的其他工作。

（2）经承发包双方协商一致，发包人保留下列权利：

①对用于本工程的材料设备提交质检审查的权利。

②对调整合同承包范围及内容的提议权，对主要材料设备采购方式的选择权。

③材料设备及中间、隐蔽工程关键工序，发包人有权聘请权威机构或部门进行复核或检验。

（3）根据实际需要，有权指令对施工现场的布局进行调整、对设计图纸进行变更。

5.承包人工作

（1）承包人按合同约定的内容和时间完成以下工作：

①承包人负责施工现场临时设施、道路、管线的施工和维护；从发包人指定的接点连接施工用水电，承担相应费用，并应采取措施避免施工对红线周围的地下管线、临近建筑物及市政设施造成破坏；保证施工用电及围栏设施的安全保卫；搞好施工中与政府相关部门的协调配合以及与周边社区、居民的关系。

②承包人除遵守有关法律、法规外，还要服从政府主管部门对施工场地安全文明生产的管理，并承担由此发生的费用。

③未移交已完工程前，承包人要开展保护工作及承担相关的费用，发生损坏应自费修复。

④由承包人承担的具体设计工作，承包人须按时提交合格的图纸，并负责组织专家论证等项工作，有关的时间安排及费用包含于合同工期及合同总价内。

⑤开工前承包人应对施工图纸认真核查，积极参加设计交底及审图交桩会议，并做好各系统管线的综合平衡工作。因未能协调解决此类矛盾而造成的工期延误，由承包人承担。

⑥承包人应对施工场地及周围的地下管线、建（构）筑物（含文物保护建筑）、古树名木之状况进行勘察，确定具体的保护措施并承担有关费用。因承包人原因使受保护物品发生损坏的，由承包人承担责任。

⑦承包人收到施工图后，应迅速完善施工组织设计，报发包人及总监审批。施工组织设计应包括：人机物料的配置和进场计划；劳务安排、质保体系、安全文明施工措施；对施工现场平面图和道路图修改到位；作出完整的分部分项工程施工方案及地下管线、设施的加固措施；提供工程质量通病防治专项方案、季节性施工措施；给出总承包管理方案、质量检查与验收方案。

⑧承包人应当按照经发包人确认的施工组织设计施工，如需变动，应提前书面报经发包人同意方可执行。

⑨"样板引路"制度中的样板经监理、发包人确认后方可推广实施。

⑩工地实行日报和周报制度。周报在每周例会前一天报送发包人和监理，周报包括本周计划和上周完成工作、未完成情况说明。

⑪每月由承包人向发包人书面报送《下月施工计划》和《本月完成工程月报》，下月施工计

划应当具体、详细,包括人力安排、工程量等。如不按时、按要求报送,发包人有权不予支付本期进度款或支付时间顺延。

⑫承包人须做好施工记录、中间和隐蔽工程记录,汇集施工技术资料,包括影视资料,负责做好施工现场安全保卫和施工现场的组织管理工作。

⑬双方约定由承包人完成或配合的工作,承包人拒绝完成或不能按要求完成,发包人即可安排其他单位完成,所发生的费用及影响的工期由承包人承担。

⑭承包人应按约定对分包的工程进行管理,参加分包工程各项验收。

⑮承包人应严格按安全标准组织施工,接受行业、条块安全检查,实施安全防护,消除事故隐患。否则,承包人应对造成的财产损失、人身伤害及引起的第三方事故承担责任。

⑯承包人负责办理本方施工人员生命财产和机械设备的保险,并支付相应的费用。

⑰监理单位发出的监理通知单、整改单及发包人发出的工作联系单等函件应当限期回复,否则发包人有权指定其他队伍代为实施,相应费用及责任由承包人承担。

⑱承包人应当根据约定向发包人、监理或专业承包单位提供材料设备加工和人员办公的场地。

⑲承包人须按照发包人的要求做好"前店后厂"样板间。样板间内容包括但不限于:材料样板或切片样板;工艺或工法样板;半成品样板;成品样板;通道及防护等。

(2)承包人应做的其他工作:

①进场后每月按审定格式申报人机料投入量及实物工程完成量,以此作为工程进度款支付的依据之一。

②保证执行投标文件所承诺的施工组织设计中的资源投入计划,将工程施工所需的机械设备、人员、材料等资源,根据工程进度计划按时、按标准足额投入。因特殊原因需变更资源投入计划或者对已投入的资源进行调整的,应当提前提出申请,报工程师和发包人批准。未经发包人许可,承包人开工后已进场的机械设备在任何情况下都不得在计划使用期间撤出现场。

③承包人应在签订本合同的同时与发包人签订《××工程质量保修协议书》、《廉洁协议》、《安全生产合同》。

(3)承包人应当做到:

①按时足额支付工人工资。

A.承包人应当根据集体合同的约定按月支付工人工资,并不得低于当地最低工资标准。

B.承包人应每月编制工人工资支付表,如实记录支付时间、支付对象、支付金额等工资支付情况。

C.承包人应对有关的专业分包或劳务分包单位工资支付情况进行监督。

D.承包人必须以高度负责的态度,对可能引发劳动争议的各种因素进行排查,及时化解、处理有关的不稳定因素,为工程进展创造文明、和谐的环境。

②建立处理劳动争议的协调机制。建立该机制,承包人主管领导和项目经理要亲自负责,配备专职人员,及时化解劳动争议,保证在整个工程期间不发生工人集体上访、聚众滋扰等事件。

(4)承包人须按照约定实施施工总承包管理和对专业工程的配合服务。

(5)承包人须于每月×日前向工程师提交综合报表,经发包人批准后实施。

①上月工程进度款资金使用反馈表及支付凭证复印件,经总监核实并报发包人,以保证承包人将工程进度款专款专用。

②当月完成进度统计报表,当月完成的工程量申报表及当月工程质量、安全生产、文明施工情况报告,当月工程事故报告(须报政府相关部门),当月各专业间的组织管理、协调配合等方面情况及所出现问题的专项报告。

③下月资金使用计划,下月施工进度及拟投入设备、劳动力计划。

(6)承包人应完善雇员的劳务注册手续,并与雇员订立劳动合同,明确本方的权利和义务。

①负责为雇员提供必要的食宿及各种生活设施,采取合理的卫生、劳动保护和安全防护措施,保证雇员的健康和安全。

②保障雇员的合法权利和人身安全,及时抢救和治疗施工中伤病雇员。

③充分考虑和保障雇员的休息时间和法定节假日休假时间,尊重雇员的宗教信仰和风俗习惯。

(7)办理雇员的意外伤害等一切保险,处理雇员因工伤亡事故的善后事宜。承包人应当对不履行上述工作义务而造成的工期延误和工程损失承担责任。

4.5 施工组织设计和工期

➤ 4.5.1 通用条款的格式和内容

1.进度计划

(1)承包人应按专用条款约定的日期,将施工组织设计和工程进度计划提交工程师,工程师按专用条款约定的时间予以确认或提出修改意见,逾期不确认也不提出书面意见的,视为同意。

(2)承包人必须按工程师确认的进度计划组织施工,接受工程师对进度的检查、监督。工程实际进度与经确认的进度计划不符时,承包人应按工程师的要求提出改进措施,经工程师确认后执行。因承包人的原因导致实际进度与进度计划不符时,承包人无权就改进措施提出追加合同价款。

2.开工及延期开工

(1)承包人应当按照协议书约定的开工日期开工。承包人不能按时开工,应当不迟于协议书约定的开工日期前7天,以书面形式向工程师提出延期开工的理由和要求。工程师应当在接到延期开工申请后的48小时内以书面形式答复承包人。工程师在接到延期开工申请后48小时内不答复,视为同意承包人要求,工期相应顺延。工程师不同意延期要求或承包人未在规定时间内提出延期开工要求,工期不予顺延。

(2)因发包人原因不能按照协议书约定的日期开工,工程师应以书面形式通知承包人,推迟开工日期。发包人赔偿承包人因延期开工造成的损失,并相应顺延工期。

3.工期延误

(1)因以下原因造成工期延误,经工程师确认,工期相应顺延:

①发包人未能按专用条款的约定提供图纸及开工条件;

②发包人未能按约定日期支付工程预付款、进度款,致使施工不能正常进行;

③工程师未按合同约定提供所需指令、批准等,致使施工不能正常地行;

④设计变更和工程量增加;

⑤一周内非承包人原因停水、停电、停气造成停工累计超过 8 小时；

⑥不可抗力事件影响；

⑦专用条款中约定或工程师同意工期顺延的其他情况。

（2）承包人在上述情况发生后 14 天内，就延误的工期以书面形式向工程师提出报告。工程师在收到报告后 14 天内予以确认，逾期不予确认也不提出修改意见的，视为同意顺延工期。

4. 暂停施工

可以暂停施工的事项及其处理如表 4-1 所示。

表 4-1　可以暂停施工的事项及其处理

暂停施工原因	有关具体事项	工期处理	复工手续
自然原因	台风、地震、特大暴雨	工期顺延	监理方下达监理通知
建设方原因	工程款或甲供料不到位	工期顺延	监理方下达监理通知
设计方原因	设计有重大变动（须签证）	工期顺延	监理方下达监理通知
政府方原因	非施工方原因	工期顺延	监理方下达监理通知
施工方原因	出现严重质量问题，发生较大安全事故或出现重大安全隐患	工期不顺延	施工方填制复工报审批表，由监理方下达复工指令

5. 工程竣工

（1）承包人必须按照协议书约定的竣工日期或工程师同意顺延的工期竣工。

（2）因承包人原因不能按照协议书约定的竣工日期或工程师同意顺延的工期竣工的，承包人应承担违约责任。

➤ 4.5.2　专用条款编制示例

1. 进度计划

（1）计划的提交和确认。

①承包人应于收到中标通知××天内向工程师提交具体实施的项目施工组织设计与进度计划，承包人编制的工程进度计划内容应全面翔实，并提出施工方法、施工穿插顺序及时间安排，并在各节点位置标注相应的工程量、资金使用计划、人力机械组织及材料消耗量。

②工程师在接到承包人提交的施工组织设计和进度计划后××天内予以确认或提出修改意见。逾期既不确认，也不提出书面意见的视为同意，但如遇到重大或技术复杂、难度大的施工方案（如深基坑及高支模等），应经专家会评审。

③跨年度的项目工程，承包人应编制年月施工进度计划；不跨年度的项目工程须提交月进度计划。

（2）关于进度计划的说明。

①协议书中承发包双方约定的合同总工期和节点工期，应考虑可能出现的下雨、高温天气、停水断电、节假日等因素及施工图纸的修改、变更所需时间以及分包工程的合理工期。

②工程进度延迟时，责任不在承包人的，承包人须按发包人、监理的要求提出改进措施。经确认后，限期追回进度。

(3)计划的执行。

①承包人应当加强计划管理,严格按工程进度计划组织施工,并接受工程师对工程进度的检查、监督。

②为便于工程师掌握和控制工期,承包人应于每月底向工程师提交当月工程进度计划完成情况,并更新进度计划、资金计划和其他工作计划。工程师在接到后应当予以确认或提出书面意见,交由承包人执行或改进。

③工程师认为工程或部分工程不能按期完工,应通知承包人修改进度计划,采取必要措施加快进度。其中属承包人原因造成的,则无权要求发包人支付任何附加费用。如承包人未能在工程师发布指令后××天内加快进度的,发包人将未完工程另行交给其他施工单位,由此造成的损失由承包人承担。

2.开工及延期开工

(1)工程已具备开工条件,但因承包人自身的原因而无法实际开工的,经发包人书面同意,工程师可以签发开工令,正式计算工期;再由工程师发出停工令,待承包人准备妥当后才批准复工。由此产生的工期延误和其他损失由承包人承担。

(2)承包人的原因导致第三方提起民事赔偿,由承包人承担责任。

3.暂停施工

(1)因下列原因,工程师报经发包人同意,可通知承包人暂停施工:

①工程设计发生重大变更;

②不可抗力事件影响;

③质量事故;

④安全生产事故。

承包人不得单方面停工,否则,应视情节承担违约责任。

因第一、二项原因暂停施工,可按约定调整工期;因第三、四项原因暂停施工,责任在承包人的,工期不予顺延,承包人应当承担违约责任。

(2)凡出现下列情况之一的,工程师有权下达停工令,责令承包人停工整改,承担由此造成的损失;造成工期延误的,还须按约定承担违约责任:

①无正当理由拒绝监理单位管理和发包人代表的督导、管理;

②施工组织设计未获批准而施工,或不按施工组织设计施工;

③未经监理单位检验认可而擅自进入下一道工序;

④擅自使用未经认可或批准的不合格的材料、构配件;

⑤擅自变更设计图纸的要求;

⑥转包工程和擅自让未经发包人批准的分包单位进场作业;

⑦存在安全隐患,未按监理单位要求及时进行整改;

⑧未按约定上报所需的资料。

(3)因工作失误(含擅自停工)或违约引起的暂停施工、费用增加和工期延误由承包人承担责任。

4.工期延误

(1)工期控制与调整。

①合同工程工期分为关键节点工期和一般节点工期两类,承包人必须在施工组织设计文

件中分专业详细区分和列明合同工程总体及各单体工程的关键节点工期和一般节点工期,并报工程师批准后实施。

②合同工期调整的原则:对于承包人造成的工期延误,原则上不得顺延;对于非承包人造成的工期延误,一般节点工期可以相应顺延,但以不对关键节点工期和总工期构成延误为限。关键节点工期一般不予调整,承包人应采取合理的赶工措施予以消化,而且这些赶工费已包括在合同总价中,发包人一般不予补偿。

③关键节点工期确需调整的,承包人必须重新编制总工期控制计划和关键节点工期调整计划并报请总监和发包人审核。经审核确认,承包人可以调整工期,否则工期不得调整。承包人应在调整计划被批准后×天内,将调整后的总工期控制计划和关键节点工期调整计划按合同份数送交发包人作为合同附件。承包人未如期提交的,视为工期未作调整。

(2)承包人在首次出现工期延误后×天内,应向发包人代表提交有关情况书面通知。否则视为承包人已放弃顺延工期的申请权。该书面通知包括以下内容:

①工期受影响和进度受影响的详细状况;

②承包人已经或拟采取的预防或减少工期拖延的措施。

5.工程竣工

(1)承包人必须采取一切有效措施保证按照合同约定或者发包人同意调整的竣工日期竣工,除非发生了以下情形:①发包人对本工程作出停建、缓建的决定;②重大设计变更导致本工程在规划、使用、功能方面有重大调整。

(2)合同所提及的工期、时间除注明外均以日历天为计算单位。

4.6 质量与检验

➤ 4.6.1 通用条款的格式和内容

1.工程质量

(1)工程质量应当达到协议书约定的质量标准,质量标准的评定以国家或行业的质量检验评定标准为依据。因承包人原因工程质量达不到约定的质量标准,承包人承担违约责任。

(2)双方对工程质量有争议,由双方同意的工程质量检测机构鉴定,所需费用及因此造成的损失,由责任方承担。双方均有责任,由双方根据其责任分别承担。

2.检查和返工

(1)工程质量达不到约定标准的部分,工程师一经发现,应要求承包人拆除和重新施工,承包人应按工程师的要求拆除和重新施工,直到符合约定标准。因承包人原因达不到约定标准,由承包人承担拆除和重新施工的费用,工期不予顺延。

(2)工程师的检查检验不应影响施工正常进行。如影响施工正常进行,检查检验不合格时,影响正常施工的费用由承包人承担。除此之外影响正常施工的追加合同价款由发包人承担,相应顺延工期。

(3)因工程师指令失误或其他非承包人原因发生的追加合同价款,由发包人承担。

3.隐蔽工程和中间验收

(1)工程具备隐蔽条件或达到专用条款约定的中间验收部位,承包人进行自检,并在隐蔽或中间验收前48小时以书面形式通知工程师验收。通知包括隐蔽和中间验收的内容、验收时间和地点、承包人准备验收记录。验收合格，工程师在验收记录上签字后，承包人可进行隐蔽和继续施工。验收不合格，承包人在工程师限定的时间内修改后重新验收。

（2）工程师不能按时进行验收，应在验收前24小时内以书面形式向承包人提出延期要求，延期不能超过48小时。工程师未能按以上时间提出延期要求，不进行验收，承包人可自行组织验收，工程师应承认验收记录。

（3）经工程师验收，工程质量符合标准、规范和设计图纸等要求，验收24小时后，工程师不在验收记录上签字，视为工程师已经认可验收记录，承包人可进行隐蔽或继续施工。

4. 重新检验

无论工程师是否进行验收，当其要求对已经隐蔽的工程重新检验时，承包人应按要求进行剥离或开孔，并在检验后重新覆盖或修复。检验合格，发包人承担由此发生的全部追加合同价款，赔偿承包人损失，并相应顺延工期。检验不合格，承包人承担发生的全部费用，工期不予顺延。

5. 工程试车

工程试车指工程竣工验交期间对有关设备、电路、管线等系统试运行。

（1）范围：①单机无负荷试车，单台设备空载使用；②联动无负荷试车，整套或多台设备一起空载试用；③投料试车，按正常工作方式试车。

（2）注意事项：①试车由承发包人共同组织，并在试车前48小时书面通知监理工程师参加。②试车合格，由承、发包双方和监理工程师共同在试车记录上签字；监理工程师在试车合格后24小时内未在试车记录上签字，视为已认可试车记录。③由于承包人的原因试车不合格，承包人应按监理工程师要求重新组织试车，并承担重新安装和试车费用，工期不予顺延。④由于制造原因试车不合格，由采购方承担费用，经承包方拆除、重装并组织试车。若采购人为承包人，按承包人致试车不合格处理。⑤试车费用除合同另有约定外都由发包方承担。因试车不合格的重新拆装和试车除外。⑥投料试车原则上由发包方负责。若需要承包人配合时，应征得同意，并由双方签订补充协议。

▶ 4.6.2　有关专用条款编制示例

1. 工程质量、工程保管和工程质量创优奖罚

（1）工程质量标准。承包人应确保工程一次验收合格。承包人致工程未一次验收合格或不能按计划实施竣工验交的，由承包人按约定承担违约责任。

（2）工程质量争议与鉴定。双方对工程质量有争议，应依据《建筑工程施工质量验收统一标准》及有关文件，交由有关质量技术部门鉴定。双方均有责任的，由双方分别承担。

（3）工程质量保证体系。承包人应当完善质量管理制度，建立质量控制流程，进行全面质量管理。承包人应当做到：

①建立完整的质量保证体系。委派专人负责：现场设质检管理机构、工区（段）设质检小组，班组设质检员，各类人员要持证上岗，并报工程师备查。承包人还应建立和完善企业质检和质量管理制度。

②承包人的施工组织设计和施工方案必须附有完备的工程质量保证措施，包括：工程质量

预控措施,工序质量控制点,工程的标准工艺流程图和技术、组织措施,质量报表和质量事故报告制度,等等。

③单项工程开工前,承包人应当对职工进行技术交底,组织学习培训,强调在施工中必须按规程及工艺进行操作等。

④单项工程和重要部位应当先试验后施工。开工前承包人应熟悉施工图和设计变更内容,并完成施工组织设计和必要的施工准备,送审获准后方可进行试验,试验经检验符合要求才能批量施工生产。

⑤对标准产品进场按规定或约定比例实施抽检试验。对结构混凝土试件和某些物料设备进场应当养护送检。

(4)从开工之日起,承包人应全面维养保护已完工程及现场物料设备,直到确认移交之日止。

(5)为达到约定的质量标准,具体奖罚如下:

①竣工验收未一次通过,经整改复检才达到合格的,承包人应支付××万元违约金,工期不予顺延;

②竣工验收一年内,因渗漏返修的户数超过当期总户数的××%,承包人应支付合同结算价的××%作为违约金。

2.隐蔽工程和中间工程验收

(1)合同双方约定中间验收部位,并由发包人、监理、承包人及其他有关单位组成验收小组。中间验收资料应为两份,其中一份交由发包人存底。

(2)同一部位经两次以上中间验收不合格,承包人应承担质量违约责任。发包人、监理视情况要求停工整改,工期不予顺延。

(3)当发包人、监理要求对已经隐蔽的工程重复检验时,承包人应按要求进行剥离或开孔,并在检验后重新覆盖或修复。如检验合格,由发包人承担由此发生的费用;如检验不合格,承包人承担全部费用。

(4)发包人对隐蔽工程若有质量疑问时,可委托专业检测机构检测。如检测结果符合要求,检测费用由发包人承担。如检测结果不合要求,检测费用由承包人承担,发包人保留对承包人的反索赔权。

(5)经工程师验收,工程质量符合标准、规范和设计图纸等要求,验收24小时后,工程师不在验收记录上签字,视为工程师已经认可验收记录,承包人可进行隐蔽或继续施工。

(6)承包人应按工程师指令对中间、隐蔽工程进行拍摄或照相,使工程师能充分检查和测量;承包人私自将中间、隐蔽工程覆盖的,工程师有权指示承包人进行钻孔探测或剥露验收,由此增加的费用和(或)延误的工期由承包人承担。

(7)中间、隐蔽工程验收部位未经验收合格,不得隐蔽或继续施工;否则该部分工程被视为不合格,由此所产生的返工费用由承包人承担。

(8)基础桩、基槽须经发包人书面确认,方可移交或进行下一道工序。

3.设备调试、工程试车

双方责任:

(1)由承包人承担设计或提出修改设计造成设备调试不合要求,应由承包人承担修改设计、拆除及重新安装的全部费用。反之,设备调试达不到验收要求,发包人应承担有关费用。

（2）由于制造原因使设备调试不合要求，由该设备采购方负责重新购置或修理，承包人负责拆除和重新安装。设备由承包人采购的，由承包人承担修理或重新购置、拆除及重新安装的费用，工期不予顺延；设备由发包人采购的，发包人承担上述各项追加的合同价款。

（3）承包人造成设备调试不合要求，应承担重新安装和设备调试的费用。

4.7 安全施工

➤ 4.7.1 通用条款的格式和内容

1. 安全施工与检查

（1）承包人应遵守有关安全生产的管理和规定，严格按安全标准组织施工，随时接受安检人员的依法监督检查，采取必要防护措施，消除事故隐患，否则应承当酿成事故的责任和费用。

（2）发包人应加强对现场工作人员的安全教育，并对他们的安全状况负责。发包人不得要求承包人违反安全管理规定进行施工。因发包人原因导致安全事故，应承担相应的责任和费用。

2. 安全防护

（1）承包人在动力设备、输电线路、地下管道、密封防震车间、易燃易爆地段以及临街交通要道附近施工时，施工开始前应向工程师提出安全防护措施，经工程师认可后实施，防护措施费用由发包人承担。

（2）实施爆破作业，在放射、毒害性环境中施工（含储存、运输、使用）及使用毒害性、腐蚀性物品施工时，承包人应在施工前14天内以书面形式通知工程师，并提出相应的安全防护措施，经工程师认可后实施，由发包人承担安全防护措施费用。

3. 事故处理

（1）发生重大伤亡及其他安全事故，承包人应按有关规定立即上报有关部门并通知工程师，同时按政府有关部门要求处理，由事故责任方承担发生的费用。

（2）发包人承包人对事故责任有争议时，应按政府有关部门的认定处理。

➤ 4.7.2 有关专用条款编制示例

1. 施工场地的占用与管理

（1）施工场地一经移交给承包人，承包人即应对施工场地负全面的管理责任，对施工场地范围内的交通道路、用水、用电、场地内的施工协调负责。承包人需要制订详细的方案，合理安排施工时段，采用全封闭施工方案，确保不对周边环境、道路、行人和相邻施工现场造成不利影响。

施工现场安全网、外脚手架、塔吊、施工围挡广告权益属发包人，未经发包人许可，承包人不得在这些设施上面悬挂任何广告。

（2）承包人应在工程竣工后约定的时间内，无条件清退所有施工场地。否则，发包人有权强行拆除并暂停结算，并由承包人承担由此而产生的一切后果。

发包人认为有必要保留的临时房屋及设施，承包人在清退时应保持完好，并不得提出费用及其他要求。

（3）承包人应服从政府主管部门的执法活动，并按照检查结果进行整改。

2. 安全施工与检查

（1）承包人应建立健全安全生产机构和保证体系，按照工程建设安全生产的有关管理规定，落实安全生产责任制。

（2）承包人在施工中应定期进行安全检查，加强自身及其管理范围内安全监督管理；发现安全隐患应迅速处理，否则应按照约定承担违约责任。

3. 安全防护

（1）本工程的所有安全防护及文明施工措施费已包含在合同价款之中。

（2）承包人应按照《建筑工程安全防护、文明施工措施费用及使用管理规定》等文件的规定做到：

①保护现场人员的安全，保护现场以及未完工程处于良好的安全状态。

②在需要的时间和地点，根据要求，提供和维持照明、护板、围挡、五板一图、警号标志和人员值班，对工程进行保护和为公众提供安全、方便。

其中，五板一图指在施工工地门前悬挂工程项目概况、管理人员名单及监督电话、安全生产规定、文明施工管理制度、消防保卫制度五板和施工现场总平面图。

③承包人应在工地、宿舍和工棚，备有医疗人员、急救药品和治疗室等，建立疾病应急制度。例如出现重大或恶性疾病，承包人应迅速向发包人和工程所在地疾病控制中心报告，请求处理。

④实施爆破作业，在放射、毒害性环境中施工及使用毒害性、腐蚀性物品施工时，须取得政府有关部门支持。

4. 事故处理

（1）承包人造成的安全责任事故，除按照国家规定处罚外，承包人还应赔偿给发包人造成的损失，并承担违约责任。

（2）施工中发生质量和安全事故，承包人应立即按《建设工程安全管理条例》的规定上报并通知工程师，全力配合政府和有关部门处理事故。

5. 文明施工与环境保护

（1）承包人应在进入现场前提交施工环保方案一式四份，经工程师批准后实施。对于施工中造成的环境污染，经指出后，承包人未能采取整治措施，或者未能有效消除污染的，可由他人代为整治，相关损失、费用均由承包人承担。

（2）承包人应承诺：所有施工的安全设施、围挡、临边防护、通道等全部按要求统一设置、统一标识。安全防护、文明施工的内容按施工组织设计实施，但投标总报价不变。

临边防护指：三安四口五邻边。其中"三安"是指：有关安全帽、安全网、安全带的使用；"四口"是指：有关楼梯口、电梯口、预留洞口和通道口的防护；"五邻边"是指：有关沟坑槽和深基础周边、楼层周边、楼梯侧边、平台或阳台边、屋面周边的安全措施。

在合同工期内，发包人、总监理工程师对承包人的安全文明施工及环境保护措施进行定期检查，并按招标文件规定的项目和款项执行奖罚。

4.8　合同价款与支付

➢ 4.8.1　通用条款的格式和内容

1.合同价款及调整

（1）招标工程的合同价款由承发包双方依据中标通知书中的中标价格在协议书内约定。非招标工程的合同价款由承发包双方依据工程预算书在协议书内约定。

（2）合同价款在协议书内约定后，任何一方不得擅自改变。下列三种确定合同价款的方式，双方可在专用条款内约定采用其中一种：

①固定价格合同。双方在专用条款内约定合同价款包含的风险范围和风险费用的计算方法，在约定的风险范围内合同价款不再调整。风险范围以外的合同价款调整方法，应当在专用条款内约定。

②可调价格合同。合同价款可根据双方的约定而调整，双方在专用条款内约定合同价款调整方法。

③成本加酬金合同。合同价款包括成本和酬金两部分，双方在专用条款内约定成本构成和酬金的计算方法。

（3）可调价格合同中合同价款的调整因素包括：

①法律、行政法规和国家有关政策变化影响合同价款；

②工程造价管理部门公布的价格调整；

③一周内非承包人原因停水、停电、停气造成停工累计超过8小时；

④双方约定的其他因素。

（4）承包人应当在（3）款情况发生后14天内，将调整原因、金额以书面形式通知工程师，工程师确认调整金额后作为追加合同价款，与工程款同期支付。工程师收到承包人通知后14天内不予确认也不提出修改意见，视为已经同意该项调整。

2.工程预付款

实行工程预付款的，双方应当在专用条款内约定发包人向承包人预付工程款的时间和数额，开工后按约定的时间和比例逐次扣回。预付时间应不迟于约定的开工日期前7天。发包人不按约定预付，承包人在约定预付时间7天后向发包人发出要求预付的通知，发包人收到通知后仍不能按要求预付，承包人可在发出通知后7天停止施工，发包人应从约定应付之日起向承包人支付应付款的贷款利息，并承担违约责任。

3.工程量的确认

对承包人超出设计图纸范围和因承包人原因造成返工的工程量，工程师不予计量。

4.工程款（进度款）支付

（1）在确认计量结果后14天内，发包人应向承包人支付工程款（进度款）。按约定时间发包人应扣回的预付款，与工程款（进度款）同期结算。

（2）发包人不按合同约定支付工程款（进度款），双方又未达成延期付款协议，导致施工无法进行，承包人可停止施工，由发包人承担违约责任。

➤ 4.8.2　有关专用条款编制示例

1.合同价款及调整

（1）主材（仅包括商品砼、钢筋）实行价格调整，措施项目、其他项目不参与材料费的调整。

（2）承包人承诺：所有变更工程和新增工程引起的计价、计量调整、报批和审批过程，均不得影响变更的执行，否则，承包人将承担由此造成发包人经济损失及工期延误的责任，且承担违约责任。但由于增加及变更工程造成的工期延误经甲方代表确认后相应顺延。

2.工程量确认

（1）承包人每次申请工程进度款时应提交已完工程进度款申请报表。已完工程进度款申请报表的提交应按发包人工程管理制度的要求执行。

（2）不予计量的情况：

①隐蔽工程无验收记录的；

②因承包人责任而增加的工作量、施工图之外的工作量；

③未经发包人批准的分包单位施工的工程；

④不符合合同约定或设计要求的工程。

3.工程进度款支付

（1）若承包人所报工程的质量达不到验收规范要求，发包人有权暂缓支付该部分工程款。

（2）管理费支付办法：发包人将根据承包人的报价文件按实际计量支付。

（3）措施费支付办法：措施费须经监理和发包人签字确认，按项目措施实际工程量计算支付。

（4）保修期以工程移交给发包人之日起计算，以工程结算价的 5% 作为质量保修金，按质保书的约定支付。

（5）发包人不按合同约定支付工程款（进度款），双方又未达成延期付款协议，导致施工无法进行，承包人可停止施工，由发包人承担违约责任。

4.9　材料设备供应

➤ 4.9.1　通用条款的格式和内容

1.发包人供应材料设备

（1）实行发包人供应材料设备的，双方应当约定发包人供应材料设备的一览表，作为合同附件。一览表包括发包人供应材料设备的品种、规格、型号、数量、单价、质量等级、提供时间和地点。

（2）发包人按一览表约定的内容提供材料设备，并向承包人提供产品合格证明，对其质量负责。发包人在所供材料设备到货前 24 小时，以书面形式通知承包人，由承包人派人与发包人共同清点。

（3）发包人供应的材料设备使用前，由承包人负责检验或试验，不合格的不得使用，检验或试验费用由发包人承担。

2. 承包人采购材料设备

(1)承包人负责采购材料设备的,应按照专用条款约定及设计和有关标准要求采购,并提供产品合格证明,对材料设备质量负责。承包人在材料设备到货前24小时通知工程师清点。

(2)承包人采购的材料设备与设计或标准要求不符时,承包人应按工程师要求的时间运出施工场地,重新采购符合要求的产品,承担由此发生的费用,由此延误的工期不予顺延。

(3)承包人采购的材料设备在使用前,承包人应按工程师的要求进行检验或试验,不合格的不得使用,检验或试验费用由承包人承担。

(3)工程师发现承包人采购并使用不符合设计和标准要求的材料设备时,应要求承包人负责修复、拆除或重新采购,由承包人承担发生的费用,由此延误的工期不予顺延。

(4)承包人需要使用代用材料时,应经工程师认可后才能使用,由此增减的合同价款双方以书面形式议定。

(5)由承包人采购的材料设备,发包人不得指定生产厂或供应商。

➤ 4.9.2　有关专用条款编制示例

材料设备的分类及相应职责分工:

(1)按照备货时间的长短,材料设备分为:

① Ⅰ类材料设备:备货期为六个月及以上的时间。如:进口材料设备。

② Ⅱ类材料设备:备货期为三至六个月。如:柴油发电机组、电梯。

③ Ⅲ类材料设备:备货期不足三个月。如:水泵、变压器、石材。

承包人签订供货合同的时间至少比首批货物进场时间提前两个月＋备货期。

(2)按照物料采购单位不同,材料设备分为甲供、甲招乙供、乙供材料设备三大类。其中,甲招乙供系承包人按约定以发包人名义采购材料设备。

4.10　工程变更

➤ 4.10.1　通用条款的格式和内容

1. 工程设计变更

(1)施工中发包人需对原工程设计进行变更,应提前14天以书面形式向承包人发出变更通知。变更超过原设计标准或批准的建设规模时,发包人应报规划管理部门和其他有关部门重新审查批准,并由原设计单位提供变更的相应图纸和说明。承包人按照工程师发出的变更通知及有关要求,进行下列需要的变更:

①更改工程有关部分的标高、基线、位置和尺寸;

②增减合同中约定的工程量;

③改变有关工程的施工时间和顺序;

④其他有关工程变更需要的附加工作。

因变更导致合同价款的增减及造成的承包人损失,由发包人承担,延误的工期相应顺延。

(2)施工中承包人不得对原工程设计进行变更。因承包人擅自变更设计发生的费用和由此导致发包人的直接损失,由承包人承担,延误的工期不予顺延。

2.其他变更

合同履行中发包人要求变更工程质量标准及发生其他实质性变更,由双方协商解决。

3.确定变更价款

(1)承包人在工程变更确定后 14 天内,提出变更工程价款的报告,经工程师确认后调整合同价款。变更合同价款按下列方法进行:

①合同中已有适用于变更工程的价格,按合同已有的价格变更合同价款;

②合同中只有类似于变更工程的价格,可以参照类似价格变更合同价款;

③合同中没有适用或类似于变更工程的价格,由承包人提出适当的变更价格,经工程师确认后执行。

(2)承包人在双方确定变更后 14 天内不向工程师提出变更工程价款报告时,视为该项变更不涉及合同价款的变更。

(3)工程师应在收到变更工程价款报告之日起 14 天内予以确认,工程师无正当理由不确认时,自变更工程价款报告送达之日起 14 天后视为变更工程价款报告已被确认。

➤ 4.10.2 有关专用条款编制示例

1.工程设计变更

(1)工程设计变更是指任何对工程的性质、质量、种类、数量的改变。发包人欲变更原设计,应提前 14 天向承包人发出书面变更通知。承包人按照工程师发出的变更通知及有关要求,进行需要的变更。因变更导致合同价款的增减及造成的承包人损失,由发包人承担,延误的工期相应顺延。

(2)施工中承包人不得对原工程设计进行变更。承包人擅自变更设计应承担有关费用和导致发包人的直接损失,延误的工期不予顺延。

2.变更管理规范

(1)合同履行中发包人要求变更工程质量标准及发生其他实质性变更,由双方协商解决。

(2)变更分类。

①设计变更:指对施工图会审后由设计管理中心正式签发并加盖施工图出图专用章的设计文件的修改。

②工程变更:指设计变更以外的变更。经项目工程部审核加盖变更审核章确认才能生效。

(3)变更级别。结合对设计、工程和成本三方面的影响,变更分成以下四级:

①特级:影响程度超过Ⅰ级的为特级。

②Ⅰ级:涉及功能体系、主体结构或整体效果、成本指标限额;涉及金额 10～50 万元(含50 万,不含 10 万);延误工期 10～15 天;满足以上条件中一个即属Ⅰ级。

③Ⅱ级:不涉及功能体系、主体结构或整体效果、成本指标限额;涉及金额 3～10 万元(含10 万,不含 3 万);延误工期 5～9 天;满足条件一且满足二、三条件中一个即属Ⅱ级。

④Ⅲ级:不涉及功能体系、主体结构或整体效果、成本指标限额;涉及金额 3 万元以内(含3 万);延误工期 0～4 天;满足以上所有条件即属Ⅲ级。

(4)变更工程发包人的审批权限。

①Ⅲ级变更由发包人的项目负责人审批。

②Ⅱ级变更项目由发包人的执行委员会主任审批。

③"零结算"：变更签证应当于施工完成日起 30 天内完成，每发生一项变更签证，确认一次签证项目结算。

4.11　竣工验收与结算

4.11.1　通用条款的格式和内容

1. 竣工验收

(1)工程具备竣工验收条件，承包人按国家工程竣工验收有关规定，向发包人提供完整竣工资料及竣工验收报告。双方约定由承包人提供竣工图的，应当在专用条款内约定提供的日期和份数。

(2)发包人收到竣工验收报告后 28 天内组织有关单位验收，并在验收后 14 天内给予认可或提出修改意见。承包人按要求修改，并承担由自身原因造成修改的费用。

(3)发包人收到承包人竣工验收报告后 28 天内不组织验收，从第 29 天起承担工程保管及一切意外责任。

(4)因特殊原因，发包人要求甩项竣工的，双方另行签订甩项竣工协议，明确双方责任和工程价款的支付方法。

(5)工程未经竣工验收或竣工验收未通过的，发包人不得使用。发包人强行使用时，由此发生的质量问题及其他问题，由发包人承担责任。

2. 竣工结算

(1)工程竣工验收报告经发包人认可后 28 天内，承包人向发包人递交竣工结算报告及完整的结算资料，双方按照约定的合同价款及调整内容，实施结算。

(2)发包人收到竣工结算报告及结算资料后 28 天内进行核实，给予确认或者提出修改意见。发包人确认后通知经办银行向承包人支付结算价款。承包人收到竣工结算价款后 14 天内将竣工工程交付发包人。

(3)竣工验收经发包人认可后 28 天内，承包人未能递交竣工结算报告及完整的结算资料，造成竣工结算不能正常进行或结算价款不能及时支付，发包人要求交付工程的，承包人应当交付；发包人不要求交付的，承包人承担保管责任。

3. 质量保修

承包人应按有关规定，在质量保修期内承担质量保修责任。

4.11.2　专用条款编制示例

1. 竣工验收

(1)工程具备竣工验收条件，承包人按有关规定，提前××天向工程师提供完整竣工资料、竣工请验报告及工程质量保修书。工程师认为符合验收条件后组织发包人、设计人等实施初步验收，提出整改要求，承包人须在此后××天内完成整改。竣工验收条件：

①除工程师同意列入缺陷责任期内完成的尾遗、甩项工程和缺陷修补工作外，合同范围内

的全部有关工作,试验、检验和验收等均已完成,并符合要求;

②已按照合同约定的内容和份数备齐了符合要求的竣工资料;

③已按照工程师的要求编制了缺陷责任期内完成的尾遗、甩项工程和缺陷修补工作清单;

④工程师要求完成的其他工作和竣工验收资料。

(2)发包人收到竣工验收报告并审核竣工文件后,如认为承包人竣工文件不能符合竣工要求,应书面通知承包人整改,承包人整改后再提交竣工请验报告;初验合格后,发包人确定竣工验收日期,组织政府相关部门、有关部门、设计及监理单位与承包人按时参加竣工验收。承包人应按验收整改意见在7天内完成整改。

(3)承包人必须在工程竣工验收合格后,按发包人通知的时间完成移交。承包人应填写工程移交书,经监理、发包人及物业公司验收通过后,视为工程移交完毕。

(4)工程在未移交发包人之前,承包人负责维护。

(5)中间验收的范围和时间,双方在合同内约定。合同内没有约定的按有关规定或当地规范办理。

(6)工程未经竣工验收或竣工验收未通过的,发包人不得使用。发包人强行使用时,由此发生的质量问题及其他问题,由发包人承担责任(基础和主体结构除外)。

(7)因特殊原因,发包人要求甩项竣工的,双方另行签订协议。

(8)承包人应按如下程序进行竣工资料准备:

①承包人有责任对分包单位所绘制的竣工图进行符合性审查。

②原始验收资料应实行双备份,一份由承包方存底,一份交发包方。分部验收应在规定的时间内进行,完成后及时将验收资料交发包人。

2. 工程移交

(1)承包人应在发包人发出书面通知后××天内完成工程移交。

(2)承包人应于竣工验收合格后××天内按要求提供相关资料,汇编成移交手册。移交手册包括但不限于以下内容:

①工程项目各部分、各系统的工程概况;

②工程项目全部的图纸清单;

③主要承包人和分包人、主要材料设备供货商、联系人及电话;

④各系统的设计功能、使用功能或使用说明;

⑤发电机等主要设备的运行参数;

⑥主要材料设备的数量;

⑦工程、材料、设备的保修书(包括保修内容、期限、联系人、电话等)。

(3)承包人应按照国家《城市建设档案管理规定》等文件的要求,将施工期间收集的资料汇编成合格的竣工档案,移交存档。

(4)承包人在移交竣工档案前应按约定向发包人缴存保证金,承包人如能按时、完整移交该档案的,发包人应在向地方或本单位档案馆转交后××日内给承包人退还有关的保证金;承包人不能按时移交或者移交的竣工档案有错漏且不能按期补充完整的,发包人有权扣留部分或者全部保证金,同时,承包人仍应履行完整移交竣工档案的义务。

(5)下述情况属承包人保修责任:

①因承包人施工质量导致有关工程使用中出现缺陷;

②承包人未按约定使用材料、设备或工艺；

③承包人负责设计的部分出现了功能性和结构性的缺陷；

④明显的设计问题或甲供料问题承包人未能发现。

3. 竣工结算

(1)结算方式。在通过工程竣工验收后××天内向发包人递交竣工结算报告及完整的结算资料，经审核不符合要求的，承包人必须于××天内补齐，否则有关的结算存疑搁置。

(2)结算公式。

工程结算总价（金额）＝合同价款（合同固定总价）±∑人工材料价款调整±∑甲乙双方确认的设计变更、工程变更签证等结算款±∑同期结清当期水电费、扣款、违约金、奖金、甲供料超供等所有往来价款＋∑合同工程总承包管理费和组织协调配合服务费

(3)结算资料实行签收制度，承包人应按时提交全部的工程结算书和资料一式四份给发包人。

(4)报送的结算资料内容不得弄虚作假、高估冒算，否则以违约论处。

4.12　违约、索赔和争议

▶ 4.12.1　通用条款的格式和内容

1. 违约

(1)发包人违约。当发生下列情况时：

①通用条款第24条提到的发包人不按时支付工程预付款；

②通用条款第26条(2)款提到的发包人不按合同约定支付工程款，导致施工无法进行；

③通用条款第33条(2)款提到的发包人无正当理由不支付工程竣工结算价款；

④发包人不履行合同义务或不按合同约定履行义务的其他情况。

发包人承担违约责任，赔偿因其违约给承包人造成的经济损失，顺延延误的工期。双方在专用条款内约定发包人赔偿承包人损失的计算方法或者发包人应当支付违约金的数额或计算方法。

(2)承包人违约。当发生下列情况时：

①通用条款第14条(2)款提到的因承包人原因不能按照协议书约定的竣工日期或工程师同意顺延的工期竣工；

②通用条款第15条(1)款提到的因承包人原因工程质量达不到协议书约定的质量标准；

③承包人不履行合同义务或不按合同约定履行义务的其他情况。

承包人承担违约责任，赔偿因其违约给发包人造成的损失。双方在专用条款内约定承包人赔偿发包人损失的计算方法或者承包人应当支付违约金的数额或计算方法。

(3)一方违约后，另一方要求违约方继续履行合同时，违约方承担上述违约责任后仍应继续履行合同。

2. 索赔

(1)当一方向另一方提出索赔时，要有正当索赔理由，且有索赔事件发生时的有效证据。

(2)发包人未能按合同约定履行自己的各项义务或发生错误以及应由发包人承担责任的其他情况,造成工期延误和(或)承包人不能及时得到合同价款及承包人的其他经济损失,承包人可按下列程序以书面形式向发包人索赔:

①索赔事件发生后28天内,向工程师发出索赔意向通知;

②发出索赔意向通知后28天内,向工程师提出延长工期和(或)补偿经济损失的索赔报告及有关资料;

③工程师在收到承包人送交的索赔报告和有关资料后,于28天内给予答复,或要求承包人进一步补充索赔理由和证据;

④工程师在收到承包人送交的索赔报告和有关资料后28天内未予答复或未对承包人作进一步要求,视为该项索赔已经认可;

⑤当该索赔事件持续进行时,承包人应当阶段性向工程师发出索赔意向,在索赔事件终了后28天内,向工程师送交索赔的有关资料和最终索赔报告。索赔答复程序与③、④规定相同。

(3)承包人未能按合同约定履行自己的各项义务或发生错误,给发包人造成经济损失,发包人可按36条(2)款确定的时限向承包人提出索赔。

3.争议

(1)发包人承包人在履行合同时发生争议,可以和解或者要求有关主管部门调解。当事人不愿和解、调解或者和解、调解不成的,双方可以在专用条款内约定以下一种方式解决争议:

第一种解决方式:双方达成仲裁协议,向约定的仲裁委员会申请仲裁;

第二种解决方式:向有管辖权的人民法院起诉。

(2)发生争议后,除非出现下列情况的,双方都应继续履行合同,保持施工连续,保护好已完工程:

①单方违约导致合同确已无法履行,双方协议停止施工;

②调解要求停止施工,且为双方接受;

③仲裁机构要求停止施工;

④法院要求停止施工。

➢ **4.12.2 专用条款编制示例**

1.违约

(1)发包人违约。

①发包人无正当理由不按合同约定支付进度款和竣工结算款。

②在承包人提交足够证据证实的情况下,发包人赔偿其直接经济损失。

③发包人不按期支付违约金和有关款项,承包人可以向发包人提出书面催款通知,发包人应给予书面回复。所延误的款项按银行同期贷款计息。发包方未超出约定期限付款,承包方不得停工,否则,承包人有权要求停工。

(2)承包人违约,应当承担违约责任,赔偿给发包人或第三方造成的损失。承包人严重违约的情况:

①工期违约:双方可以约定违约金率为合同价款的×‰,在一个较短期间内执行。逾期××天,发包人有权单方解除合同。

②工程质量违约:工程质量未达到约定的标准;主体结构、基础工程、防水工程等未一次验

收合格或被当地质量监督部门通报；工程实体屡次发生质量事故；有偷工减料、以次充好的事实；拒不执行发包人或监理的合理指令及质量要求；被曝光存在严重质量问题。

③恶意违约：非法与监理或发包人员串通，使用假冒伪劣产品，实施以次充好、虚假签证等行为损害发包人的利益视为恶意违约。

（3）当发生下列情形之一的，视为承包人一般违约责任：不服从管理，对发包人、监理单位的指令和书面通知不执行或变相不执行；违反法定和约定的各项制度、规定；项目经理、技术负责人不参加工程例会和其他专题例会；在各项考核、评比中不合格；不按照约定或要求提交竣工资料；承包人安全文明施工不合要求或造成环境卫生差，被投诉的；因内部管理原因造成打架斗殴、扰乱工地生产秩序等问题。

承包人发生一般违约责任，未按期纠正的，承包人需承担严重违约责任。

（4）承包方违约后，发包方要求继续履行合同时，承包方在承担违约责任后仍应继续履行合同。

（5）双方可以约定违约金的给付标准。

①一般违约：人民币×××元/次或×××元/天，由违约方支付；多次就同一类事项违约，支付人民币×××元/次或×××元/天。

②严重违约：人民币×万元/次或×万元/天，由违约方支付；屡次就同一类事项违约，支付人民币×万元/次或×万元/天。

违约金或其比例约定不当的，可按《合同法》第114条的规定请求调整。

2. 索赔

在索赔期间，承包人应按合同约定履行合同义务。否则发包人有权终止合同，并要求承包人赔偿由此导致的损失。

3. 争议

因合同或者履行合同所产生的争议，由发包人与承包人双方协商解决，经协商达成一致意见的，应签订书面协议；协商不成的，可由工程所在地建设行政主管部门调解；调解不成的，应当提请仲裁机构（有仲裁协议）或项目所在地法院（无仲裁协议）裁夺。

4.13　其他

➤ 4.13.1　通用条款的格式和内容

1. 工程分包

（1）承包人按专用条款的约定分包所承包的部分工程，并与分包单位签订分包合同。非经发包人同意，承包人不得将承包工程的任何部分分包。

（2）承包人不得将其承包的全部工程转包给他人，也不得将其承包的全部工程肢解以后以分包的名义分别转包给他人。

（3）分包工程价款由承包人与分包单位结算。发包人未经承包人同意不得以任何形式向分包单位支付各种工程款项。

2. 不可抗力

（1）不可抗力包括因战争、动乱、空中飞行物体坠落或其他非发包人承包人责任造成的爆炸、火灾,以及专用条款约定的风、雨、雪、洪、震等自然灾害。

(2)不可抗力事件发生后,承包人应立即通知工程师,并在力所能及的条件下迅速采取措施,尽力减少损失,发包人应协助承包人采取措施。工程师认为应当暂停施工的,承包人应暂停施工。不可抗力事件结束后48小时内承包人向工程师通报受害情况和损失情况,以及预计清理和修复的费用。不可抗力事件持续发生,承包人应每隔7天向工程师报告一次受害情况。不可抗力事件结束后14天内,承包人向工程师提交清理和修复费用的正式报告及有关资料。

(3)因不可抗力事件导致的费用及延误的工期由双方按以下方法分别承担:

①工程本身的损害、因工程损害导致第三人人员伤亡和财产损失以及运至施工场地用于施工的材料和待安装的设备的损害,由发包人承担;

②发包人承包人人员伤亡由其所在单位负责,并承担相应费用;

③承包人机械设备损坏及停工损失,由承包人承担;

④停工期间,承包人应工程师要求留在施工场地的必要的管理人员及保卫人员的费用由发包人承担;

⑤工程所需清理、修复费用,由发包人承担;

⑥延误的工期相应顺延。

(4)因合同一方迟延履行合同后发生不可抗力的,不能免除迟延履行方的相应责任。

3. 担保

发包人承包人为了全面履行合同,应互相提供以下担保:

①发包人向承包人提供履约担保,按合同约定支付工程价款及履行合同约定的其他义务;

②承包人向发包人提供履约担保,按合同约定履行自己的各项义务。

4. 文物和地下障碍物

施工中发现影响施工的地下障碍物时,承包人应于8小时内以书面形式通知工程师,同时提出处置方案,工程师收到处置方案后24小时内予以认可或提出修正方案。发包人承担由此发生的费用,顺延误的工期。

5. 合同解除

(1)发包人承包人协商一致,可以解除合同。

(2)发生通用条款第26条(2)款情况,停止施工超过56天,发包人仍不支付工程款(进度款),承包人有权解除合同。

(3)发生通用条款第38条(2)款禁止的情况,承包人将其承包的全部工程转包给他人或者肢解以后以分包的名义分别转包给他人,发包人有权解除合同。

(4)有下列情形之一的,承发包双方可以解除合同:

①因不可抗力致使合同无法履行;

②因一方违约(包括因发包人原因造成工程停建或缓建)致使合同无法履行。

6. 合同生效与终止

(1)双方在协议书中约定合同生效方式。

(2)除通用条款第34条外,发包人承包人履行合同全部义务,竣工结算价款支付完毕,承包人向发包人交付竣工工程后,合同即告终止。

(3)合同的权利义务终止后,发包人承包人应当遵循诚实信用原则,履行通知、协助、保密等义务。

7. 合同份数

（1）合同正本两份，具有同等效力，由发包人承包人分别保存一份。

（2）合同副本份数，由双方根据需要在专用条款内约定。

8. 补充条款

双方根据有关法律、行政法规规定，结合工程实际，经协商一致后，可对本通用条款内容具体化、补充或修改，在专用条款内约定。

▷ 4.13.2　有关专用条款编制示例

1. 工程分包

（1）工程的主体工作必须由承包人自行完成，不得分包。非主体、非关键性工作的分包合同必须明确约定工程款和劳务工资的支付并报发包人备案。

（2）承包人应将分包技术管理人员及劳动力、施工机械投入计划及时报送发包人，并接受总监和发包人代表的查验。承包人应当在分包现场派员监督。分包单位的任何违约行为均视为承包人违约。

（3）承发包双方应当约定，所有分包单位（含供货和劳务单位）全部纳入发包人组织的考评，并按约定对发包人承担相应义务。考评结果涉及对价款的转付或扣取的，承包人应承诺服从。

（4）承包人应在进场前对分包人指定分包或专业承包工地，提供约定的设施，进行检查验收。

①承包人应免费为分包人提供机械设备、设施，并统筹运输计划，即使工期紧张需要加班使用机械，也不得索取任何费用。设备拆除前应报发包人批准。

②承包人应指定分包人选任若干兼职消防员执行动火监护和申报制度。

③承包人要向分包人提供施工通道，安排作业面及作业时间；分配施工、办公、仓储等用途的场地，并由分包人自行解决办公及仓储设施。

④承包人应指定垃圾堆放点并负责清运。如发现乱倒建筑垃圾、作业面清理不到位等现象，可代为清理，并从分包工程款中扣除。情节严重的在例会中通报批评，甚至追缴违约金。

⑤承包方应合理设置配电箱，不得对分包人另行计费。

（5）承包人不按约定内容向分包人提供配合或配合不及时的，发包人应按约定把发生的费用加15%管理费从当期承包人工程进度款中扣减。

（6）承包人应对分包工程的质量、进度、安全文明施工、成品保护、现场保安实施监督。承包人应对分包工程提出合理的标准和要求，经发包人审核后，交由分包人贯彻执行。

（7）承包人应熟悉对分包工程的具体要求，了解其特殊要求，如预留孔洞、预埋件等，并在完工移交之前请分包人确认。否则所致的额外费用由承包人承担。

（8）承包人须参加对分包工程各项验收及竣工验收，完成预留预埋和安装后的修补塞缝，负责分包工程的成品保护工作。

（9）分包工程价款由承包人支付并结算。

（10）当项目工程合格竣工前，承包人应付清分包人工程款，使之清退出场。

2.不可抗力

（1）对施工造成重大影响的自然灾害和战争、动乱等事件及政府政策变化、计划调整，均应归属不可抗力的范围。

自然灾害的范围及其认定方式，按如下约定执行：

①异常天气：仅指50年（含50年）一遇以上的洪水或10级（含10级）以上的台风。因异常天气袭击而停工的，承包人应在袭击结束之日起7日内，索取有关天气资料或报告连同提交施工日志、现场照片，方可认定为不可抗力。

②里氏5级（含5级）以上的地震。

（2）因不可抗力引起工程停工的，工期顺延，费用承担按如下约定执行：

①工程本身的损害，由发包人承担。

②因工程导致第三方人员伤亡和财产损失，如系移交给发包人之前发生的，费用由承包人承担；如系移交给发包人使用后发生的，费用由发包人承担。

③已运至工地待使用安装的物料所受损害，属发包人供应的由发包人承担，属承包人采购的由承包人承担。

④发包人承包人人员伤亡由其所在单位负责，并承担相应费用。

⑤承包人机械设备损坏及停工损失，由承包人承担。

⑥停工期间，应总监要求留守施工场地人员的费用由承包人承担。

3.保险

双方同意按照以下约定购买工程保险：

①由发包人购买的保险：建筑（安装）工程一切险。发包人视情况决定在购买建筑（安装）工程一切险的同时是否附加购买第三者责任险。

②由承包人购买的保险：承包人雇主责任险、建筑职工意外伤害险、施工机械设备险。

4.担保

（1）双方约定，承包人按以下方式向发包人提交担保文件：

①中标通知书发出后15日内，承包人应向发包人提交由地市级以上银行（如为分支机构，须提交法人书面授权书）开出的担保金额为合同价的×％，即人民币×××万元的《履约保函》。

②承包人未按规定提交履约保函的，视为自动放弃中标资格，其所提交的投标保证金将不予退还。

（2）承包人提交的履约保函或履约保证金是对承包人约定义务的担保，发包人有权就承包人的违约行为提出索赔或者直接扣取。

（3）工程竣工验收合格后满6个月发包人应视承包人履行约定义务的处理状况，将履约保证金余额一次性连本带息退还，或将履约保函退还给有关银行。

5.合同解除

（1）合同解除后，不影响双方约定的结算清理条款和处理纠纷条款的效力，亦不能免除承包人对已完工程的保修责任。

（2）发包人有权依据合同有关条款的约定部分解除合同或解除合同。

（3）承包人在部分解除合同或解除合同后，还必须在规定期限内做好已施工技术资料和实物的交底、移交工作。承包人因未履行上述义务而给发包人带来工期延误和其他损失的，应赔偿发包人的实际损失。

6. 补充条款

（1）承包项目部劳保基金按有关规定由发包人预缴，由发包人在支付承包人工程进度款时予以扣回。

（2）施工水电费由发包人缴纳，发包人从承包人的工程款中扣回，承包人配合办理相关手续。

（3）双方应约定，在工程未移交前所有工程资料仍归发包人所有，并必须在现场存放保管。

（4）当发生下列情况之一时，双方应在事件发生后 3 个月内签订补充协议，另有约定的除外：

①发包人根据合同约定调整合同工期的；

②发包人根据合同约定调整承包范围导致合同价款变动超过合同价款±5%（不含±5%）；

③因设计变更或工程签证致使承包人工程量增减导致合同价款变动超过合同价款±5%（不含±5%）的；

④发包人、承包人双方认为需要签订补充合同（协议）的其他情形。

➤ 4.13.3　工程质量保修书（以下简称质保书）有关知识

这是原建设部和国家工商局 1999 年发布的《建设工程施工合同（示范文本）》的附件3。原建设部建建[2000]185 号文已将该附件更名为《房屋建筑工程质量保修书》；原建设部建质[2005]7 号文作出了关于在质保书中可以约定缺陷责任期的规定。

1. 质保书的性质

表面上看来，质保书似乎是工程承包方承诺履行工程保修义务的承诺书，实质是承发包双方所签订的由发包方启动保修事项、由承包方实施保修行为的一种合同，该合同是有关施工合同的从合同。该合同应在工程项目竣工之后、结算之前签订。

2. 工程质量保修金

工程质量保修金简称质保金，根据《工程质量保修金管理条例》第 2 条和第 5 条的规定，承发包双方应在建设工程承包合同中约定，发包人可从付给承包人的结算款中预留一部分作为承包方履行质量保修责任的保证金。按原建设部建质[2005]7 号文的规定，质保金的数额应为工程总结算款的 5%，也可由双方以此为基础另行约定。

3. 缺陷责任期

在工程质量保修书的签订中，承发包双方应在法定的工程质量保修期范围内约定一个两年以下的合理期限，以规范质保期内的先期工作。若无特殊事由，则不再开展相关的后期工作。这个用于规范质保期先期工作的合理期限就称为缺陷责任期。

（1）为什么要约定缺陷责任期？因我国《建设工程质量管理条例》所规定的质量保修期是一个较难掌握的概念。5 年保修、设计文件核定的合理期内保修、终身保修都是些原则性规定，并不一定能够具体执行。而且拖得时间太长，也削减了法律层面的严肃意义。即使较易掌握的两个保暖期、供冷期，也会因中期停歇数年而使问题复杂化。为使与质保金相关的问题明确、具体，便于迅速执行，有关方面就提出了缺陷责任期的概念。

（2）在缺陷责任期内发生质量事故，经通知，由承包人履行质量保修责任。如果届期承包人不履行保修责任或要求替代履行，则发包方有权动用质量保修金另行聘用他人予以修复，质保金不足部分或由此所致损失均应由承包人承担。

（3）缺陷责任期一般为 6～12 个月，特殊情况下可为 24 个月，具体由承发包双方在合同中约定。

①竣工验交合格日起的 90 天后工程自动进入缺陷责任期。

②如果有关工程项目的区段、主要设备或永久设备虽然已经验交，但由于缺陷、损害或其他原因不能实现预定使用目的，建设单位有要求两年以下缺陷责任期的权利。

（4）对缺陷责任期内的常规事务处理。缺陷责任期满未发生质量事故或问题，或虽已发生，但已由承包人修复合格，则发包人应向承包人退还预留的质保金。

无特定事由，建设单位应在缺陷责任期满后 14 天内将质保金或工程维修保函向承包方一次退还。

复习思考题

1. 何为合同示范文本？我国施工合同示范文本的来源、结构是怎样的？

2. 施工合同示范文本的协议书有哪些内容？

3. 有关示范文本的通用条款为什么要对所涉各种概念都进行专门的规定和解释？

4. 何谓安全文明施工费、工程量清单综合单价项目、措施费、其他项目包干费和专业工程配合服务费？

5. 现场踏勘的两种情况是怎样的？

6. 何谓退场补偿费和"一户一验"？

7. 何谓审图交桩？对图纸的错误如何处理？

8. 工程师的委派和指令的内容有哪些？承包方应如何处理？

9. 项目部的人员应如何配备和分工协作？

10. 如何处理工期延误问题？

11. 如何实施隐蔽验收和中间验收？

12. 安全防护的"五板一图"具体指什么？

13. 工程进度款的支付包括哪些内容？

14. 文明施工与环保的内容有哪些？

15. 简述工程变更的分类。

16. 工程竣工与结算各有哪些内容？

17. 承发包人违约事项各有哪些？

18. 索赔的基本程序是怎样的？

19. 不可抗力的内容有哪些？

20. 规定缺陷责任期的原因、内容和常规处理办法各有哪些？

考证知识点

1. 施工所涉各类技术资料在施工前都要由发包人筹集，甚至要花钱从政府有关部门购买。

2.建设工程项目成果最终由发包人使用或交付使用，所以他在竣工验交后才有条件独立进行投料试车。

3.一般说来，总包方实行的是"交钥匙承包"，从立项、勘察设计、施工、竣工验交到质量保修都由他操作安排，并不局限于主体部分的施工。而实施勘察设计是他同一般施工方最大的区别。

4.劳务分包方的主要职责是组织劳务人员按照劳务分包合同对方的要求实施操作，完成施工任务后还要参与保护已完工程的工作。

5.专业承包单位序列共有60个品类，其资质多数分为一、二、三级（38个），少数分为一、二级（14个），二、三级（4个）。此外，不分级的专业有4个。

6.工程建设总包合同承包方实施的工作可以是施工和设计。对于设计事务，承包方根据本方的能力和条件，能干则干，不能干则外委。

7.总包一般是"交钥匙承包"，从立项、准备（报建、勘察设计、购买物料、招投标、委托监理）、施工、竣工验交到工后（设备调试、质量保修、其他）各阶段都可以涉及。

8.劳务分包人只能与劳务分包合同对方建立直接联系，接受管理，完成交派的任务，未经承包人授权不得擅自与发包人及有关部门建立工作关系。

9.承包方或劳务分包方提请中间和隐蔽验收都应在48小时之前书面通知有关方面。

10.应由供方定价的建材，往往需求是刚性的，买方出钱不到位，则无法购买。关于物料的国家定价、待政府批准价，都有一个买卖双方采用的问题。

11.购买固定资产或其他设施，无论是否作为定金，都有一个先交10%的价款作为预付款的惯例。

12.包干计价实际是固定总价的别称，其缺点在于形式僵化。而单价合同往往按时价约定，形式比较灵活。二者相结合，优势互补，相得益彰。

13.单价合同中的单价往往都按时价进行约定，按实际发生的工程量进行计算。这对承发包双方来说，都比较公平。

14.甲供料和非甲供料到货、进场都需要清点、检验，需要在合同对方的参与下进行。一般由主供方在到货前提前24小时通知对方。但承包方往往通知的是工程师。

15.就供料方式而论，只有甲供、乙供和甲招乙供三种方式。承包方经许可使用建设方名义购料是甲招乙供的典型方式。

16.原则上五级以上地震会使施工现场无法维持安全操作，必须停工。

17.施工现场堆料，一般应保持三个月的工程使用量。供料合同往往按比物料进场早两个月＋备料期来计划。

18.竣工图是竣工验交的重要资料。分包工程的竣工验交常常由建设方另行安排时间进行。事先承包方应对分包方的竣工图进行符合性审查。

19.建设工程竣工验交，对竣工验交的原始资料实行双备份制度。承发包双方各一份。

20.按《建设工程施工合同（示范文本）》规定的合同文件解释顺序为：投标书—专用条款—标准、规范—图纸—工程量清单—工程报价单。

21.承包人实施工程质量担保，向发包人提交质量保修保函，对承发包双方都有利：免除了承包方交付现金的烦扰，也不影响发包人工后质保期内实施通知保修的花费。

22.建设工程劳务分包合同应约定劳务报酬结算方式。一般选取总价合同、施工总包合同或委托监理合同之一约定结算方式。后三种合同约定的有关结算方式基本不会出现不一致性。

23.《建设工程施工合同(示范文本)》约定发包方的义务有:提供承包方施工所需的指令或批件;提供符合施工条件的建设场地;按约定向承包方支付预付款和工程款;实施对周围的通路、地下管线及古树名木保护的协调并承担有关费用。

24.我国《合同法》《建筑法》列名指出了如下的非法承包形式:转包、肢解分包、以分包名义转包、分包工程再分包。

25.承包方使用代用材料的程序是:应经工程师认可;所涉工程费用的增减由有关合同当事人书面协议确定;发包方不得指定代用料的生产厂家和供应商。

26.法律法规就某些合同事务向受损害的合同当事人给予了单方解除有关合同的权利。例如:发包方拒绝向承包方支付约定预付款或工程款致停工 56 天以上,承包方实施转包等非法承包形式已经严重地影响到有关工程项目的施工等。

27.建设方提议或指令工程变更的事由有:变换施工基点、基线的位置或增减尺寸;增减工程量;改变施工顺序等。

28.正确的履约担保事项有:承包方收到中标函后 28 天内提交履约担保;提供履约担保函的机构须经发包人同意;缺陷责任终止证书发出 14 天内发包人应向承包人退还履约保函。

29.(1)施工企业资质。《建筑业企业资质等级标准》从资质角度将施工企业分为三类:①施工总包企业 12 个品类:其中 1—7 类分为特一、二、三级,如房建企业;8—9 类为特、一、二级,如铁路建设企业;10—12 类,只有一、二级。②专业承包企业,见 87 页有关介绍,各品类均无特级设置。③劳务分包企业 13 个品类:其中木工、砌筑、钢筋、脚手架、模板、焊接 6 类企业只设一、二级,抹灰、石制作、油漆、混凝土、水暖电安装、钣金、架线 7 类企业不分级。

(2)工程监理企业资质,分为综合资质、专业资质和事务所资质三类,有时又称为一、二、三类。

30.Ⅰ类施工物料如进口物料进货期为 6 个月以上;Ⅱ类施工物料如柴油发电机、电梯等,进货期为 3~6 个月;Ⅲ类施工物料水泵、石材等,进货期为 3 个月以下。

单项选择题

1.根据《建设工程施工合同(示范文本)》的规定,"以书面形式提供有关水文地质勘探资料和地下管线资料,提供现场测量基准点、基准线和水准点及有关资料,并进行现场交验"是(　　)的义务。

A.发包人　　　　　　B.设计方　　　　　　C.承包人　　　　　　D.工程师

2.《建设工程施工合同(示范文本)》规定,建设工程的投料试车由(　　)负责。

A.竣工验交前承包人　B.竣工验交前供货人　C.竣工验交后供货人　D.竣工验交后发包人

3.总包方与一般施工方最大不同之处是负责(　　)。

A.投资、投料、试生产　　　　　　　B.实施全部或部分设计

C.总价包干　　　　　　　　　　　　D.所有主体、附属过程的工艺、设备的建筑安装

4.根据《建设工程施工劳务分包合同(示范文本)》的规定,劳务分包人的义务之一是(　　)。

A.编制施工组织设计　　　　　　　　B.组织编制年季月施工计划

C.负责与监理、设计及有关方联系　　D.做好已完工程成品保护

5. 建设工程专业承包序列资质设60品类,(　　)等级。

A. 1—2 　　　　　B. 1—3 　　　　　C. 2—3 　　　　　D. 2—4

6. 某承发包双方签订设计-施工总包合同,则承包人的工作范围是(　　)。

A. 落实工程项目资金 B. 办理规划许可证 C. 办理施工许可证 D. 完成设计文件

7. 一般建设工程的总承包包括从(　　)阶段到竣工验交阶段和工后质量保修的全过程。

A. 施工图设计 　　　B. 工程开工 　　　C. 立项 　　　D. 勘察设计

8. 劳务分包中劳务分包人(　　)与发包人有关部门建立工作联系,自觉遵守法律法规及有关规章制度。

A. 可以

B. 未经承包人授权或允许,不得擅自

C. 视具体情况

D. 不可以

9. 施工中如工程已达中间验收或隐蔽验收条件,承包人应于验收前(　　)小时书面通知工程师。

A. 24 　　　　　B. 36 　　　　　C. 48 　　　　　D. 72

10. 建材买卖合同对价格的约定事项是(　　)。

A. 执行国家定价 　　　　　　　　　　　B. 双方达成价格协议

C. 尚无国家定价,应报政府物价主管部门部门批准 　　　D. 由供方定价

11. 设备采购合同应约定:采购方一般要支付有关设备价格的(　　)作为预付款。

A. 5% 　　　　　B. 10% 　　　　　C. 15% 　　　　　D. 20%

12. 下列关于建设工程承包合同的说法中,正确的是(　　)。

A. 总价合同不允许调整总价

B. 与单价合同相比,总价合同对施工方更有利

C. 与总价合同相比,单价合同对建设方更有利

D. 建设合同可混合采用单价与包干计价的方式

13. 由于(　　)允许随工程量变化而调整工程总价,建设方和承包方都不存在工程量方面的风险,对双方都比较公平。

A. 单价合同 　　　　　　　　　　　B. 固定总价合同

C. 可调总价合同 　　　　　　　　　　D. 成本补偿合同

14. 甲供料到货前要提前通知承包方,非甲供料到货前要提前通知工程师。提前时间为(　　)小时。

A. 24 　　　　　B. 36 　　　　　C. 48 　　　　　D. 60

15. 承包方依照约定用建设方的名义签订合同,购买物料设备。这种方式从供料的角度称为(　　)。

A. 甲供料 　　　B. 非甲供料 　　　C. 甲招乙供 　　　D. 专供

16. 施工工地发生(　　)级地震必须停工。

A. 4 　　　　　B. 5 　　　　　C. 7 　　　　　D. 8

17. 承发包双方对外签订建材买卖合同,时间至少要比物料进场时间早(　　)个月＋备货期来计算。

A. 1 　　　　　B. 2 　　　　　C. 3 　　　　　D. 4

18. 分包工程竣工验交前,承包人有义务对分包方的(　　)进行符合性审查。

A. 竣工图   B. 承包工程和分包工程的衔接

C. 竣工验交申请   D. 竣工验交程序安排

19. 在竣工验交事务中,实行双备份的事项是( )。

A. 竣工图   B. 竣工验交原始资料

C. 政府批件   D. 公证资料

多项选择题

1. 根据《建设工程施工合同(示范文本)》,合同文件正确的解释顺序是( )。

A. 投标书—专用条款   B. 专用条款—标准、规范

C. 工程量清单—工程报价单   D. 标准、规范—图纸

E. 工程量清单—图纸

2. 为确保工程项目施工质量,发包人可以要求承包人提供银行保函或扣留保留金。下列表述正确的是( )。

A. 采用银行保函对承包人有风险

B. 采用银行保函对承包人没有风险

C. 采用保留金对承包人有利

D. 采用银行保函对双方都公平

E. 银行保函具有时效性

3. 建设工程施工劳务分包合同中,劳务报酬按( )约定的方式结算。

A. 勘设、施工总包合同   B. 总价合同

C. 施工总包合同   D. 工程委托监理合同

E. 建材买卖合同

4. 建设工程施工合同中一般应明确约定发包人的( )义务。

A. 及时向承包人提供所需的指令和批件

B. 负责施工程序方面的协调

C. 提供符合施工条件的施工现场

D. 按约定及时支付预付款和工程款

E. 协调、处理施工场地周围的道路和地下管线,保护临近建(构)筑物、古树名木并承担有关费用

5. 法定非法建设工程承包事项是( )。

A. 转包   B. 挂靠

C. 肢解分包   D. 以分包名义转包

E. 分包工程再分包

6. 承包方使用代用料的程序是( )。

A. 须经工程师认可

B. 费用增减经合同当事人双方书面协议确定

C. 发包方不得指定生产厂家、供应商

D. 持有对有关代用料的鉴定结论

E. 持有政府有关部门的批准使用文件

7.建设工程施工合同当事人可以单方解除合同的情形是（　　）。

A.发包方对承包方无端拒付预付款或工程款致停工 56 天以上

B.发包方对承包方就施工进程无端拒绝发给指令或批件

C.发包方不能按期向承包方提供符合施工条件的施工场地

D.承包方同时进行多项施工影响本工程进度

E.承包方对本工程项目实施转包、肢解分包等项非法承包形式

8.发包方指令工程变更的主要事由有（　　）。

A.变换施工基线、基点的位置及尺寸

B.增减工程量

C.改变施工顺序

D.采纳合理化建议

E.应对不当分包

9.下列履约担保的正确项为（　　）。

A.承包方在收到中标函后的 28 天内提交履约担保

B.银行保函的货币种类必须是 RMB

C.提供银行保函的机构须经发包人同意

D.在缺陷责任终止证书发出 14 天内发包人应将保留金或银行保函退还承包人

E.因提供银行保函等项发生的费用由承包人承担

综合简答题

1.施工、监理企业序列资质如何分类分等?

2.举例说明现行Ⅰ、Ⅱ、Ⅲ类施工物料及其进货期有哪些规定。

第5章

工程咨询服务合同

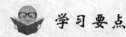 学习要点

1. 熟悉工程咨询服务的分类、内容及选聘
2. 掌握工程咨询合同的组成和类型
3. 了解我国主要工程咨询合同及咨询合同管理

5.1 工程咨询服务的分类及内容

▶ 5.1.1 工程咨询服务的分类

咨询(consultation)服务是某些人以所拥有的知识经验为基础对各种信息资料进行综合分析加工而帮助人们释疑解惑、确立方向和方法的活动。咨询服务产生智力劳动的综合效益，起着为决策者充当顾问、参谋的作用。工程咨询服务是在工程的前期或实施中由服务人提供咨询意见、培训人员或进行其他创造性劳动的活动。

(1)工程咨询服务是一种知识性商品,实行有偿服务。在国际上工程咨询服务实行竞争选聘机制,使人们有机会选择恰当的技术和服务。提供咨询服务者可以是咨询公司,也可以是专家个人。

(2)工程咨询服务的范围广泛,一般按照项目的阶段、职责、技术、地点和管理来分类。

①工程咨询服务按时间顺序分为六个阶段,分别为投资、可行性研究、规划与设计、采购、实施和运行等阶段的咨询服务。

②工程咨询服务按职责分为任务和建议两类。在任务职责中,工程咨询单位具体承担所需的服务,如培训;在建议职责中,服务人提出具体建议,供对方选用。

③工程咨询服务按项目进展内容分类,有立项阶段的编制项目建议书、规划与策划、编制项目可行性研究报告、实施项目评估;立项后的报建、工程勘察设计、招标代理、工程监理、项目管理、合同管理等。

(3)为了规范管理合同事务,多数国家或地区、社会团体和国际组织都制订了合同示范文本。如 FIDIC 编制的《客户/咨询工程师(单位)协议书范本》、世界银行的《世界银行借款人选择和聘用咨询顾问指南》以及世界银行《标准建议书征询文件(SRFP)》;国内的合同示范文本有:《建设工程勘察合同》、《建设工程设计合同》、《建设工程委托监理合同》、《建设工程造价咨询合同》以及中国工程咨询协会编制的《工程咨询服务协议书》等。

▶ 5.1.2 工程咨询服务的内容

我国对工程咨询服务的管理隶属于不同的政府职能部门。

工程咨询服务的内容包括：立项阶段的策划与战略规划咨询；编制项目建议书、编制项目可行性研究报告、项目评估咨询；立项后的报建、工程勘察设计、工程招投标咨询；其他如合同管理、工程监理、工程项目管理咨询；投产后咨询。各项咨询服务均可分为正常服务和附加服务。

1. 策划与战略规划咨询

(1)规划项目的特点、比较优势、对外部环境的调查分析及应采取的政策和措施建议。

(2)实现结构调整的方向和目标，新的经济增长点的选择，以及项目启动思路和应采取的步骤建议。

(3)对生态环境的污染、破坏和对生产要素的消耗等影响的分析，实现可持续发展的对策研究。

(4)融资方案设想、发展目标设想和发展速度预测。

(5)综合咨询建议及规划咨询附加服务。

2. 编制项目建议书

编制项目建议书，如已落实了投资，往往附上投资意向书。

(1)拟建项目的必要性和社会需求前景的论证。

(2)选址、资源可利用性、规模及产品方案分析。

(3)适用技术及其引进，项目对当地环境的影响及对策。

(4)投资估算及构成、融资可靠性分析。

(5)项目的社会效益、经济分析和风险分析。

(6)项目的建设进度安排和编制项目建议书附加服务。

3. 编制项目可行性研究报告

该报告指项目决策前对与项目有关的工程技术、经济条件等多项内容进行调查、研究和分析，对有关方案比较论证，进而评价项目技术优劣、经济赢利性和建设可比性的活动。

其内容大体与项目建议书一致，包括：总论、规模、资源中的原材料和燃料、公用设施、建设条件和设计方案、环评和震评、用工和培训、施工进度、融资、社会效益及经济效益。

其中环评——环境影响评价——评价有关建设项目实施后对环境的影响，提出对策并开展环境保护的活动。震评——建设场地地震安全性评价，可行性研究必备课题。无此项研究，有关发改委不得批准立项，其他主管部门不得办理相关建设手续。

4. 项目评估咨询

(1)项目评估指项目前评估，即在项目可行性研究基础上，由第三方(国家有关机构或银行)依据国家相关法律政策，从国民经济和社会效益角度对拟建项目的必要性和技术基础条件进行综合性评价论证的活动。

(2)评估内容包括：投资条件评估；技术评估；财务评估；国民经济评估；环境和地震影响评估；社会效益评估；项目不确定性和风险评估。

项目评估应对有关项目作出全面分析评价，根据需要和可能提出优化建议，对项目的可行或不可行提出明确的意见。

(3)如拟委托项目后评估，提出项目后评估报告。内容包括：与项目原预计的投资和进度发生的偏差及其原因；生产工艺(或建设方案)选择符合要求情况及分析；项目经营效果(财务效果或社会效果)与原预计的出入及其分析;原项目评估中的预测与实际发生的出入及其分析;项目决策和实施中的主要经验教训,以及项目获得良好经济效益(或社会效果)需要采取的措施等。

(4)如拟委托项目后单项评估,项目竣工投产后,对项目竣工决算进行审查评估或其他评估,提出单项后评估报告。

(5)评估事务的附加服务,主要指协助评估建议的落实、评估收费的优惠、评估报告的内容增减、报送和报告文本的加印等事务性工作。

5. 工程勘察设计

工程项目的立项被批准后,应制订计划任务书,向建设行政主管机关实施报建。接下来,就要委托或招标开展工程勘察设计。

(1)此项工作往往在批准立项后开展,为实施招投标工作作技术准备,给出初步设计及概算;大型项目还要给出技术设计并修正概算;待施工中标单位确定后,再按供图协议分批给出施工图设计,并给出施工图预算。

(2)工程勘察是为开展项目设计和施工而做的先期工作,也有为提交项目建议书和可行性研究报告而提前勘察的,勘察结束后应及时给出工程勘察报告。其内容为:工程测量;工程地质与岩土勘察;水文地质勘察;绘制勘测图纸和资料。

(3)完成项目初步设计、技术设计和施工图设计。内容包括:总图运输设计;建筑物、构筑物设计;工艺设计;非标准设备设计、标准设备清单及规格;辅助工程设计;公用工程设计;总体设计;编制设计概算;材料用量、土地利用、"三废"治理方案。

在工程实施阶段提供现场服务,包括向承包商进行设计交底、必要的设计修改或补充、监督贯彻设计意图。当承担设计服务的工程咨询单位同时受聘承担项目工程监理任务时,对此类设计修改和补充,可根据合同自行决定授权给其驻地代表。

(4)工程勘察设计附加服务。

6. 工程招标咨询

(1)编制工程(或设备材料采购)项目招标资格预审文件。内容包括:资格预审邀请函、资格预审标准和程序、项目情况、资格预审申请格式。

(2)对资格预审资料分析和投标人选择提出咨询建议。

(3)编制工程(或设备材料采购)项目招标文件。内容包括:投标邀请函;投标人须知;拟使用的合同条件及标底管理办法;工程、设备、材料综合说明、技术规范;设计图纸和技术资料;工程量清单;要求投标人提供的附加资料清单。

(4)参加标前会议和投标人现场踏勘,解答投标人质疑,进行招标文件补遗。

(5)参与投标书评审,提出咨询建议。

(6)招标咨询附加服务。

7. 合同管理或工程监理

(1)为实施委托人与第三方签订的承包合同提供咨询服务。

工作内容如下:审查承包商的施工组织设计,向承包商提出建议,并向委托人提出书面报告;招标或委托监理单位,监督配备合格监理人员;对工程设计中发现的技术问题,向设计单位提出改进建议,并向委托人书面报告。

在未聘监理的工程中,受委托代行部分监理职权;在已聘监理的工程中,配合监理搞好对施工的监督管理。

(2)当委托人委托两个以上工程咨询单位共同承担合同管理服务时,应明确其中一家为主包单位,为实施委托人与第三方签订的承包合同,提供主要的合同管理服务工作。

(3)当承包工程咨询业务的单位要将其一部分服务内容分包给其他单位时,应经委托单位许可,并签订书面分包合同。

(4)合同管理或工程监理附加服务。

8.投产后咨询

(1)提供运行、维护和培训(英文缩写为 OMT)服务,使委托人具有一定的自行管理的能力。

工作内容包括:编制项目 OMT 计划,包括对 OMT 需求和委托人 OMT 资源的评估;参与工程设备竣工验收;编制项目运行、维护程序和相关的操作规范;制定机构及人员配备标准,协助招聘人员并实施培训计划;以上责任成果经双方查验合格后,服务结束。以后一年内每季度派专家来现场查验一次。

(2)当委托人人力不充分时,提供管理承包服务。

工作内容包括:编制项目 OMT 计划并派员组织、实施该项计划,按时结束有关服务;参与各项进场验收、中间及隐蔽验收和竣工验收;编制项目运行、维护程序和相关的操作规范;提供主要专业人员,挑选其他运行、维护人员,实施培训、配备到位。

(3)委托人可将项目 OMT 工作包给专门的承包公司,这时工程咨询单位只承担合同管理服务。

①工作内容包括:审查承包商制订的项目 OMT 计划,配备合格监督人员,监督有关计划的实施,向承包商提出建议,并向委托人提出书面报告;对不符合程序和规范规定的问题,要及时通知承包商整改;监督工作进度,按照计划进度进行检查,对实际进度提前或拖延进行确认,必要时提出改进工作进度的措施建议;协助委托人控制承包款项的支付,按照工程形象进度对承包商结算,并对有关的通知单进行审核和确认,作为委托人支付的依据。

②每月 10 日前向委托人提交工作进度、质量和财务开支情况分析及对策报告。

(4)为委托单项咨询活动提供服务。工作内容包括:编制项目运行计划、运行程序和操作规范;提供主要操作专业人员,承担运行管理专业性工作;在约定时间内,按照计划组织日常运作。

(5)投产后咨询附加服务。

5.2 工程咨询服务的选聘

➤ 5.2.1 工程咨询服务的选聘特点

工程咨询服务的选聘与土建工程、货物采购的招标二者都采用竞争性的方式。这是一种特殊的竞标,以能够提供最优咨询服务、收费合理且资质符合要求的单位为中选单位。

➢ 5.2.2　工程咨询服务的选聘程序

世界银行选聘咨询服务的方法主要有以下 6 种：

1. 服务质量和费用的选择（QCBS）

基于服务质量和费用的选择，是在熟悉的几家公司中使用竞争程序，根据其质量承诺和服务的价格来选择公司。

选择过程包括以下步骤：准备任务大纲（TOR）及费用估算；发出征询文件（RFP），包括：邀请信（LOI）、咨询顾问须知（ITC）、任务大纲（TOR）和合同草案；接收质量承诺书并评审其价格的合理性及技术可行性；确定中选单位并通过谈判与中选的公司以合同范本签订合同。

（1）委托人负责准备咨询任务大纲。任务大纲应与现有的预算相匹配，明确规定咨询任务的目的、目标、工作范围并提供背景情况，以便咨询顾问准备他们的建议书。任务大纲应列明完成咨询任务所必需的各项服务和预期的成果（如报告、数据、图纸和勘查结果）。但是，任务大纲不应过于详尽和缺乏灵活性，这样，咨询顾问才可能提出自己的竞争方案。委托人和咨询顾问各自的职责应在任务大纲中明确界定。

（2）费用估算应分为两大类：服务费或酬金；可报销费用，还可再分为国外和国内费用，应根据实际情况来估算。

（3）对所有项目而言，委托人需要向世行提交一份总采购通告抄件。世行将安排该通告在线刊登在联合国发展商业报和发展门户网上。

（4）委托人负责准备短名单。短名单应包括地理分布广泛的 6 家公司，而且来自同一国家的公司不得超过 2 家。

（5）邀请信应表达委托人希望达成咨询协议的意愿、资金的来源、委托人的详细情况以及提交建议书的时间和地点。咨询顾问须知应包含使之编制响应建议书所需的全部信息，包括提供评审信息、标准、因素及其权重以及最低分数线。

（6）给予编制响应建议书的时间视咨询任务而定，但一般不应少于 4 周或超过 3 个月。在此期间，咨询公司可要求对建议书征询文件中提供的情况予以澄清。委托人应书面澄清，并抄送给短名单上的所有公司。

（7）评审建议书应分两个阶段进行：首先是质量，然后才是费用。

①质量评审的标准主要有：咨询顾问与该咨询任务相关的工作经验；所建议的工作方法的质量；所建议的主要人员的资历；实施任务大纲中有关对方的知识转让要求；在完成咨询任务过程中，主要人员中本国人员的参与程度。

②委托人应以响应程度为基础对各建议书进行评审。未对任务大纲中的重要方面作出响应，或未能达到最低分数线，那么，该建议书应在这一阶段即被拒绝。

（8）在评审完成后，委托人应同时通知那些达到最低分数线的咨询顾问，并告知拆封财务建议书的时间和地点。届时公开拆封财务建议书，宣读咨询顾问的名称、技术得分和建议的价格并加以记录。

（9）"费用"权重的选定应考虑咨询任务的复杂性和质量的相对重要性，费用权重一般应为 20％。对质量和费用权重应在征询文件中规定。应邀请得分最高的公司进行谈判。

（10）谈判应包括对任务大纲、工作方法、人员配备、委托人的投入以及合同专用条款的讨论。双方同意的任务大纲和工作方法应作为合同的组成部分。

2. 质量的选择(QBS)

此方法适用于以下类型的任务:

(1)复杂的或专业性很强的咨询任务,很难确定精确的任务大纲和所需要的投入,而委托人又希望咨询顾问能在其建议书中提出创新方案。

(2)对下游工作具有很大影响且需要聘请造诣很高的专家完成的咨询任务。

(3)可用不同方法完成,使不同建议书之间不具可比性的咨询任务。

3. 固定预算下的选择(FBS)

这种方法仅适用于简单的咨询任务,而且能够准确地界定,同时预算也是固定的。首先,应能对所有技术建议书直接进行评审。然后,再公开拆封价格建议书。超过指定预算金额的建议书应被拒绝。余者中技术建议书得分最高的咨询顾问将被邀请进行合同谈判。

4. 最低费用选择(LCS)

这种方法仅适用于为标准的或常规的咨询任务选择咨询顾问,而这类任务一般都有公认的惯例和标准。使用这种方法时,应设定一个"最低"分数线。短名单上的咨询顾问将被邀请分别用两个信封提交建议书。那些未达到最低分数线的建议书将被拒绝,其余的财务建议书将被当众拆封。报价最适宜的公司将被选中。

5. 基于咨询顾问资历的选择(CQS)

这种方法可用于小型的咨询任务。在这种情况下,委托人应准备任务大纲,根据意向表示、咨询顾问与咨询任务适宜情况,制定短名单,选择中选公司提交一份合并的技术—财务建议书,并与之进行合同谈判。

6. 单一来源的选择(SSS)

适用条件为:有关工作是公司以前承担工作的连续;在紧急情况下,如应对灾害以及在紧急情况之后的一段时间内所需要的咨询服务;非常小的咨询任务;只有一家公司是合格的或具有特殊的经验。

7. 个体咨询顾问的选择

通常在以下类型的咨询任务中聘请个体咨询顾问:不需要多余人员或外部额外的专业支持;个人的经验和资历是可信任和适用的。

5.3 工程咨询合同文件的组成和类型

➤ 5.3.1 工程咨询合同文件的组成

标准的工程咨询合同文件一般由工程咨询服务协议书、通用条件、专用条件、附录构成。

(1)咨询服务协议书,应简明扼要,包括:合同的主体;词语和措辞的规定;协议书的组成部分;合同当事人的权利和义务;法定代表人签章、地址、日期。

(2)通用条件的内容包括:定义及解释;工程咨询单位的义务;委托者的义务;双方代表和职员;责任与赔偿;工程咨询单位的保险;协议书的开始、完成、变更与终止;支付;争端的解决;一般规定;可能附加的内容。

(3)专用条件。针对具体合同应协商一致的内容,由当事人根据通用条件的有关内容进行补充或修正,达成完备的约定。

(4)附录主要包括:服务范围;报告要求;报酬和支付;委托者提供的人员、设备、设施和其他服务;咨询者关键人员和分包咨询者;咨询者人员健康证明。

➢ 5.3.2 工程咨询合同类型

(1)总价合同。总价合同即对合同总价明确约定的合同。付款与成果相联系,只有在提交了明确规定的成果后才会付款。

(2)以时间为基础的合同。这类合同适用于难以确定服务范围、关联度、成本投入和时间长度的服务,如复杂的研究、施工监理、顾问性服务以及大多数的培训等。付款是以双方同意的人员投入、实际支出及单价计算的项目费用。人员的费用包括工资、管理费及特别津贴等。这类合同应包括一个付款的最高限额,应包括为不可预见的工作留出的预备费以及提供的价格调整。该合同需要委托人严密监管以确保工作进展令人满意以及付款适当。

(3)业务费及意外费合同。业务费及意外费合同广泛用于银行或理财公司为某公司所做的咨询服务。意外费又称成功费,通常表示成功后奖励所涉资产的一定百分比。

(4)百分比合同。这类合同通常适用于建筑服务方面,也可用于采购或检验代理。这类合同是指按市场标准的某种百分比及估算的人月费用进行谈判或竞争报价的合同。对百分比合同一般不鼓励使用。

(5)不定期服务合同。这类合同适用于"随叫随到"的专业服务。如为复杂项目的实施保持一批"顾问",为技术攻关保持一批专家等。合同期限通常为一年或更长的时间。委托人和公司就专家的费用达成协议,一般按实际工作时间付款。

5.4 我国主要工程咨询合同简介

➢ 5.4.1 工程勘察合同

1.分类

建设工程勘察合同是为查明、分析、评价建设场地的地质地理环境和工程条件,实施有关勘察工作的协议。现有两个合同示范版本。

(1)建设工程勘察合同(一)〔GF—2000-0203〕。该合同适用于为设计提供勘察结果,包括岩土工程勘察、水文地质勘察(含凿井)等事项。主要商务条款和综合条款为:工程概况;发包人应提供的资料;勘察成果的提交;勘察费用的支付;发包人、勘察人责任;违约责任;未尽事宜约定;其他约定事项;合同争议的解决;合同生效。

(2)建设工程勘察合同(二)〔GF—2000-0204〕。该范本的委托工作内容仅涉及岩土工程,包括对项目的岩土工程进行安排和操作等事项。除了上述条款外,还包括:合同变更及工程费的调整;材料设备的供应;有关报告、文件及对治理工程的检查和验收等。

2.主要内容

工程勘察合同主要内容包括以下几个方面:

(1)工程概况。

(2)发包人应及时向勘察人提供下列文件资料,并对其准确性、可靠性负责。

①提供本工程批准文件(复印件),以及用地(附红线范围)、施工、勘察许可等批件(复印件)。

②提供工程勘察任务委托书、技术要求和工作范围的地形图、建筑总平面布置图。

③提供勘察工作范围已有的技术资料及工程所需的坐标与标高资料。

④提供勘察工作范围地下已有埋藏物的资料(如电力、通讯电缆、各种管道、人防设施、洞室等)及具体位置分布图。

⑤发包人不能提供上述资料,由勘察人收集的,发包人需向勘察人支付相应费用。

(3)勘察人向发包人提交勘察成果资料并对其质量负责。

(4)开工及提交勘察成果资料的时间和收费标准及付费方式。

①合同中约定的勘察费用计价方式,可以采用以下方式中的一种:按国家规定的现行收费标准取费;预算包干;中标价加签证费;实际完成工作量结算等。

②勘察费用的支付。

a.合同签订后3天内,发包人应向勘察人支付预算勘察费的20%作为定金。

b.勘察外出作业结束后,发包人应向勘察人支付约定勘察费的某一百分比。对于勘察规模大、工期长的大型勘察工程,还可将这笔费用按实际完成的勘察进度分解,向勘察人分阶段按进度支付。

c.提交勘察成果资料后10天内,发包人应一次付清全部工程费用,不留尾巴。

(5)双方责任。

①发包人责任:a.以书面形式向勘察人明确勘察任务及技术要求,并负责按期准确提供规定的资料。b.负责提供地下埋藏物资料。未提供或提供不可靠,致使勘察人受伤或造成了经济损失,发包人应承担有关民事责任。c.为勘察人提供现场工作条件,并解决发生的问题(落实土地征用、青苗树木赔偿、拆除地下障碍物、处理勘察扰民及影响勘察问题,其他如三通一平、排水、水上作业船等),并承担承担。d.解决看守勘察现场,对涉及有毒、有害、危险作业人员的安全保卫、保健防护问题并承担费用。e.提供勘察用材料及合格证,承担材料运到现场的费用。f.办理勘察变更手续并按时支付勘察费用。g.提供生产生活条件或全部一次性临时设施费。h.由于发包人原因致勘察人停窝工,应支付停窝工费。要求提前完成勘察任务的,应按日计付加班费。i.发包人有义务保护勘察人的投标书、勘察方案、报告书、文件资料、图纸、数据、特殊工艺、专利技术和合理化建议,未经同意,不得复制、泄露和擅自修改、传递或传给第三人,否则,发包人应予赔偿,勘察人有权索赔。其他发包人的责任由双方议定。

②勘察人责任:a.按国家技术规范、标准、规程和委托书、技术要求实施勘察,按期交付合格的勘察报告,并对质量负责。b.勘察人所交付勘察成果质量不合格,应无偿补正完善。无力完善,需另聘他方完成的,勘察人应承担有关费用。或因勘察造成事故,除赔偿外还应同发包方商定赔偿金比例给付赔偿金。c.勘察人于勘察前应提出勘察提纲或勘察组织设计,派人与发包人共同验收发包人提交的材料。d.勘察中根据岩土条件、技术规范要求,向发包人提供增减工程量、修改勘察工作,并办理正式变更手续。e.勘察人应遵守保密义务和其他安全勘察制度。

(6)违约责任。

①由于发包人未给勘察人提供必要的工作、生活条件而造成停、窝工或来回进出场地,发包人除应付给勘察人停、窝工费,工期按实际工日顺延外,还应付给勘察人来回进出场费和调

遣费。

②由于勘察人原因造成勘察成果资料质量不合格,不能满足技术要求时,其返工勘察费用由勘察人承担。

③合同履行期间,由于工程停建而终止合同或发包人要求解除合同时,勘察人未进行勘察工作的,不退还发包人已付定金;已进行勘察工作的,完成的工作量在50%以内时,发包人应向勘察人支付预算额50%的勘察费;完成的工作量超过50%时,则应向勘察人支付预算额100%的勘察费。

④发包人未按合同规定时间(日期)拨付勘察费,每超过一日,应偿付未支付勘察费的千分之一作为逾期违约金。

⑤由于勘察人原因未按合同规定时间(日期)提交勘察成果资料,每超过一日,应扣除勘察费千分之一作为逾期违约金。

⑥合同签订后,发包人不履行合同时,无权要求返还定金;勘察人不履行合同时,双倍返还定金。

(7)合同未尽事宜,经发包人与勘察人协商一致,签订补充协议,补充协议与本合同具有同等效力。

(8)合同自发包人、勘察人签字盖章后生效;按规定到省级建设行政主管部门规定的审查部门备案;发包人、勘察人认为必要时,到项目所在地工商行政管理部门申请鉴证。发包人、勘察人履行完合同规定的义务后,合同终止。

➤ 5.4.2　工程设计合同

1. 建设工程设计合同(一)[GF—2000-0209]

该范本适用于民用建设工程设计合同。主要条款包括:订立合同依据的文件;委托设计任务的范围和内容;发包人应提供的有关资料和文件;设计人应交付的资料和文件;设计费的支付;双方责任;违约责任;其他。

2. 建设工程设计合同(二)[GF—2000-0210]

该范本适用于委托专业工程的设计,除了上述设计合同应包括的条款内容外,还增加有:设计依据;合同文件的组成和优先次序;项目的投资要求、设计阶段和设计内容;保密等方面的条款约定。

3. 建设工程设计合同主要内容

(1)发包人的责任。

①提供设计依据资料:按时提供设计依据文件和基础资料。

A. 如果发包人提交上述资料及文件超过规定期限15天以内,设计人规定的交付设计文件时间相应顺延;交付上述资料及文件超过规定期限15天以上时,设计人有权重新确定提交设计文件的时间。进行专业工程设计时,如果设计文件中需选用国家标准图、部标准图及地方标准图,应由发包人负责购买解决。

B. 对资料的正确性负责。尽管提供的某些资料不是发包人自己完成的,如作为设计依据的勘察资料和数据等,但就设计合同的当事人而言,发包人仍需对所提交基础资料及文件的完整性、正确性及时限负责。

②提供必要的现场工作条件：发包人有义务为设计人在现场工作期间提供必要的工作、生活方便条件以及必要的劳动保护物品。

③外部协调工作：设计的阶段成果（初步设计、技术设计、施工图设计）完成后，应由发包人组织鉴定和验收，并负责向发包人的上级或有管理资质的设计审批部门完成报批手续。

发包人和设计人必须共同保证施工图设计满足以下条件：建筑物（包括地基基础、主体结构体系）的设计稳定、安全、可靠；设计符合消防、节能、环保、抗震、卫生、人防等有关强制性标准、规范；设计的施工图达到规定的设计深度；不存在损害公共利益的其他影响。

④其他相关工作：发包人委托设计配合引进项目的设计任务，从询价、对外谈判、国内外技术考察直至建成投产的各个阶段，应吸收承担有关设计任务的设计人参加。出国费用，除制装费外，其他费用由发包人支付。

发包人委托设计人承担合同约定范围之外的服务工作，需另行支付费用。

⑤保护设计人的知识产权：发包人应保护设计人的投标书、设计方案、文件、资料图纸、数据、计算软件和专利技术。

⑥遵循合理设计周期的规律：设计的质量是工程发挥预期效益的基本保障，发包人不应严重背离合理设计周期的规律，强迫设计人不合理地缩短设计周期的时间。双方经过协商达成一致并签订提前交付设计文件的协议后，发包人应支付相应的赶工费。

（2）设计人的责任。

①保证设计质量：保证工程设计质量是设计人的基本责任。但若设计文件中采用的新技术、新材料可能影响工程的质量或安全，而又没有国家标准时，应当由国家认可的检测机构进行试验、论证，并经国务院有关部门或省、直辖市、自治区有关部门组织的建设工程技术专家委员会审定。

负责设计的建（构）筑物需注明设计的合理使用年限。设计文件中选用的材料、构配件、设备等，应当注明规格、型号、性能等技术指标，其质量要求必须符合国家规定的标准。

对于各设计阶段设计文件审查会议提出的修改意见，设计人应负责修正和完善。

设计人交付设计资料及文件后，需按规定参加有关的设计审查，并根据审查结论负责对不超出原定范围的内容做必要的调整补充。

《建设工程质量管理条例》规定，设计单位未根据勘察成果文件进行工程设计，设计单位指定建筑材料、建筑构配件的生产厂、供应商，设计单位未按照工程建设强制性标准进行设计的，均属于违反法律和法规的行为，要追究设计人的责任。

②各设计阶段的工作任务。

各设计阶段的工作任务见表5-1。

表 5 - 1　各设计阶段的工作任务

初步设计	技术设计	施工图设计
①总体设计(大型工程)。 ②方案设计。主要包括:建筑设计、工艺设计、进行方案比选等工作。 ③编制初步设计文件。主要包括:完善选定的方案;分专业设计并汇总;编制说明与概算,参加初步设计审查会议;修正初步设计。	①提出技术设计计划。可包括:工艺流程试验研究;特殊设备的研制;大型建(构)筑物关键部位的试验、研究。 ②编制技术设计文件。 ③参加初步审查,并对概算作出必要修正。	①建筑设计。 ②结构设计。 ③设备设计。 ④专业设计的协调。 ⑤编制施工图设计文件,并给出施工图预算。

③对外商的设计资料进行审查:委托设计的工程中,如果有部分属于外商提供的设计,如大型设备采用外商供应的设备,则需使用外商提供的制造图纸,设计人应负责对外商的设计资料进行审查,并负责该合同项目的设计联络工作。

④配合施工的义务。

A.设计交底。设计人按合同规定时限交付设计资料及文件后,本年内项目开始施工,负责向发包人及施工单位进行设计交底、处理有关设计问题和参加竣工验收。如果在 1 年内项目未开始施工,设计人仍应负责上述工作,但可按所需工作量向发包人适当收取咨询服务费,收费额由双方以补充协议商定。

B.解决施工中出现的设计问题。设计人有义务解决施工中出现的设计问题,如属于设计变更的范围,按照变更原因确定费用负担责任。发包人要求设计人派专人留驻施工现场进行配合与解决有关问题时,双方应另行签订补充协议或技术咨询服务合同。

C.工程验收。为了保证建设工程的质量,设计人应按合同约定参加工程验收工作。这些约定的工作可能涉及重要部位的隐蔽工程和中间工程验收、试车验收和竣工验收。

⑤保护发包人的知识产权:设计人应保护发包人的知识产权,不得向第三人泄露、转让发包人提交的产品图纸等技术经济资料。如发生以上情况并给发包人造成经济损失,发包人有权向设计人索赔。

(3)违约责任。

①发包人的违约责任。

A.发包人延误支付。发包人应按合同规定的金额和时间向设计人支付设计费,每逾期支付 1 天,应承担应支付金额 2‰作为逾期违约金,且设计人提交设计文件的时间顺延。逾期 30 天以上时,设计人有权暂停履行下阶段工作,并书面通知发包人。

B.审批工作的延误。发包人的上级或设计审批部门对设计文件不审批或合同项目停缓建,均视为发包人应承担的风险。设计人提交合同约定的设计文件和相关资料后,按照设计人已完成全部设计任务对待,发包人应按合同规定结清全部设计费,不留尾巴。

C.因发包人原因要求解除合同。在合同履行期间,发包人要求终止或解除合同,设计人未开始设计工作的,不退还发包人已付的定金;已开始设计工作的,发包人应根据设计人已进行的实际工作量,不足一半时,按该阶段设计费的一半支付;超过一半时,按该阶段设计费的全部支付。

②设计人的违约责任。

A.设计错误。作为设计人的基本义务,应对设计资料及文件中出现的遗漏或错误负责修改或补充。由于设计人员错误造成工程质量事故损失,设计人除负责采取补救措施外,应免收直接受损失部分的设计费。损失严重的,还应根据损失的程度和设计人责任大小向发包人支付赔偿金。范本中要求设计人的赔偿责任按工程实际损失的百分比计算;当事人双方订立合同时,需在相关条款内具体约定百分比的数额。

B. 设计人延误完成设计任务。由于设计人自身原因,延误了按合同规定交付的设计资料及设计文件的时间,每延误1天,应扣除该项目设计费的2‰作为基础违约金。

C. 因设计人原因要求解除合同。合同生效后,设计人要求终止或解除合同,设计人应双倍返还定金。

③因不可抗力无法履约时,除按法律规定办理外,双方应就细节及时协商解决。

5.4.3 工程监理合同

该合同指委托人与监理人就委托工程项目管理签订的明确双方权利、义务的协议。

1. 工程监理合同的组成

《建设工程监理合同(示范文本)》[GF—2012-0202]由三个部分组成:协议书、通用条件、专用条件。其中通用条件包括:定义与解释;监理人的义务;委托人的义务;违约责任;支付;合同生效、变更、暂停、解除与终止;争议解决;其他。

2. 工程监理合同的主要内容

(1)监理人义务。

①监理人应组建满足工作需要的项目监理机构,配备必要的检测设备。项目监理机构主要人员应具有相应的资格条件。

A. 在合同履行过程中总监理工程师及重要岗位监理人员应保持相对稳定,以保证监理工作的正常进行。监理人可根据工程进展和工作需要调整监理人员。其中,更换总监理工程师时,须提前7日向委托人书面报告,经委托人同意后方可更换。监理人更换其他监理人员,应以相当资格与能力的人员更换,并通知委托人。

B. 监理人应及时更换有下列情形之一的监理人员:严重过失行为的;有违法行为不能履行职责的;涉嫌犯罪的;不能胜任岗位职责的;严重违反职业道德的;专用条件约定的其他情形。

②监理人应遵循监理职业道德准则和行为规范,严格按法律法规工程建设有关标准及合同履行职责。

A. 监理与相关服务范围内,委托人和承包人提出的意见和要求,监理人应及时提出处置意见。当委托人与承包人之间发生合同争议时,监理人应协助委托人、承包人协商解决。

B. 当委托人与承包人之间的合同争议提交仲裁机构仲裁或人民法院审理时,监理人应提供必要的证明资料。

C. 监理人可在专用条件约定的授权范围内处理委托人与承包所签合同的变更事宜。如果变更超过授权范围,应以书面形式报委托人批准。

在紧急情况下,为了保护财产和人身安全,监理人所发出的指令未能事先报委托人批准时,应在发出指令的24小时内书面报委托人。

D. 除专有条件另有约定外,监理人发现承包人的人员不能胜任本职工作的,有权要求承包人予以调换。

（2）委托人义务。

①告知。委托人应在委托人与承包人签订的合同中明确监理人、总监理工程师和授予监理机构的权限。如有变更，应及时通知承包人。

②提供资料。委托人应按照附录B约定，无偿向监理人提供工程有关的资料。在合同履行过程中，委托人应及时向监理人提供最新的与工程有关的资料。

③提供工作条件。委托人应为监理人完成监理与相关服务提供必要的条件。委托人应按照附录B约定，派遣相应的人员提供房屋、设备，供监理人无偿使用。委托人应负责协调工程建设中所有外部联系，为监理人履行合同提供必要的外部条件。

④委托人代表。委托人应授权一名熟悉工程情况的代表，负责与监理人联系。委托人应在双方签订合同后7天内将委托人代表的姓名和职责书面告知监理人。当委托人更换委托人代表时，应提前7日通知监理人。

⑤委托人意见或要求。在合同约定的监理与相关服务工作范围内，对承包人的任何意见或要求应通知监理人，由监理人向承包人发出相应指令。

⑥答复。委托人应在专用条件约定时间内，对监理人以书面形式提交并要求作出决定的事宜给予书面答复。逾期未答复的，视为委托人认可。

⑦支付。委托人应按合同约定，向监理人支付酬金。

（3）监理人的违约责任。

①因监理人未履行合同约定，给委托人造成损失的，监理人应当赔偿委托人的损失。赔偿金额的确定方法在专用条件中约定。监理人承担部分赔偿责任的，其承担金额由双方协商确定。

②监理人向委托人的索赔不成立时，监理人应赔偿委托人由此发生的费用。

③除外责任。因非监理人的原因且监理人无过错，发生工程质量事故、安全事故、工期延误等造成的损失，监理人不承担赔偿责任。

④因不可抗力导致合同全部或部分不能履行的，双方各自承担其因此而造成的损失损害。

（4）委托人的违约责任。

①委托人违反合同约定造成监理人损失的，委托人应予以赔偿。

②委托人向监理人的反索赔不成立时，应补偿监理人由此引起的费用。

③委托人未能按期支付酬金超过28天，应按专用条件约定支付逾期付款利息。

（5）支付。

①支付货币。除专用条件另有约定外，酬金均以人民币支付。涉及外币的，所采用货币种类、比例和汇率在专用条件中约定。

②支付申请。监理人应在合同约定的每次应付款时间的7天前，向委托人提交支付申请书。支付申请书应当说明当期应付款总额，并列出当期应支付的款项及其金额。

③支付酬金。支付的酬金包括正常工作酬金、附加工作酬金、合理化建议奖励金额及费用。

④有争议部分的付款。委托人对监理人提交的支付申请书有异议时，应当在收到监理人提交的支付申请书7天内，以书面形式向监理人发出异议通知。无异议部分的款项应按期支付，有异议部分的款项按第7条约定办理。

（6）争议的解决。

①协商。双方应本着诚实信用原则协商解决彼此间任何争议。

②调解。如果双方不能在14天或双方商定的任何其他期间内解决合同争议时,可以将其提交给专用条件中约定的或事后达成协议的调解人进行调解。

③仲裁或诉讼。双方均有权不经调解直接向专用条件约定的仲裁机构申请仲裁或向有管辖权的人民法院提起诉讼。

➤ 5.4.4　工程造价咨询合同

建设工程造价咨询合同是指委托人与咨询人就委托的建设工程造价咨询业务签订的明确双方权利、义务的协议。

1. 工程造价咨询合同的组成

《建设工程造价咨询合同(示范文本)》[GF—2002-0212]包括三个部分:同名商务条款;合同标准条件;合同专用条件。

标准条件包括:咨询人的义务,委托人的义务;咨询人的权利,委托人的权利;咨询人的责任,委托人的责任;合同生效、变更与终止;咨询业务的酬金;其他;合同争议的解决。

2. 工程造价咨询合同的主要内容

(1)咨询人的义务。

①向委托人提供与工程造价咨询业务有关的资料,包括资质证书及承担本合同业务的专业人员名单、咨询工作计划等,并按专用条件中约定的范围实施咨询业务。

②咨询人在履行合同期间,向委托人提供的服务包括正常服务、附加服务和额外服务。

A."正常服务"是指双方在专用条件中约定的工程造价咨询工作。

B."附加服务"是指在"正常服务"以外,经双方书面协议确定的附加服务。

C."额外服务"是指不属于"正常服务"和"附加服务",但根据合同标准条件的规定,咨询人应增加的额外工作量。

③在履行合同期间或合同规定期限内,不得泄露与合同规定业务活动有关的保密资料。

(2)委托人的义务。

①委托人应负责与造价咨询业务有关的第三人的协调,为咨询人工作提供外部条件。

②委托人应当在约定的时间内,免费向咨询人提供与项目咨询业务有关的资料。

③委托人应当在约定的时间内,就咨询人书面提交并要求做出答复的事宜做出书面答复。咨询人要求第三人提供有关资料时,委托人应负责转达及资料转送。

④委托人应当授权业务代表,负责与咨询人联系。

(3)咨询人的权利。

委托人在委托的建设工程造价咨询业务范围内,授予咨询人以下权利:

①咨询人在咨询过程中,如委托人提供的资料不明确时可向委托人提出书面报告。

②咨询人在咨询过程中,有权对第三人提出与本咨询业务有关的问题进行核对或查问。

③咨询人在咨询过程中,有到工程现场勘察的权利。

(4)委托人的权利。

①委托人有权向咨询人询问工程进展情况及相关的内容。

②委托人有权阐述对具体问题的意见和建议。

③当委托人认定咨询人员不按咨询合同履行其职责,或与第三人串通给委托人造成经济损失的,委托人有权要求更换咨询专业人员,直至终止合同并要求咨询人承担相应的赔偿责任。

（5）咨询人的责任。

①咨询人的责任期即咨询合同有效期。如因非咨询人的责任造成进度的推迟或延误而超过约定的日期，双方应进一步约定相应延长合同有效期。

②咨询人责任期内，应当履行咨询合同中约定的义务，因咨询人的过错造成的经济损失，应当向委托人进行赔偿。累计赔偿总额不应超过造价咨询酬金总额（除去税金）。

③咨询人对委托人或第三人所提出的问题不能及时核对或答复，导致合同不能全部或部分履行，咨询人应承担责任。

④咨询人向委托人提出赔偿要求不能成立时，则应补偿由于该活动或其他要求所导致委托人的各种费用支出。

（6）委托人的责任。

①委托人应履行合同约定义务，如有违反则应承担违约责任，赔偿给咨询人造成的损失。

②委托人如果向咨询人提出赔偿或其他要求不能成立时，则应补偿由于该活动或其他要求所导致咨询人的各种费用支出。

（7）咨询业务的酬金。

①正常的咨询业务、附加工作和额外工作的酬金，按照咨询合同专用条件约定的方法计取，并按约定的时间和数额支付。

②如果委托人在规定的支付期限内未支付咨询酬金，自规定支付之日起，应向咨询人补偿酬金利息。利息额按规定支付期限最后一日银行活期贷款利息乘以拖欠酬金时间计算。

③如果委托人对咨询人提交的支付通知书中酬金或部分酬金项目提出异议，应在收到支付通知书两日内向咨询人发出异议通知，但委托人不得拖延其无异议酬金项目的支付。

④支付咨询酬金所采取的货币币种、汇率由合同专用条件约定。

（8）合同争议的解决。

因违约或终止合同而引起的损失和损害的赔偿，委托人与咨询人之间应当协商解决；如未能达成一致，可提交有关主管部门调解；协商或调解不成的，根据双方约定提交仲裁机关仲裁，或向人民法院提起诉讼。

5.5 工程咨询合同管理

委托人在选聘咨询人与实施咨询合同时要求咨询人操守清廉、诚信可靠。若发现咨询人在竞标或合同实施中有腐败或欺诈行为，将立即取消有关合同。咨询人应能提供专业客观的和公正的意见和建议，忠诚于委托人的委托和利益。

1. 合同签订前的管理

咨询人应明了编制技术建议书和财务建议书注意事项，使有关建议书能够反映咨询人技术水平，反映咨询人员的薪资及其他费用和成本。

（1）技术建议书应包括：

①咨询人对每一咨询任务，应列明所提供的人员姓名和概况、咨询任务延续的时间、合同金额和所在公司的参与情况。

②咨询人应对任务大纲和委托人提供的数据、服务一览表和设施给出评论、建议及实施本咨询服务的方法和工作计划。

③咨询人应按专业分列咨询组人员表、每个咨询组成员的工作任务和时间。

④估算承担咨询任务人员所需的时间,用横道图表示咨询组主要人员的工作时间。

⑤如果培训是一项主要任务,咨询人应详细说明建议的培训方法、人员配备和监控。

(2)财务建议书应列出与咨询任务有关的全部费用,包括人员报酬、可报销费用,如补贴、交通费、服务费、设备费、保险费、培训以及纳税、手续费、附加费和其他杂费。

2.合同签订后的管理

咨询合同一旦签订,双方应相互尊重,保证实现合同的目标。双方应在合同中约定仲裁条款,以保障一旦发生争议,可尽快纳入处理程序,节约争议处理时间。

复习思考题

1.工程咨询服务及其现实意义是什么?

2.工程咨询服务的范围有哪些内容?

3.世界银行选聘咨询服务的方法有哪些?

4.何谓 OMT 服务? 其内容有哪些?

5.QCBC 的基本步骤有哪些?

6.简述 QBS 方法适用任务的类型。

7.简述工程咨询合同的类型。我国主要工程咨询合同有哪些?

8.工程勘察设计合同的主要内容有哪些?

9.简述工程设计合同(示范文本)的两种类型。

10.设计方配合施工的义务有哪些?

11.工程造价咨询合同和工程监理合同的委托人的义务有哪些?

12.简述工程咨询合同管理的主要内容。

考证知识点

1.用益物权是指用益物权人对他人所有的动产或不动产享有占有、使用和受益权,主要指土地承包经营权、建设用地使用权、宅基地使用权、地役权和居住权。

2.专利权是知识产权的组成之一,包括发明、实用新型和外观设计三种权属。对它们的保护期分别定为 20 年、10 年、10 年,均自申请日起算。

3.委托方将建设工程设计任务分别委托给几个承接方,承接部分设计任务的主体直接对委托方负责,并接受主承接方的指导与协调。

4.根据国家法律法规规定,总投资额 3000 万元以上的公共项目,5 万平方米以上的小区建设,必须实行监理制度。

5.工程监理单位接受委托后,应自行完成监理业务,不得转让。

6.工程质量监督机构应对工程建设施工、监理、验收等阶段执行强制性标准的情况实施监督管理。

7.原子核裂变属于建筑工程一切险的除外责任。

8.在几家熟悉的咨询公司中,实施对工程服务质量和费用的选择,主要是根据有关公司给出的价格和承诺进行比较选择。

9.根据《中华人民共和国土地管理法》和《中华人民共和国城市房地产管理法》的有关规

定,应当由政府土地管理部门与土地使用者签订书面合同。

10.在咨询服务类合同的执行中,若委托人未按期向咨询人支付酬金,则应按约定服务期的最后一天的同期活期贷款利率为标准支付补偿利息。

11.委托人更换本方代表之前,应于更换日的7天前向总监理工程师等提供咨询服务的有关方负责人告知。

12.在建设工程的诸种合同中除了施工合同和物料买卖合同外,其余的都可划归为建设工程咨询服务类合同。

13.咨询人向委托人提供的咨询服务包括:常规咨询服务、附加咨询服务、额外咨询服务。

14.更换现场监理人员的条件是:有严重过失;涉嫌违法犯罪;无法胜任本职工作;违反职业道德。

15.《中华人民共和国担保法》规定:国家机关不得为保证人;学校、幼儿园、医院等公益事业的文化社会团体不得为保证人;企业法人分支机构和职能部门未经法人书面授权,保证合同无效。

16.对承担咨询服务业务的人员委托方应提供生活和工作的便利,包括:用横道图标示工作时间;核定有关人员的报酬和可报销的费用。

17.物权法是以我国同名法律为核心,用来规范客观存在物的归属和权属变化、使用和收益的法律群落。物可分为动产和不动产。动产以合法占有,不动产以合法登记决定归属。这种归属又称所有权,它以占有、使用、处分和收益为内容,以合法的移转和内容分离合并为形式,派生出担保物权、用益物权等权利关系。

物权法的作用是:第一,明确物的归属,廓清物的形式,以定纷止争。必要时,要打击各类侵权及违规,以维护物的常规存在和移转形式。为维护公共利益,应当对物权的行使作出必要的限制。第二,要物尽其用。无论自用或他用,都要建立在合法合理的基础上。其中的合理,既包含质量的提升,也包含技术的进步,还包含勤俭节约的民族传统。

物权和债权并称为民法的两大支柱。

单项选择题

1.在物权分类中土地承包经营权属于( )。

A.经营权　　　　　B.担保物权　　　　　C.用益物权　　　　　D.所有权

2.某人申请了一项发明专利权,过( )年后该专利权终止。

A.10　　　　　　　B.15　　　　　　　C.20　　　　　　　D.25

3.建设方甲将某工程项目的设计任务分别委托给乙、丙两个设计单位来完成,乙方为主体承接方。则下列关于设计的说法中正确的是( )。

A.丙方直接对甲方负责　　　　　　　B.丙方仅对乙方负责

C.乙方对整个工程项目的设计任务负责　D.乙、丙两方就设计任务对甲方承担连带责任

4.总投资额在( )万元以上的、关系社会公共利益和公众安全的基础设施项目,国家规定要强制实行监理制度。

A.1500　　　　　　B.2000　　　　　　C.2500　　　　　　D.3000

5.工程监理单位接受委托后应当自行完成合同内工程监理任务,而不得( )。

A.联办　　　　　　B.分包　　　　　　C.转让　　　　　　D.出售

6.对工程建设项目执行施工、监理、验收的强制性标准的情况实施监督的是( )。

A. 建设项目规划审查机关　　　　　　　　B. 施工图设计审查部门

C. 建筑安全监督管理机关　　　　　　　　D. 工程质量监督机构

7. 不属于建筑工程一切险承保的风险与损害的是(　　)。

A. 火灾　　　　　　B. 地震　　　　　　C. 原子核裂变　　　　　　D. 一般盗抢

8. 工程咨询服务业务的 QCBC 属于对(　　)的选择方法。

A. 工程质量　　　　B. 工程服务质量和费用　C. 投产后的咨询　　　D. 培训

9. 某拍卖公司接受委托,组织拍卖出让某宗国有土地使用权事宜。建设单位竞买成功后应当与(　　)签订国有土地使用权出让合同。

A. 省政府　　　　　B. 市政府　　　　　C. 市土地管理部门　　　D. 拍卖公司

10. 在某咨询服务合同的执行中,若委托人未按期向咨询人支付酬金,应将(　　)的同期活期贷款利息作为支付赔偿利息的标准。

A. 约定服务期最后一天　　　　　　　　　B. 项目评估报告递交日

C. 工程立项批准日　　　　　　　　　　　D. 可行性研究报告递交日

11. 委托人更换本方代表应提前(　　)日向提供咨询服务的合同对方书面告知。

A. 4　　　　　　　B. 5　　　　　　　C. 6　　　　　　　D. 7

多项选择题

1. 在建设工程合同中,划归咨询服务类的合同有(　　)。

A. 勘察、设计合同　　　　　　　　　　　B. 监理合同

C. 物料设备买卖合同　　　　　　　　　　D. 立项事务委托合同

E. 委托测算工程造价合同

2. 咨询服务主体向委托人提供的咨询服务包括(　　)咨询服务。

A. 常规　　　　B. 附加　　　　C. 额外　　　　D. 奖惩性　　　　E. 警示

3. 更换项目工程监理人员的条件是(　　)。

A. 有严重的过失行为　　　　　　　　B. 涉嫌违法犯罪

C. 违反职业道德　　　　　　　　　　D. 不能胜任本职工作　E. 一贯服务态度恶劣

4. 根据《中华人民共和国担保法》的规定,(　　)不可以作为保证人。

A. 国家机关

B. 学校、幼儿园、医院

C. 企业法人的分支机构

D. 经国务院批准的为使用外国政府贷款进行转贷的机构

E. 具有相关民事能力的法人

5. 对咨询服务的业务人员委托方应提供的工作保障和福利有(　　)。

A. 用横道图标示工作时间　　　B. 承担必要的业务培训

C. 核定人员报酬　　　　　　　D. 核定可报销的费用

E. 安排住宿和伙食补助

综合简答题

简述我国物权法的作用。

第6章
工程材料设备买卖合同

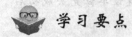 **学习要点**

1.掌握工程材料设备买卖合同的概念和内容

2.熟悉常用的工程材料和设备的国际买卖合同

3.了解工程材料和设备买卖合同的基本形式和主要条款

工程物资买卖可分为工程材料采购和工程设备采购两大类。采购大宗工程材料或定型批量生产的中小型设备,合同内容比较简单。而采购非标大型复杂机械设备及特殊用途的非标部件,应对技术规格、交货期限和方式、安装调试、保修和操作培训等签订详细的合同条款。

6.1 工程物资买卖合同概述

➤ 6.1.1 工程物资买卖合同的概念

工程物资买卖合同,是指具有平等主体的自然人、法人、其他组织之间为买卖工程物资,设立、变更、终止相互权利义务关系的协议。

(1)工程物资买卖合同具有买卖合同的一般特点:

①以转移财产的所有权为目的。

②买受人取得财产所有权,必须以支付价款为代价。

③买卖合同是双务、有偿合同。所谓双务、有偿是指买卖双方互负一定义务,卖方必须向买方转移财产所有权,买方必须向卖方支付价款。

④买卖合同是诺成合同。除法律有特别规定外,当事人之间意思表示一致买卖合同即可成立,并不以实物的交付为成立要件。

⑤买卖合同是不要式合同。除法律另有规定、当事人另有约定外,买卖合同的成立和生效并不需要具备特别的形式或履行某种审批手续。

(2)按照世界银行采购指南的规定,货物采购的方式大致可分为国际竞争性招标、国内竞争性招标、有限国际招标、询价采购和直接采购等几种方式,但以国际竞争性招标为主,占采购总金额的70%以上。

➤ 6.1.2 工程物资买卖合同的形式及结构

随着市场经济的发展,世界各国立法强调合同自由,合同采用什么形式,由当事人决定,一般不加干涉。但是工程物资采购活动具有一定的特殊性,属于建设工程合同,宜采用书面形式。

书面形式,指合同书、信件和数据电文(即电子数据交换和电子邮件)等可以有形地表现所载内容的形式。物资买卖合同通常采用标准合同格式,其内容可分为三部分:

第一部分是约首,包括项目名称、合同号、签约日期、签约地点、双方当事人名称或者姓名和住所等条款。

第二部分为正文,即合同的主要内容,包括合同文件、物品及数量、合同金额、付款条件、交货时间和地点及合同生效等条款。其中合同文件包括合同条款、物品规格及价格一览表、技术规范、履约保证金、买方授权书等;合同金额指合同的总价。若当事人要求鉴证、公证或设定其他条件的,则经有关机关签章或完善其他条件后方可生效。

第三部分为约尾,包括双方的签章及签字时间、地点或文本分配等。

➤ 6.1.3 工程物资买卖合同的特征

1.工程物资买卖合同应依据施工合同订立

无论是甲供物料,还是非甲供物料,或者是甲招乙供物料,都应依据施工合同来确定采购的数量和质量。因此,施工合同应是订立建设工程物资买卖合同的前提。

2.工程物资买卖合同以交付物料和支付价款为基本内容

建设工程物资买卖合同内容繁多,条款复杂,涉及物资的数量和质量条款、包装条款、运输方式、结算方式等。但最根本的是双方应尽的义务。即卖方按质、按量、按时地在约定地点将建设物资的所有权转归买方;买方应按时足额地支付货款。

3.工程物资买卖合同的标的品种繁多,供货条件复杂

有关合同的标的是建筑材料和设备,包括钢材、木材、水泥和其他辅助材料以及机电成套设备等。这些建设物资品种、质量、数量和价格差异较大,有的数量庞大,有的要求技术条件较高,在合同中应逐一明细,以确保施工需要。

4.工程物资买卖合同应实际履行

有关物资买卖合同的履行直接影响施工合同的履行,因此买卖合同一旦订立,一般不允许卖方以支付违约金和赔偿金的方式代替该合同的履行,除非迟延履行对买方成为不必要。

5.工程物资买卖合同应采用书面形式

建设工程物资买卖合同中的标的物数量大,质量要求复杂,且应分期分批均衡履行,还涉及售后服务工作,应当采用书面形式。

➤ 6.1.4 常用的国际工程物资买卖合同

随着我国经济的快速发展,工程建设项目也日益向大型化、复杂化、技术水平先进的方向发展,也向国际市场采购一些质量优良、技术先进的物资。由于国际货物买卖一般按照货物的价格条件成交,货物的价格不仅反映货物的生产成本和供货商的利润,还涉及货物交接过程中的各种费用(运输、保险、关税等),以及支付方式中的汇率、支付手段等内容。按照国际惯例,最常采用的有以下三种合同类型:

1.到岸价(CIF)合同

到岸价合同(Cost,Insurance and Freight),也可称之为成本、保险费加运费合同。按照国

111

际商会《2010 年国际贸易术语解释通则》中的规定,合同双方的义务应为:

(1)卖方义务。

①必须提供符合销售合同的货物和商业发票,以及买卖合同可能要求的证明货物符合合同规定的其他任何凭证。履行义务的任何单据都可能是双方合意或习惯用法中具有同等作用的电子记录或程序。

②许可证、批准安全通关及其他手续。一些重要货物和国家间的运输办理海关手续。

③运输合同与保险合同。将货物运至约定交付地或目的地的指定港口,并用规定的最低保险险别投保。

④交货。卖方必须在合意的日期或达成合意的期限内,依港口的习惯进行交付。

⑤风险转移。卖方在④规定的货物交付之前都要承担货物灭失或者损坏险费。

⑥费用划分。除规定应由买方支付的费用外与货物有关一切费用,包括港口装货费,定点港卸货费和所发生的保险费及海关手续费,一切关税、税款和其他费用及从他国过境费用。

⑦通知买方卖方。给予买方一切必要的通知,以便买方采取必要的措施来确保领受货物。

⑧交货凭证。卖方必须自付费用向买方提供载往约定目的港的运输单据(货物、日期)全套正本。

⑨检查、包装、标示。卖方必须支付所有核对货物的费用,以及出口国当局强制要求的运前检查费用。卖方必须自费包装货物(无须包装除外),包装应适当标记(要求特别包装除外)。

⑩信息帮助和相关费用。卖方必须及时向买方提供一切有助于到达目的港包括安全在内的单据和信息,并偿付买方为获得上述单据和信息所支付的费用。

(2)买方义务。

①一般义务。买方必须按照合同规定支付价款。对义务有关的任何文件都可以同等地使用电子记录或程序。

②许可证、批准安全通关及其他手续。在适当的时候,买方须自负风险和费用获取出口执照和办理出口货物的海关手续。

③受领货物。买方在货物按指定的方式送达后在指定的目的港受领货物。

④费用划分。买方应在卖方交货时支付与货物有关的一切费用,不包括海关手续费、出口关税、税款和其他费用,运输合同中规定由卖方承担的费用,码头费用中规定由卖方承担的费用。

⑤通知卖方。在买方有权确定装运货物的时间和/或目的港时,必须给予卖方充分的通知。

⑥提货证据。买方必须接受卖方按规定提供的运输单据,除非该单据不符合有关合同的规定。

⑦其他义务。

从以上责任分担可以看出,CIF 到岸价合同规定,除了在供货方所在国进行的发运前货物检验费用由采购方承担外,运抵目的港前所发生的各种费用支出大都由供货方承担。

2.离岸价(FOB)合同

离岸价合同(Free On Board)与到岸价合同的主要区别表现在费用承担责任的划分上。离岸价合同由采购方负责租船定仓,办理好有关手续后,将装船时间、船名、泊位通知供货方。供货方负责包装、供货方所在国的内陆运输、办理出口有关手续、装船时发生的有关费用等。采购方负责租船、办理海运保险,以及货物运达目的港后的所有费用开支。卖方要承担货物灭失或者损坏的全部风险直至已经按照合同规定交付货物为止。除非买方未按照约定履行定船后的通知义务或买方指定的船未按期装卸货物或抵达目的港,应由买方承担货物灭失或损坏。

3.成本加运费价(C&F)合同

从到岸价合同演变为成本加运费合同,即其他责任和费用都与到岸价规定相同,只是将办理海运保险一项工作转由采购方负责办理并承担其费用支出。

6.2 工程材料买卖合同

➤6.2.1 工程材料买卖合同的基本条款

依《合同法》规定,材料买卖合同的基本条款如下:

(1)双方当事人的名称、地址,法定代表人的姓名,委托代订合同的,应有授权委托书并注明代理人的姓名、职务等。

(2)合同标的。材料的名称、品种、型号、规格等应符合施工合同的规定。

(3)技术标准和质量要求。质量条款应明确各类材料的技术要求、国家强制性标准和行业强制性标准。

(4)材料数量及计量方法。材料数量由当事人协商,并规定交货数量的正负尾差、合理磅差和在途自然减(增)量及计量方法。计量单位采用国家规定的度量衡标准,计量方法按国家的有关规定执行,没有规定的,可由当事人协商执行。

(5)材料的包装。包装质量可按国家和有关部门规定的标准签订,当事人有特殊要求的,可由双方商定标准,但应保证材料包装适合材料的运输方式,并根据材料特点采取防潮、防雨、防锈、防震、防腐蚀的保护措施,确定提供包装物的当事人及包装品回收等。

(6)材料交付方式。可采取送货、自提和代运三种不同方式。由于工程用料数量大、体积大、品种杂、时间紧,当事人应明确交货地点,以便及时、准确、安全、经济地履行。

(7)材料的交货期限。

(8)材料的价格。应在订合同时明确定价,可以约定价格,也可取政府定价或指导价。

(9)违约责任。在合同中,当事人应对违反合同所负的经济责任作出明确约定。

(10)特殊条款。如果双方当事人对一些特殊条件或要求达成一致意见,也可在合同中明确列示,成为合同的条款。

(11)争议解决的方式。

➤6.2.2 工程材料买卖合同主要条款

就某一具体合同而言,以标准化示范文本为基础,依据采购标的物的特点详加约定。

1.标的物

(1)物资名称。

合同中标的物应按行业主管部门颁布的产品目录规定正确填写。订购产品的商品牌号、品种、规格型号是标的物的具体化,综合反映产品的内在素质和外观形态,应填写清楚。

(2)质量要求和技术标准。

①产品质量应满足规定用途的特性指标,因此合同内必须约定产品应达到的质量标准。

约定质量标准的一般原则是:按颁布的国家标准执行;无国家标准而有部颁标准的产品,按部颁标准执行;没有国家标准和部颁标准作为依据时,可按企业标准执行。

②没有上述标准,或虽有上述某一标准但采购方有特殊要求时,按双方在合同中商定的技术条件、样品或补充的技术要求执行。

③合同内应写明执行的质量标准代号、编号和标准名称,明确各类材料的技术要求、试验项目、试验方法、试验频率等。采购成套产品时,合同内也需列示附件的质量要求。

(3)产品的数量。

①合同内约定产品数量时,应写明计量单位、供货数量、允许的合理磅差范围和计算方法。建筑材料数量的计量方法一般有理论换算计量、检斤计量和计件三种。

②凡国家、行业或地方规定有计量标准的产品,合同中应按统一标准注明计量单位。某些建筑材料或产品有计量换算问题,应按标准计量单位签订订购数量。

③供货方发货时所采用的计量单位与计量方法应与合同一致,并在发货明细表或质量证明书上注明,以便买方检验。运输中转也应按发货时所采用的计量方法进行验收和发货。

④订购数量应在合同内注明,尤其是一次订购分期供货的合同,还应明确每次交货的时间、地点、数量。对于某些机电产品,要明确随机的易耗品备件和专用工具的数量。若为成套供应的产品,应详细列出成套设备清单。

⑤建筑材料在运输中容易造成自然损耗,在装卸或检验中换装、拆包检查等也会造成数量减少,这些都属于中途自然减量。有些情况不能作为自然减量,如不可抗力所造成的非常损失,工作失职和管理失误造成的损失等。为避免合同履行中发生纠纷,一般的买卖合同中,应列明每次的交货量与订购量之间的合理磅差、自然损耗,以及最终的合理尾差范围。

2.订购产品的交付

(1)产品的交付方式。

订购物资或产品的供应方式,可以分为买方到合同约定地点自提货物和供货方负责将货物送达指定地点两大类。而供货方送货又可细分为将货物送抵现场或委托运输部门代运两种形式。为了明确运输责任,应在相应条款内写明交(提)货方式、地点,接货人的名称。

由于工程用料数量大、体积大、品种杂、时间紧,当事人应采取合理的交付方式,明确交货地点,以便及时、准确、安全、经济地履行合同。运输方式可分为铁路、公路、水路、航空、管道运输及海上运输等,一般由买方在签订合同时提出采取哪一种运输方式。

(2)交货期限。

交(提)货期限,是指货物交接的具体时间,合同内应对交(提)货期限写明月份或更具体的时间(如旬、日)。分批交货,还需注明各批次交货的时间。有以下几种情况:

①供货方送货到现场,以买方接收货物时在货单上签收的日期为准。

②供货方负责代运货物,以发货时承运部门签发货单上的戳记日期为准。

③买方自提产品,以供货方通知提货的日期为准。但在供货方的提货通知中,应给对方预留合理的途中时间。

④实际交(提)货日期早于或迟于约定期限,应视为提前或逾期交(提)货,由有关方承担相应责任。

(3)产品包装。

产品的包装是保护材料在储运中免受损坏不可缺少的环节。包装材料一般由供货方负责并包括在产品价格内,不得另行收费。超过或低于原标准费用部分,双方应另议产品价格。

对于可以多次使用的包装材料,或使用一次后还可以加工利用的包装物,双方应协商回收办法,作为合同附件。有以下两种回收方法:

①押金回收,适用于专用的包装物,如电缆卷筒、集装箱、大中型木箱等。

②折价回收,适用于可以再次利用的包装器材,如油漆桶、麻袋、玻璃瓶等。

3. 产品验收

(1)验收依据。验收依据包括:双方签订的买卖合同,合同内约定的质量标准;供货方提供的发货单、计量单、装箱单、产品合格证、检验单及其他有关凭证;图纸、样品或其他技术证明文件;双方当事人共同封存的样品。

(2)验收内容。验收内容包括:查明产品的名称、规格、型号、数量、质量是否与买卖合同及其他技术文件相符;设备的主机、配件是否齐全;包装是否完整、外表有无损坏;对需要化验的材料进行必要的理化检验;合同规定的其他需要检验事项。

(3)验收方式。具体写明检验的内容和手段及检测标准。对于抽样检查的产品,还应约定抽检的比例和取样的方法,以及双方共同认可的检测单位。验收方式包括:驻厂验收;提运验收;接运验收;入库验收。

(4)对产品提出异议的时间和办法。合同内应具体写明买方对不合格产品提出异议的时间和拒付货款的条件。在买方提出的书面异议中,应说明检验情况,出具检验证明和对不符合规定产品提出具体处理意见。在接到买方的书面异议通知后,供货方应在 10 天内(或合同商定的时间内)负责处理,否则即视为默认买方提出的异议和处理意见。

4. 货款结算

产品的价格应在合同订立时明确约定。有国家定价的产品,应按国家定价执行;应由国家定价但尚未定价的,应报请物价主管部门核价;不属于国家定价的产品,可以由买卖双方协商约定。合同内应明确约定以下各项内容:

(1)办理结算的时间和手续。

合同应首先明确是验单付款还是验货付款,再约定结算方式和时间。对分批交货的物资,每批交付后多少天内付款应明确约定。我国现行结算方式可分为现金结算和转账结算两种。现金结算适用于成交数量少且金额较小的货物。转账结算在异地之间进行,可适用托收承付、委托收款、信用证、汇兑或限额结算等方法;转账结算在同城或同地区内进行,有支票、付款委托书、托收无承付和同城托收承付等结算方式。

(2)拒付货款条件。

买方有权部分或全部拒付货款的情况大致包括:交货的数量少于合同约定,拒付未交部分的货款;有权拒付质量不符合同要求部分的货款;交付的货物多于合同规定的数量,买方有权拒付不同意接收部分的货款。

5. 违约责任

(1)合同条款中应明确约定承担违约责任的形式、数额或比例。

(2)供货方的违约责任。

①未能按合同约定交付货物。如不能供货和不能按期供货两种情况。

A. 发生逾期交货的情况,则要依据逾期交货部分货款总价按约定计算违约金。发生逾期交货事件后,供货方应在发货前与买方就发货的有关事宜进行协商。买方仍需要时,可继续发货照数补齐,并承担违约责任;如果买方认为已不再需要,有权在接到发货协商通知后的 15 天内,通知供货方办理解除合同手续。否则视为同意供货方继续发货。

B. 对于提前交付货物的情况,买方可以拒绝提前提货;对于供货方提前发运或交付的货物,买方可按约定的时间和数额付款,对多交部分,以及品种、型号、规格、质量等不符合约定的产品,可以拒收;若代为保管,可核收保管费。

②产品的质量缺陷。

交付货物的品种、型号、规格、质量不符合约定,如果买方同意利用,应按质论价;买方不同意使用时,由供货方负责包换或包修。不能修理或调换的,按供货方不能交货对待。

③供货方的运输责任。

供货方的运输责任主要涉及包装责任和发运责任两个方面。供货方应按合同约定的标准对产品进行包装。凡因包装不符合约定而造成货物运输中的毁损灭失,由供货方负责赔偿。

供货方如果将货物错发到货地点或接货人时,除应承担有关的费用外,还应承担逾期交货的违约金。供货方未经对方同意私自变更运输工具或路线,要承担由此增加的费用。

(3)买方的违约责任。

①不按合同约定接受货物。签约后或履约中,买方要求中途退货,应向供货方支付退货部分的违约金。实行供货方送货或代运的,买方违反约定拒绝接货,要承担由此造成的货物损失和运输部门的罚款。约定自提产品的,买方不能按期提货,除支付逾期提货部分违约金之外,还应承担逾期提货期间供货方的代为保管、保养费用。

②逾期付款。买方逾期付款,应按照合同内约定的计算办法,支付逾期付款利息。

③延误提供包装物。依照惯例或约定由买方提供包装物的,其未能按约定提供而导致供货方不能按期发运时,除交货日期应予顺延外,还应比照延期付款的规定支付相应的违约金。不能提供的,按中途退货处理。但此项规定,不适用于应由供货方提供多次使用包装物的回收情况。

④货物交接地点错误的责任。买方的原因导致供货方送货或代运中不能顺利交接货物的,所产生的后果均由买方承担,包括自费运到所需地点或承担供货方按要求改变交货地点的一切额外支出。

6.3 工程设备买卖合同

工程设备买卖合同,指出卖人转移设备的所有权于买受人,买受人支付价款的合同。

➤ 6.3.1 基本术语

对合同中的术语作统一解释主要有:

(1)"合同"系指买卖双方签署的,合同格式中载明的买卖双方所达成的协议,包括所有的附件、附录和构成合同的所有文件。

(2)"合同价格"系指根据合同规定,卖方在完全履行合同义务后买方应付给的价金。

(3)"货物"系指供货方根据合同规定须向买方提供的一切设备、机械、仪表、备件、工具、手册和其他技术资料及其他资料。

(4)"服务"系指根据合同规定供货方承担与供货有关的辅助服务,如运输、保险以及其他服务,如安装、调试、提供技术援助、培训和其他类似义务。

▶6.3.2 商务条款

1.付款

(1)供货方应按照双方签订的合同规定交货。交货后供货方应把下列单据提交给买方,买方按合同规定审核后付款:有关运输部门出具的收据;发票;装箱单;制造厂家出具的质量检验证书和数量证明书;验收证书。

(2)供货方应在每批货物装运完毕后48小时内将上述除验收证书外的单据航寄给买方。买方将按合同条款规定的付款计划安排付款。

2.保险

在国际竞争性货物买卖合同条件下,提供的货物应对其在制造、购买、运输、存放及交货过程中的丢失或损坏按合同约定的方式,用一种可以自由兑换的货币进行保险。如果买方要求按到岸价(CIF)或运费、保险付至指定目的地价(CIP)交货,其货物保险将由卖方办理、支付,并以买方为受益人。如果按离岸价(FOB)或货交承运人价(FCA)交货,则保险是买方的责任。

如果是出厂价(EXW)合同,装货后的保险应由买方办理。如果是到岸价(CIF)或运费、保险付至指定目的地价(CIP)合同,卖方须用一种可以自由兑换的货币办理按发票金额的110%投保的一切险。

3.履约保证金

(1)供货方应在收到中标通知后30天内,向买方提交合同约定的履约保证金。

(2)履约保证金的金额应能补偿买方因供货方不能完成其合同义务而蒙受的损失。

(3)履约保证金用约定货币,或买方可以接受的一种能够自由兑换的货币提交。

(4)除非专用条款另有约定,在供货方完成其合同义务包括任何保证义务后30天内,买方应把履约保证金一次性退还供货方。

4.转让和分包

(1)除买方事先书面同意外,供货方不得转让或部分转让其应履行的合同义务。

(2)供货方应就买方同意的转让事宜书面通知其全部分包方,但并不能解除供货方履行合同的责任和义务。

(3)分包合同必须符合有关买卖合同的约定。

▶6.3.3 技术性能和质量要求

1.技术规格

供货方所提供货物的技术规格应符合国家有关部门颁布的标准规范,与招标文件的规定一致,货物的单价与总价应包括交货前的所有费用:送货、安装调试、培训及技术服务、必不可少的部件、标准配件、专用工具及税金等。货物除特别提出的配置外,其余应为标准配置。

2.质量保证

(1)供货方所提供的货物必须符合国家标准。

(2)供货方应保证货物是全新、未使用过的,是用约定的工艺和材料制造的原装合格正品,并完全符合合同约定的质量、规格和性能要求。供货方应保证其货物在正确安装、正常使用和保养条件下,在使用寿命内应具有本方满意的性能。在货物最终验收后的质量保证期内,供货方应对由于设计、工艺或材料缺陷而发生的任何不足或故障负责,费用由供货方负担。

（3）根据法定检验机构的检验结果或者在质量保证范围内,如果货物的数量、质量或规格与合同不符,或证明货物是有缺陷的,包括潜在的缺陷或使用不符合要求的材料等,买方可以以书面形式向供货方提出有关保证下的索赔。

（4）供货方在收到通知后,应在合同中所附服务承诺约定的时间内免费维修、更换有缺陷的货物或部件。

（5）如果供货方在收到通知后,在有关服务承诺约定的时间内没有弥补缺陷,买方可采取必要的补救措施,但风险和费用将由供货方承担。

3. 货物检验

（1）在发货前,供货方应对货物的质量、规格、性能、数量和重量等进行准确而全面的检验,并出具一份证明货物符合合同约定的证书。该证书将作为提交付款单据的一部分,但有关质量、规格、性能、数量或重量的检验不应视为最终检验。供货方检验的结果和细节应附在检验证书后面。

（2）买方将在供货方交货、完成安装调试后三天内组织验收,如果货物的质量和规格与合同约定相符,买方应及时填写验收表,加盖公章表示认可;如果与合同约定不符,或在质量保证期内发现货物是有缺陷的,包括潜在缺陷或使用不符合要求,买方应报请法定检验机构检查,并可凭检验报告向供货方索赔。

4. 备件

供货方应当按要求向买方提供与备件有关的材料、通知和资料:

（1）买方使用从供货方选购的备件,并不能免除供货方在质量保证期内所应承担的义务。

（2）在备件停止生产的情况下:

①事先应将要停产的计划通知买方,使其有足够的时间采购所需备件;

②停产后,如果买方要求,供货方应免费向买方提供备件的图纸和规格。

5. 知识产权

供货方应保证买方在使用该货物或其任何一部分时不受第三方提出侵犯其专利权、商标权和著作权（设计）的起诉。一旦出现有关纠纷,供货方应承担全部责任。

6. 伴随服务

（1）供货方应按照国家有关规定和合同所附的服务约定提供服务。

（2）除上述规定外,供货方还应提供下列服务:

①设备的现场安装、调试;

②提供设备组装和维修所需的工具;

③在供货方承诺的期限内对所提供设备实施运行监督和维修,但该服务并不能免除供货方在质量保证期内应承担的义务;

④在交货现场就设备的安装、启动、运行、维护对买方人员进行培训。

（3）服务费用应含在合同价中,不单独进行支付。

➤ 6.3.4 合同变更和索赔

1.不可抗力

"不可抗力"指那些无法控制,不可预见并且不能克服的客观情况。其包括:战争、社会动乱和政治暴乱等社会灾难;地震、火山爆发、洪水、台风等自然灾害;其他合理约定的情况。

(1)如果供货方因不可抗力导致合同实施延误或不能履行,只要履行了通知和尽力抢救两项义务,则不应该被没收履约保证金,也不应该承担误期赔偿或终止合同的责任。

(2)在不可抗力事件发生后,供货方应尽快以书面形式将不可抗力的情况通知买方,除买方书面另行要求外,供货方应尽力履行合同,以及寻求合理方案减小不可抗力影响。如果不可抗力事件延续超过120天,双方应达成合理解决有关合同履行的新协议。

2.变更指令

(1)根据合同约定,买方可以书面向供货方发出指令,变更下述一项或几项:

①合同项下提供的货物是专为买方制造时,变更图纸、设计或规格;

②运输或包装的方法;

③交货地点;

④由供货方提供并允许选择和变更的服务。

(2)如果上述变更使供货方履行合同的费用或时间变动,合同价款和交货时间应进行合理的调整,并修改合同。供货方的调整要求应当在收到买方的变更指令后30天内提出。

3.费用索赔

(1)买方有权根据法定检验机构出具的检验报告,向供货方提出索赔。

(2)在合同约定的质量保证期内,如果供货方对买方提出的索赔负有责任,供货方应按照买方同意的下列一种或多种方式解决索赔事宜:

①供货方同意退货,用约定的货币退还给买方,并承担由此发生的一切损失和费用。

②根据货物的低劣或损坏程度以及买方相应损失额,供货方可适当降低货物的价格。

③用符合合同约定的规格、质量和性能要求的零件、部件或设备来更换及修补有缺陷的设备,供货方应承担一切费用和风险并负担买方所蒙受的损失,还应延长有关的质量保证期。

(3)如果在买方发出索赔通知后28天内,供货方未作答复,该索赔应视为已被供货方接受;如供货方未能在有关的28天内或买方同意的更长时间内,按照约定的任何一种方法解决索赔事宜,买方将从供货方的履约保证金中扣回索赔金额,或采用法律手段解决索赔事宜。

➤ 6.3.5 合同终止

1.违约终止合同

(1)在对供货方违约采取的补救措施不受影响的情况下,买方可向供货方发出终止或部分终止合同的书面通知。

①如果供货方未能在合同约定的期限或买方同意延长的限期内提供部分或全部货物;

②供货方在收到买方的违约通知后未能纠正其违约后果;

③如果供货方未能履行合同规定的其他义务。

(2)在买方终止或部分终止合同后,买方可以购买与未交货物类似的货物,供货方应对购买类似货物所超出的那部分费用负责,并继续执行合同中未终止的部分。

2.破产中止合同

如果供货方破产或无清偿能力,买方可以书面通知供货方中止合同而不给供货方补偿。该项中止将不影响买方行使采取补救措施的权利。

复习思考题

1.工程物资买卖合同主要内容是什么?

2.工程物资买卖合同的特征是什么?

3.工程设备买卖合同的技术和性能要求有哪些?

4.工程材料设备买卖合同的一般特点是什么?

5.简述工程材料设备买卖合同的组成结构。

6.工程材料买卖合同与工程设备买卖合同的区别有哪些?

7.试述常用的国际工程材料买卖合同和工程设备买卖合同的主要惯例形式。

8.工程材料买卖合同与工程设备买卖合同的主要条款有哪些?

考证知识点

1.根据我国有关合同法规规定:本应由国家定价的物料设备,因国家定价尚未公布,可报请有关政府定价管理部门确定。

2.依据国家有关部门规章规定,物资买卖合同分为材料买卖合同和设备买卖合同两种。

3.依据国家有关部门规章规定,转账适用于同城、同地区买卖合同的结算。

4.按《合同法》有关条文的规定,对买卖合同,交货方逾期交货,遇价格上涨,结算按原价执行;遇价格下跌,结算按新价执行。

5.买卖合同中,双方已经按约定实施了部分供货和结算,在余下的供货期中,若遭遇不可抗力事件,供货方无权就已执行的部分和供货期外未执行的部分提请责任减免。

6.《中华人民共和国担保法》规定,债权人行使留置权时,给予债务人的履行债务的宽限期是两个月。

7.《中华人民共和国担保法》规定,定金数额不得超过主合同标的值的20%。

8.我国有关法律法规规定,采购员吃回扣的行为视同受贿。达到刑事立案标准的,应追究刑事责任,所收受的回扣款应被收入国库。采购员给所在单位带来的损失,应由给付回扣款的责任方赔偿。

9.仓库等建(构)筑物遭雷击起火,基本属于不可抗力事件,也折射出仓库的管理和设施存在缺陷。因参与救火而导致仓库内物资损失,应对仓库管理方减免赔偿责任。例如,夜来暴雨或其他恶劣气象条件,有关管理方未采取覆盖或其他保障措施,承担相应的赔偿责任。

10.供货方的逾期承诺或逾期追认,应按《合同法》的有关规定处理:遇市场价格上扬,按原价结算;遇市场价格下挫,按新价结算。迟延追认行为的持续,可视为拒绝追认,自然有关物资买卖合同不能生效。

11.出租方应对租赁标的物享有所有权。如果出租方对租赁标的物不享有所有权,而要使有关租赁合同生效,只能有两个方法:一是物权方对出租租赁标的物的行为予以追认,二是出租方将租赁标的物买归本方所有。

12.在物资买卖合同中,合同当事人双方对履行地约定不明,又不能补充完善的,该合同的履行方式只能是:买方到供货方所在地付款,供货方到买方所在地交货。

13.保证合同的内容有:合同当事人双方的基本情况;被保证的主债权的种类、数量;债务人履行债务的期限、保证方式、担保范围等。

14.根据《中华人民共和国建筑法》的有关规定,未办理报建登记手续的工程,不得发包,不得订立有关的建设工程合同。

15.根据《建筑工程施工管理办法》的有关规定,领取施工许可证必须具备的条件是:施工现场已具备基本施工条件,需要拆迁的其拆迁进度符合施工需求。

单项选择题

1.依据国家有关部门规章规定,工程建设中按规定应由国家定价,但国家尚无有关的定价材料公布,其价格应(　　)。

A.由供需双方协商确定　　　　　　　　B.按当地市场价格确定

C.按国家标准定价　　　　　　　　　　D.报请物价主管部门批准

2.物资买卖合同分为(　　)和设备买卖合同,其合同当事人是买方和供货方。

A.建材买卖合同　　　　　　　　　　　B.原料和燃料买卖合同

C.工地所需材料买卖合同　　　　　　　D.以上都正确

3.转账适用于(　　)内建材买卖合同的结算。

A.不同城市　　　　B.不同地区　　　　C.同城或同地区　　　　D.半年

4.根据《合同法》的有关规定,执行政府定价的买卖合同,对于价格的确定,下列表述错误的是(　　)。

A.逾期提货遇价格上涨,按新价结算　　B.逾期交货遇价格下降,按原价结算

C.按期付款遇价格下降,按新价结算　　D.按期交货遇价格上涨,按新价结算

5.2012年5月20日,建筑公司甲与建材公司乙签约由甲方向乙方于同年6月20日供砂5000m³,200元/m³,货到付款乙方与运输公司丙因运费争议不下,至6月25日才交1000m³,6月28日工地山洪暴发,乙方无法履约。对本案的违约责任,正确的表述是(　　)。

A.乙方因不可抗力事件不应承担违约责任

B.乙方应承担全部违约责任

C.乙方就未履行之标的承担违约责任

D.乙方与运输公司就未履行之标的对甲方承担连带责任

6.《中华人民共和国担保法》规定,债权人因对方拒纳酬金而行使留置权,但给予对方不少于(　　)个月的宽限期。

A.1　　　　　　　B.2　　　　　　　C.3　　　　　　　D.6

7.《中华人民共和国担保法》规定,定金数额由主合同双方当事人约定,但不得超过主合同标的值的(　　)。

A.10%　　　　　B.20%　　　　　C.25%　　　　　D.30%

8.建筑公司甲委托本方员工李某订购水泥。李某在收受建材公司乙2万元之后,代理甲方以高于市场价20%的价格与乙方签约。则下列说法正确的是李某(　　)。

A.无权代理　　　　B.有权代理　　　　C.滥用代理权　　　　D.超越代理权

多项选择题

1.甲公司中标后到乙公司驻地附近施工。两公司签订一份水泥买卖合同和一份水泥保管合同。甲方从乙方购得水泥100吨,单价500元/吨,交由乙方仓库保管;并缴费52000元,其中2000元为保管费,要求保存到竣工。某夜,乙方仓库遭雷击起火。救火中,淋湿水泥50吨,其余50吨露天放置,未覆盖。没过多久,暴雨又将其余50吨水泥冲毁。则下列说法正确的是(   )。

A.乙方因不可抗力事件不应承担水泥被毁的违约责任

B.乙方不应承担因救火被淋湿的50吨水泥的赔偿责任

C.乙方应承担因暴雨被冲毁的50吨水泥的赔偿责任

D.乙方应承担100吨水泥的赔偿责任

E.甲、乙方双方应共同承担100吨水泥的赔偿责任

2.建筑公司甲的员工李某与建材公司乙签订一份500吨水泥买卖合同。事后,乙方发现李某所持的委托书中并无采购水泥项的委托,遂电请甲方追认。半月后甲方才追认,适逢水泥价格大涨。下列说法错误的是(   )。

A.合同生效,乙方应予履行　　　　　　B.合同未生效,因李某无权代理

C.合同未生效,因甲方拒绝追认　　　　D.合同未生效,因乙方撤销了要约

E.合同未生效,因甲方不诚信

3.建筑公司乙从机械租赁公司甲处租赁四辆吊车。经查,吊车系建筑公司丙的,暂在甲方存放,则下列事由中使租赁合同生效的是(   )。

A.甲方应经出租吊车事宜告知丙方　　　B.丙方应追认有关租赁合同的效力

C.乙方和丙方应达成吊车买卖合同　　　D.甲方和丙方应达成吊车买卖合同

E.乙方向丙方行使催告权

4.建筑公司甲与建材公司乙签订砂石买卖合同,履行地未予明确,也无法修订完善,则遴选的正确的交易方式是(   )。

A.甲方派人到乙方所在地付款　　　　　B.乙方派人到甲方所在地收款

C.甲方派人到乙方所在地拉砂　　　　　D.乙方派人将砂石送到甲方所在地交付

E.双方在合同签订地履约

5.下列事项属于保证合同内容的是(   )。

A.被保证主债权的种类和数量　　　　　B.债务人履行债务的期限

C.保证方式　　　　　　　　　　　　　D.保证担保的范围

E.保证人的资格

综合简答题

1.工程项目立项后不实施报建,对项目进展会有哪些限制?

2.施工许可证的领取条件是什么?

第7章
国际工程合同管理

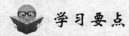

学习要点

1. 了解国际工程合同管理的基本内容、程序和方法
2. 掌握国际合同中的风险管理和变更索赔

国际工程合同的管理比较复杂，涉及国际上政治、经济、进出口贸易、国际关系、工程技术等影响。本章针对国际工程的合同管理进行论述，包括国际工程合同管理的概念、合同变更、风险管理、工程索赔管理等。

7.1 国际工程合同管理概述

7.1.1 国际工程合同管理的概念

1. 国际工程合同条件

国际工程合同是指不同国家的有关法人之间为了实现在某个工程项目中的特定目的而签订的确定相互权利和义务关系的协议。合同文件包括在合同协议书中指明的全部文件，一般包括合同协议书及其附件、合同条件、投标书、中标函、技术规范、图纸、工程量表以及其他列入的文件。即工程合同包括工程项目的全部合同文件以及这些文件包含的内容。

（1）FIDIC 合同条件。

"FIDIC"是国际咨询工程师联合会（International Federation of Consulting Engineers）的简称。该联合会是被世界银行和其他国际金融组织认可的国际咨询服务机构。总部设在瑞士洛桑，2002 年迁往日内瓦，下设四个地区成员协会：亚洲及太平洋地区成员协会（ASPAC）、欧洲共同体成员协会（CEDIC）、非洲成员协会集团（CAMA）、北欧成员协会集团（RINORD）。目前已发展到世界各地 70 多个国家和地区，成为全世界最有权威的工程师组织。FIDIC 下设许多专业委员会，各专业委员会编制了用于国际工程承包合同的许多规范性文件，被 FIDIC 成员国广泛采用，并被 FIDIC 成员国的建设方、工程师和承包商所熟悉，现已发展成为国际公认的标准范本，在国际上被广泛采用。

FIDIC 合同条件有如下几类：一是建设方与承包商之间的缔约，即《FIDIC 土木工程施工合同条件》，因其封皮呈红色而取名"红皮书"，有 1957、1969、1977、1987、1999 五个版本，1999 新版"红皮书"与前几个版本在结构、内容方面有较大的不同；二是建设方与咨询工程师之间的缔约，即《FIDIC/咨询工程师服务协议书标准条款》，因其封面呈银白色而被称为"白皮书"，最近版本是 1990 年的版本，它将此前三个相互独立又相互补充的范本 IGRA-1979-D&S，IGRA-

123

1979-PI、IGRA-1980-PM 合而为一;三是雇主与电气/机械承包商之间的缔约,即《FIDIC 电气与机械工程合同条件》,因其封面呈黄色而得名"黄皮书",1963 年出了第一版"黄皮书",1977年、1987 年出两个新版本,最新的"黄皮书"版本是 1999 年的版本;四是其他合同,如为总承包商与分包商之间缔约提供的范本,《FIDIC 土木工程施工分包合同条件》,为投资额较小的项目建设方与承包商提供的《简明合同格式》,为"交钥匙"项目而提供的《EPC 合同条件》。上述合同条件中,"红皮书"的影响尤甚,素有"土木工程合同的圣经"之誉。

FIDIC 建设工程施工合同的内容主要分为七大类条款:

①一般性条款。一般性条款包括:招标程序,合同文件中的名词定义及解释,工程师及工程师代表和他们各自的职责与权力,合同文件的组成、优先顺序和有关图纸的规定,招投标及履约期间的通知形式与发往地址,有关证书的要求,合同使用语言及合同协议书。

②法律条款。法律条款主要涉及:合同适用法律;劳务人员及职员的聘用、工资标准、食宿条件和社会保险等方面的法规;合同的争议、仲裁和工程师的裁决;解除履约;保密要求;防止行贿;设备进口及再出口;强制保险;专利权及特许权;合同的转让与工程分包;税收;提前竣工与延误工期;施工用材料的采购地等内容。

③商务条款。商务条款系指与承包工程的一切财务、财产所有权密切相关的条款,主要包括:承包商的设备、临时工程和材料的归属,重新归属及撤离;设备材料的保管及损坏或损失责任;设备的租用条件;暂定金额;支付条款;预付款的支付与扣回;保函,包括投标保函、预付款保函、履约保函等;合同终止时的工程及材料估价;中途解除合同时的付款;合同终止时的付款;提前竣工奖金的计算;误期罚款的计算;费用的增减条款;价格调整条款;支付的货币种类及比例;汇率及保值条款。

④技术条款。技术条款是针对承包工程的施工质量要求、材料检验及施工监督、检验测量及验收等环节而设立的条款,包括:对承包商的设施要求;施工应遵循的规范;现场作业和施工方法;现场视察;资料的查阅;投标书的完备性;施工制约;工程进度;放线要求;钻孔与勘探开挖;安全、保卫与环境保护;工地的照管;材料或工程设备的运输;保持现场的整洁;材料、设备的质量要求及检验;检查及检验的日期与检验费用的负担;工程覆盖前的检查;工程覆盖后的检查;进度控制;缺陷维修;工程量的计量和测量方法;紧急补救工作。

⑤权利与义务条款。权利与义务条款包括承包商、建设方和监理工程师三者的权利和义务。

⑥违约惩罚与索赔条款。违约惩罚与索赔是 FIDIC 条款一项重要内容。FIDIC 条款中的违约条款包括两部分,即建设方对承包商的惩罚措施和承包商对建设方拥有的索赔权。

因承包商违约或履约不力,建设方可采取的惩罚措施有:没收有关保函或保证金;误期罚款;由建设方接管工程并终止对承包商的雇用。

索赔条款是根据关于承包商享有的因建设方履约不力或违约,或因意外因素(包括不可抗力情况)蒙受损失(时间和款项)而向建设方要求赔偿或补偿权利的契约性条款。这方面的条款包括:索赔的前提条件或索赔动因;索赔程序、索赔通知、同期记录、索赔的依据、索赔的时效和索赔款项的支付等。

⑦附件和补充条款。FIDIC 条款还规定了作为招标文件的文件内容和格式,以及在各种具体合同中可能出现的补充条款。附件条款包括投标书及其附件、合同协议书。补充条款包括防止贿赂、保密要求、支出限制、联合承包情况下的各承包人的各自责任及连带责任、关税和

税收的特别规定等五个方面内容。

随着我国企业参与国际工程承发包市场进程的深入,越来越多的建设项目,特别是项目建设方为外商的建设项目中,开始选择适用 FIDIC 合同文本。中国的建筑施工企业开始被迫地接触这个上百页合同文本中的工程师、投标保函、履约保函、建设方支付保函、预付款保函、工程保险、接收证书、缺陷责任期等国际工程建设的新概念。最典型的体现就是《建设工程施工合同》(示范文本)中,抛弃了多年来沿用的模式,变为和 FIDIC 框架一致的通用条款与专用条款,并采用工程师作为实施工程监理的基本力量。2013 年新实施的《建设工程工程量清单计价规范》,更是对旧的量价合一的造价体系进行的第四次重大修改,大大增加了该项规范的强制性和执行力。中国的建设市场正在大踏步地和国际建设市场融为一体。

(2)美国 AIA 系列合同条件。

AIA 是美国建筑师学会(The American Institute of Architects)的简称。该学会作为建筑师的专业社团已经有 150 多年的历史,成员遍布美国及全世界。AIA 出版的系列合同文件在美国建筑业界及国际工程承包界,特别在美洲地区具有较高的权威性,应用广泛。

AIA 系列合同文件分为 A、B、C、D、F、G 等系列。A 系列是用于建设方与承包商的标准合同文件,不仅包括合同条件,还包括承包商资格申报表,保证标准格式;B 系列主要用于建设方与建筑师之间的标准合同文件,其中包括专门用于建筑设计、室内装修工程等特定情况的标准合同文件;C 系列主要用于建筑师与专业咨询机构之间的标准合同文件;D 系列是建筑师行业内部使用的文件;F 系列为财务管理表格;G 系列为合同管理和办公管理的文件、表格。

AIA 系列合同文件的核心是"一般条件"(A201)。采用不同的工程项目管理模式及不同的计价方式时,只需选用不同的"协议书格式"与"一般条件"即可。如 AIA 文件 A101 与A201 一同使用,构成完整的法律性文件,适用于大部分以固定总价方式支付的工程项目。再如 AIA 文件 A111 和 A201 一同使用,构成完整的法律性文件,适用于大部分以成本补偿方式支付的工程项目。

AIA 文件 A201 作为施工合同的实质内容,规定了建设方、承包商之间的权利、义务及建筑师的职责和权限,该文件通常与其他 AIA 文件共同使用,因此被称为"基本文件"。

1987 年版的 AIA 文件 A201《施工合同通用条件》共计 14 条 68 款,主要内容包括:建设方、承包商的权利与义务;建筑师与建筑师的合同管理;索赔与争议的解决;工程变更;工期;工程款的支付;保险与保函;工程检查与更正他条款。

(3)英国 ICE 合同条件。

ICE 是英国土木工程师学会(The Institution of Civil Engineers)的简称。该学会是设于英国的国际性组织,拥有会员 8 万多名,其中 1/5 在英国以外的 150 多个国家和地区。该学会已有 190 多年的历史,已成为世界公认的学术中心、资质评定组织及专业代表机构。ICE 在土木工程建设合同方面具有高度的权威性,它编制的土木工程合同条件在土木工程领域具有广泛的应用。

1991 年 1 月第六版的《ICE 合同条件(土木工程施工)》共计 71 条 109 款,主要内容包括:工程师及工程师代表;转让与分包;合同文件;承包商的一般义务;保险;工艺与材料质量的检查;开工、延期与暂停;变更、增加与删除;材料及承包商设备的所有权;计量;证书与支付;争端的解决;特殊用途条款;投标书格式。此外 IEC 合同条件的最后也附有投标书格式、投标书格式附件、协议书格式、履约保证等文件。

（4）JCT 合同条件。

JCT 是联合合同委员会（Joint Contracts Tribunal）的缩写。它于 1931 年在英国成立（其前身是英国皇家建筑师协会），并于 1998 年成为一家在英国注册的有限公司。该公司共有八个成员机构，每成员机构推荐一名人员构成公司董事会。至今为止，JCT 已经制订了多种为全世界建筑业普遍使用的标准合同文本、业界指引及其他标准文本。

JCT 章程对"标准合同文本"的定义为，"所有相互一致的合同文本组合，这些文本共同被使用，作为运作某一特定项目所必需的文件"。这些合同文本包括：顾问合同；发包人与主承包人之间的主合同；主承包人与分包人之间的分包合同；分包人与次分包人之间的次分包合同的标准格式；发包人与专业设计师之间的设计合同；标书格式，用于发包人进行主承包人招标、主承包人进行分包人招标以及分包人进行次分包人招标；货物供应合同格式；保证金和抵押合同格式。JCT 的工作是制作这些标准格式的组合，用于各种类型的工程承接。

JCT 合同以 JCT98 传统格式为例，其最重要的特点莫过于建筑师这一角色的两重性。一方面，建筑师由发包方委任并付薪；另一方面，在其他情况下，建筑师负有依合同以独立的职业理念来作出决定或提出观点的职责，而不偏袒发包方或承包方。对于建筑师所作出的决定，承包方可以要求建筑师提供作出此项决定的相关信息，如对此不满意，承包方在遵从这一决定之时可依合同提起争议解决程序，即交由仲裁人裁决，或通过法院诉讼解决。但在原材料的质量或工艺标准等方面，建筑师可以依据合同条款作出最终证书，如果在最终证书作出后的 28 天内承包方和发包方未提起争议程序，则最终证书的决定应当被遵守。

根据 JCT 合同的这些特点，建筑师所肩负的多种职责与我国建设工程施工合同的情形大不相同。也就是说建筑师既是发包方的代理人，同时又有自己独立的职业标准和理念，两种身份似乎很难协调。这种协调皆是由于 JCT 合同的设计，合同一旦被接受，对任何一方都具有约束力。

2. 国际工程合同管理

国际工程合同管理指参与项目各方均应在合同实施过程中自觉地、认真严格地遵守所签订的合同的各项规定和要求，按照各自的职责，行使各自的权力、履行各自的义务、维护各方的权利，发扬协作精神，处理好"伙伴关系"，做好各项管理工作，使项目目标得到完整的体现。

▶ 7.1.2 国际工程合同管理的主要内容

由于合同双方的职责、权利和义务是不同的，因此可以分为建设方的合同管理和承包商的合同管理。根据项目所处阶段的不同，又可分为项目前期的管理和项目实施期的管理。

1. 建设方项目前期的管理

（1）选择高水平的咨询公司。

在国外，建设方对一个工程项目的研究、决策与管理主要依靠咨询公司。国外的咨询业是一个十分兴旺发达的产业。咨询服务是以信息为基础，依靠专家的知识、经验和技能对客户委托的问题进行分析和研究，提出建议、方案和措施，并在需要时协助实施的一种高层次、智力密集型的服务。由于项目管理的重要性，特别是投资前期阶段各项工作的重要性，国外建设方在选择咨询公司时首先考虑的是咨询公司的能力、经验和信誉，而不是报价。

（2）选定项目的实施方式。

建设方在确定项目立项时，应请咨询公司提出方案，经分析比较后确定项目实施模式。

（3）办理批准手续。

在项目通过评估立项，已确定项目地点之后，应办理与工程建设项目有关的法律和地方法规规定的各项批准手续。

（4）选择 CM 经理的原则。

CM 经理是采用 CM 方式进行工程项目管理时的核心角色，选定 CM 经理的原则也是重资质而轻报价。CM 经理是精明强干，懂技术，有经验，熟悉经济、法律，又善于管理的高水平的管理人才。

2. 建设方项目实施期的管理

一个工程项目在评估立项之后，即进入实施期。实施期一般指项目的勘测、设计、专题研究，招标投标，施工设备采购、安装，直至调试竣工验收。在这个阶段建设方对项目管理应负的职责主要包括：

（1）设计阶段。

①委托咨询设计公司进行工程设计，包括有关的勘测及专题研究工作。

②对咨询设计公司提出的设计方案进行审查、选择和确定。

③对咨询设计公司编制的招标文件进行审查和批准。

④选择在项目施工期实行施工管理的方式，选定监理公司或 CM 经理，或建设方代表等。

⑤采用招标或议标方式，进行项目施工前期的各项准备工作，如征地拆迁、进场道路修建、水和电的供应等。

（2）施工阶段。

当一个工程开工之后，现场具体的监督和管理工作全部都交给工程师负责，但是建设方也应指定建设方代表负责与工程师和承包商的联系，处理执行合同中的有关具体事宜。对一些重要的问题，如工程的变更、支付、工期的延长等，均应由建设方负责审批。

下面介绍在施工阶段业主一方的职责：

①将任命的建设方代表和工程师（必要时可撤换）以书面形式通知承包商，如系国际贷款项目还应该通知贷款方。

②继续抓紧完成施工开始前未完成的工程用地征用手续以及移民等工作。

③批准承包商转让部分工程权益的申请，（如有时）批准履约保证和承保人，批准承包商提交的保险单和保险公司。

④负责项目的融资以保证工程项目的顺利实施，负责编制并向上级及外资贷款单位报送财务年度用款计划、财务结算及各种统计报表等。

⑤在承包商有关手续齐备后，及时向承包商拨付有关款项。如工程预付款，设备和材料预付款，每月的月结算，最终结算等。这是建设方最主要的任务。

⑥及时签发工程变更命令（包括批准由工程师与承包商协商的这些变更的单价和总价），批准经工程师研究后提出建议并上报的工程延期报告。

⑦负责为承包商开证明信，以便承包商为工程的进口材料、工程设备以及承包商的施工装备等办理海关、税收等有关手续。

⑧对承包商的信函及时给予答复，协助承包商（特别是外国承包商）解决生活物资供应、材料供应、运输等问题。

⑨负责组成验收委员会进行整个工程区段的初步验收和最终竣工验收，签发有关证书。

⑩解决合同中的纠纷，如需对合同条款进行必要的变动和修改，需与承包商协商。如果承包商违约，建设方有权终止合同并授权其他人去完成合同。

3.承包商在合同签订前的准备工作

承包商在合同签订前的两项主要任务是：争取中标和通过谈判签订一份比较理想的合同，这两项任务均非易事。下面主要从签订一份比较理想的合同的角度出发进行讨论。

（1）投标阶段。

①资格预审阶段。

能否通过资格预审是承包商能否参与投标的第一关，承包商申报资格预审时应注意积累资料与搜索信息，如发现合适的项目，应及早动手作资格预审准备，并应及早针对此类项目的一般资格预审要求，参照一般的资格预审评分办法（如亚洲开发银行的办法）给自己公司评分，这样可以提前发现问题、研究对策。做好递交资格预审表后的跟踪工作，可通过代理人或当地联营体伙伴公司跟踪，特大项目还可依靠大使馆的力量跟踪，以便及时发现问题，补充资料。资格预审时，对如果投标中标后要采取的措施（如派往工地的管理人员、投入的施工机械等）能达到要求即可，不宜作过高、过多、不切实际的承诺。

②投标报价阶段。

形成招标备忘录。在投标过程中，投标小组应对招标文件进行细致深入的研究，发现问题后单独写成一份备忘录。如在投标过程中必须要求建设方澄清的问题，包括总价包干合同中工程量表漏项或某些工程量偏少，或某些问题含糊不清，针对此类问题应及时书面质询；还有一些问题是某些合同条件或规范要求过于苛刻或不合理，投标人希望能够修改这些不合理的规定，以便在合同实施阶段使自己处于比较有利的地位，这些问题留到合同谈判时用；至于可以在投标时加以利用的或在合同实施阶段可以用来索赔的一些问题应留给负责工程实施的工地经理参考。

订好 JV（joint venture，联营体）协议。如果和外国公司或国内公司组成 JV 投标时，一定要事先认真订好 JV 协议，包括 JV 各方的职责、权限、义务等。要注意的是我方公司人员一定要担任最高领导层和各执行部门的领导职务（不论正手或副手）并且要有职有权，这对我国公司学习外国公司的管理经验十分重要。千万不能只提供职员和劳务。订好 JV 协议对于谈判和执行合同十分重要。JV 协议的副本要交给建设方。

要设立专门的小组仔细研究招标文件中技术规范及图纸等方面的技术问题，包括建设方提供的原始技术资料、数据是否够用、是否正确，技术要求是否合理，本公司的技术水平能否满足要求，有哪些技术方面的风险等。据此才能制定出切实可行的施工规划和施工方法。

聘请当地律师研究项目所在国有关法律，如合同法、税法、海关法、劳务法、外汇管理法、仲裁法等。这不但对确定合理的投标报价很重要，也为以后的合同实施（包括索赔）打下基础。

投标报价时一般不能投"赔本标"，不能随意设想"靠低价中标、靠索赔赚钱"。投标时一定要有物资管理专家参加。因为一个工程项目中，物资采购占据费用很大的份额，物资管理专家参加可保证物资的供应并在物资采购这一重要环节中大量节约成本提高效益。

如未中标，及时索回投标保证。

（2）合同谈判阶段。

这一阶段一般是在投标人收到中标函后，此时由合同谈判小组在签订合同前就上述投标备忘录中的合同条件或规范要求过于苛刻或不合理等问题与建设方谈判。

谈判时应一个一个问题谈判,要准备多种谈判方案,要学会控制谈判进程和谈判气氛,还要准备回答建设方提出的问题。谈判时要根据实际情况(一、二标之间报价的差距,建设方的态度等)预先确定出哪些问题是可以让步的,哪些问题是宁可冒丢失投标保证金的风险也要坚持的。总之,制定谈判策略非常重要。如果谈判时建设方提出对招标文件内容进行修改,承包方才可以之作为谈判的筹码。

4. 承包方在项目实施阶段的合同管理

在合同实施阶段,承包方的中心任务就是按照合同的要求,认真负责地、保证质量地按约定的工期完成工程并负责维修。具体到承包方的施工管理,又大体上分为两个方面:一方面是承包方施工现场机构内部的各项管理;另一方面是按合同要求组织项目实施的各项管理。当然,这两方面不可能截然分开。

(1)承包方施工现场机构内部的各项管理指的是承包商的项目经理可以自己作出决定并进行管理的事宜,如:现场组织机构的设置和管理;人力资源和其他资源的配置和调度;承包方内部的财务管理,包括成本核算管理;工程施工质量保证体系的确定和管理等。除非涉及履约事宜,建设方和工程师不应干预这些内部管理,当然可以对承包方提出建议,但应由承包方作出决策。

(2)按合同要求组织项目实施有关的管理。承包方在项目实施阶段的职责有:按时提交各类保证;按时开工;提交施工进度实施计划;保证工程质量;进行工程设计;协调、分包与联营体;及时办理保险;负责工地安全等。

7.2 国际工程合同变更管理

➤7.2.1 合同变更的概念

变更,是指合同依法成立后,在尚未履行或尚未完全履行时,当事人对合同内容进行的必要修订或调整。

合同变更时,当事人通过协商,对原合同的部分内容作出修改、补充或增加新条款。例如,对原合同标的数量、质量、履行期限、地点和方式、违约责任、解决争议的方法等作出变更。当事人对合同内容变更取得一致意见时方为有效。

合同的变更,是指合同内容局部的、非实质性的变更,也即合同内容的变更并不会导致原合同关系的消灭和新的合同关系的产生。合同内容的变更,是在保持原合同效力的基础上,所形成的新的合同关系。此种新的合同关系应当包括原合同的实质性条款的内容。

➤7.2.2 FIDIC合同条件下工程变更管理

1. 工程变更的概念及产生原因

(1)工程变更的概念。所谓工程变更包括设计变更、进度计划变更以及"新增工程"。按照FIDIC合同条件有关规定,承包方按照工程师发出的变更指令及有关要求,可以进行下列变更:

①更改工程有关部分的标高、基线、位置和尺寸;

②增减合同中约定的工程量;

③改变有关工程的施工时间和顺序；

④其他有关工程变更需要的附加工作。

(2)工程变更的产生原因。在工程项目的实施过程中,常有设计方由于建设方要求的或适应现场施工环境、施工技术而产生的设计变更等。由于这多方面变更,经常出现工程量变化、施工进度变化、建设方与承包方在执行合同中的争执等问题。这些问题的产生,一方面是由于主观原因,如勘察设计工作粗糙,以致在施工过程中发现许多招标文件中没有考虑或估算不准确的工程量,因而不得不改变施工项目或增减工程量;另一方面是由于客观原因,如发生不可预见的事故,自然或社会原因引起的停工和工期拖延等,致使工程变更不可避免。

2.FIDIC 合同条件下工程变更的控制程序与要求

(1)提出变更要求。工程变更可能由承包商提出,也可能由建设方或工程师提出。承包商提出的变更多数是从方便承包商施工条件出发,提出变更要求的同时应提供变更后的设计图纸和费用计算。建设方提出设计变更大多是由于当地政府的要求,或者工程性质改变。工程师提出的工程变更大多是发现设计错误或不足。工程师提出变更的设计图纸可以由工程师承担,也可以指令承包商完成。

(2)工程师审查变更。无论是哪一方提出的工程变更,均需由工程师审查批准。工程师审批工程变更时应与建设方和承包商进行适当的协商,尤其是一些费用增加较多的工程变更项目,更要征得建设方同意后才能批准。

(3)编制工程变更文件。工程变更文件包括:

①工程变更指令。主要说明变更的理由和工程变更的概况、工程变更估价及对合同价的估价。

②工程量清单。工程变更的工程量清单与合同中的工程量清单相同,并需附工程量的计算记录及有关确定单价的资料。

③设计图纸(包括技术规范)。

④其他有关文件等。

(4)发出变更指示。工程师的变更指示应以书面形式发出。如果工程师认为有必要以口头形式发出指示,指示发出后应尽快加以书面形式确认。

7.3 国际工程合同风险管理

➤ 7.3.1 风险管理概述

1.风险的概念

"风险"是一种可以通过分析,推算出其概率分布的不确定性事件,其结果可能是产生损失或收益。用函数式表示如下:

风险＝(事件发生的概率分布,事件可能产生的损失或收益)

2.风险管理的特点

(1)风险管理的对象是指那些可以求出其概率分布的事件。

(2)风险的普遍性。一个工程项目在实施中的风险往往是客观存在的。项目各方都可能遇到风险,也都应该合理地承担一部分风险。

(3)风险贯穿在项目实施的全过程之中,通过风险管理有的风险可以减少或不造成损失,而在项目实施过程中又可能出现新的风险,因而风险管理应该贯穿在项目实施的全过程。

(4)风险一般会造成损失,但如风险管理成功也可能有所收益,即所谓风险利用(或叫投机风险),但无论合同哪一方都不愿把自己的效益建立在投机风险上,而只是在管理风险过程中应该研究利用风险。

3. 风险管理的内容

风险管理一般包括下列几个步骤:

(1)风险辨识(risk identification)。即按照某一种风险分类的方法,将可能发生的风险因素列出,进行初步的归纳分析。

(2)风险评估(risk evaluation)。即采用适当的理论方法,结合过去类似风险发生的信息,分析发生损失的概率分布,还应争取定量评估风险可能造成的损失。

为做好风险评估,应收集足够数量的历史资料,或通过向相关领域的专家进行问卷调查等方法来获取信息,建立风险评估模型,再对风险进行综合评估。

(3)风险的控制与管理(risk control and management)。包括:主动控制风险、降低风险发生的可能性,减弱风险带来损失,进行风险防范,采用规避或转移风险的措施或自留部分风险等。

➤ 7.3.2 风险因素分析

1. 项目决策阶段建设方的风险因素分析

从提高项目的效益,避免和减少失误来看,项目决策阶段的风险管理比实施阶段更为重要。建设方在项目决策阶段一般可能遇到下列一些风险因素:投资环境风险,市场风险,融资风险,设计与技术风险,资源风险,地质风险,布局安全风险,不可抗力风险及其他风险。

2. 项目实施阶段建设方的风险因素分析

项目实施阶段建设方的风险主要有:建设方管理水平低,选择监理失误,不能按照合同及时地、恰当地处理工程实施过程中发生的各类问题所造成的损失和风险;设计引起的各种风险;融资风险;建设方负责供应的设备和材料的风险;承包方水平低引起的风险;承包方及供货方的各种索赔;通货膨胀的风险;不可抗力风险。

3. 承包方风险因素分析

承包方风险因素除了建设方所在国由于内战、革命、暴动、军事政变或篡夺政权等原因引起了特殊风险外,还有政治风险(战争和内乱、国有化、没收与征用、拒付债务、制裁与禁运等)、经济风险(通货膨胀、外汇风险、保护主义、税收歧视、物价上涨与价格调整风险、建设方拖延付款、分包、没收保函、带资承包、实物支付等)、技术风险(地质地基条件、水文气候条件估计不足或异常,材料设备供应不及时、质量不合格,技术规范不合理,工程变更,外文翻译条件等)、公共关系及管理方面的风险。

➤ 7.3.3 风险管理措施

1. 建设方的风险管理措施

建设方的风险管理应由前期抓起,即由投资机会研究、可行性研究和设计抓起,在这个阶段完善财务和工程进度计划,在项目开始阶段"风险控制/成本率"最高。"风险控制/成本率"指的是风险控制和成本的比率,即花费较低的成本,能对项目风险进行较好的控制,越是在前期,风险控制花费的成本越低、效果越好。

建设方的风险管理措施分为风险预防、风险降低、风险转移和风险自留四方面,分述如下:

(1)风险预防(risk prevention)。风险预防主要指建设方在工程项目立项决策时,认真分析风险,对于风险发生频率高、可能造成严重损失的项目不予批准,或采用其他替代方案,对已发现的风险苗头采取及时的预防措施。

(2)风险降低。可以通过修改原设计方案,或是增加合作者和入股人来降低和分散风险。

(3)风险转移。对于不易控制的风险,建设方一般可采用两种转移方法:

第一种是通过签订协议书或合同将风险转移给设计方或承包商,但是如果对方有经验时,可能导致较高的报价。

第二种是保险,即对可能遇见的风险去投保,这是防范风险最主要的方式。对于咨询、设计或监理公司,可要求他们去投职业责任保险(professional liability insurance),在这些公司由于疏忽或工作中的错误(如设计错误)而引起损失时,由保险公司进行赔偿。对承包方可要求他们去投保工程一切险、第三方保险等。

此外,对于一个大型的复杂的、风险大的工程项目,往往由保险公司组成联合体进行保险,以分散每家保险公司的风险,此时,往往一个工程项目只能安排总体保险方式。

(4)风险自留。即使对风险进行了认真的分析与研究,但总是有一部分风险是不可预见的,因而建设方对这种自留风险只有采用在预算中自留风险费的方法,以应付不测事件。

2.承包方的风险管理措施

在对风险进行分析和评价之后,对于风险极其严重的项目,多数承包方会主动放弃投标;对于潜伏严重风险的项目,除非能找到有效的回避措施,应采取谨慎的态度;而对于存在一般风险的项目,承包方应从工程实施全过程,全面地、认真地研究风险因素和可以采用的减轻及转移风险、控制损失的方法。

(1)投标阶段。这一阶段如果细分还可分为资格预审阶段、研究投标报价阶段和递送投标文件阶段。

资格预审阶段只能根据对该国、该项目的粗略了解,对风险因素进行初步分析,将一些不清楚的风险因素作为投标时要重点调查研究的问题。

在投标报价阶段可以采用一种比较简明适用的方法——专家评分比较法,来分析一个项目的风险。该方法主要找出各种潜在的风险并对风险后果作出定性估计,评价风险的后果及大小。

采用专家评分比较法分析风险的具体步骤如下:

第一步,由投标小组成员、有投标和工程施工经验的专家,最好由在项目所在国工作过的工程师以及负责该项目的成员组成专家小组,共同就某一项目可能遇到的风险因素进行分析、讨论、分类,并分别为各个因素确定权数,以表征其对项目风险的影响程度。

第二步,将每个风险因素分为出现的可能性很大、比较大、中等、不大、较小这五个等级,并赋予各等级一个定量数值,分别以 1.0、0.8、0.6、0.4 和 0.2 打分。

第三步,将每项风险因素的权数与等级分相乘,求出该项风险因素的得分。若干项风险因素得分之和即为此工程项目风险因素的总分。显然,总分越高说明风险越大。

（2）合同谈判阶段。这一阶段要力争将风险因素发生的可能性减小，增加限制建设方的条款，并且采用保险、分散风险等方法来减少风险。

（3）合同实施阶段。项目经理及主要领导干部要经常对投标时开列的风险因素进行分析，特别是权数大、发生可能性大的因素，应主动防范风险的发生，同时注意研究投标时未估计到的风险，不断提高风险分析和防范的水平。

（4）合同实施结束时。要专门对风险问题进行总结，以便不断提高本公司风险管理的水平。

复习思考题

1. 对 FIDIC 作简要介绍。

2. FIDIC 合同文件由哪些重要的部分组成？它们的侧重点各是什么？

3. 何谓 AIA 系列合同文件？简要叙述它的系列内容。

4. 何谓 ICE 合同条件？它侧重于解决哪方面的问题？

5. 何谓 JCT 合同条件？

6. 何谓 JV 协议？其要点是什么？

7. 何谓建设工程风险管理？它侧重于哪方面的问题？

考证知识点

1. JV 是联营体的简称，多数指联营体投标协议。其侧重点是：联营体各方应当签订"共同投标协议，连同投标文件一并交给招标人"。

2. 外商投资项目包括：外资独资项目、外资合资项目、外资合作项目，并不一定都是必须招标的工程项目。

3. 计划内的机械使用费并不包括：由于具体的索赔事件发生使工程材料的实际使用量超过了计划用量的增加部分。

4. 在难于采用实际费用法时，应当用总费用法计算索赔值。

5. 建设工程主体工程的施工，一般应由总承包自行完成。但是，经过总监理工程师的批准，也可以分包给具有相应资质的其他施工单位完成。

6. 质押指债务人或第三人将其某种动产或权利交给债权人占有，作为债权担保的担保形式。

7. 根据招投标有关法律的规定，领取招标文件后不参加投标或者中标后拒绝同建设方签约的投标人，招标人有权没收他们提交的投标保证金。

8. 根据有关环保法律规定，禁止在水体内做以下事情：清洗储油和储存有毒污染物的车辆、容器；倾倒、排放工业废渣、城市垃圾和其他废弃物。此外，运输、盛放、储存有毒有害气体或粉尘者，必须采取密闭措施或其他防护。建设经过噪声敏感区建(构)筑物和交通设施或有可能造成环境污染的应设置声障、隔离或采取其他防止措施。但抢修抢险除外。

9. 只要不污染地下水质，就可以对地下水采取补给回灌措施。同时要求人们熟悉水、大气等环境污染的防治。

10. 索赔的实质是：非建设方因在建设活动中基于非本方责任遭受利益损失或不公正待遇，而向建设方提起的利益补偿要求(违约金、补偿金或工期补偿)。而建设方向非建设方利益赔偿请求称为反索赔。建设工程事务多年来已经形成了一套比较完善的纠纷处理机制,使得建设事务各方纠纷的处理只有很少一部分可达诉讼、仲裁阶段。因为建设方掌握工程项目的决断权和分配权,如果非建设方给本方带来的利益损失较小,建设方有条件采用扣缴的方式弭平损失。所以,索赔经常发生,而反索赔很少发生。如果双方争议标的较大,或争议无法调和解决,在有仲裁约定的前提下提起仲裁,否则提起诉讼。

单项选择题

1. 下列关于 JV 投标的说法正确的是(　　)。

A. JV 各方可以决定签订共同投标协议

B. JV 各方应当签订共同投标协议,不必将其连同投标文件一并交给招标人

C. JV 各方必须签订共同投标协议,并将其连同投标文件一并交给招标人

D. JV 各方应当签订共同投标协议,并将其连同投标文件一并交给招标人

2. 在下列工程项目中,未被列入必须招标范围的工程项目是(　　)。

A. 大型基础设施、公用事业等关系公共利益、公共安全的项目

B. 全部或部分使用国有资金或国家融资的项目

C. 外商投资项目

D. 使用国际组织或外国政府贷款、援助资金的项目

3. 机械使用费(简称机使费)的索赔不包括(　　)。

A. 由于完成额外的工作所增加的机使费

B. 非承包商责任使功效降低所增加的机使费

C. 由于建设方和工程师的原因导致的机械停工、窝工费

D. 由于索赔事项使用量超过计划用量而增加的材料费

4. 在难于采用实际费用法时应该用(　　)计算索赔值。

A. 修正的总费用法　　B. 总费用法　　C. 固定单价法　　　　D. 调值公式法

5. 建设工程主体结构的施工可以由总包单位(　　)完成。

A. 自行

B. 分包给具有相应资质的其他施工单位

C. 经总监理工程师的批准,分包给具有相应资质的其他施工单位

D. 经建设单位批准,分包给具有相应资质的其他施工单位

6. 出质人可以提供(　　)以办理质押担保。

A. 建筑物　　　　　　B. 构筑物　　　C. 依法可转让的股票　D. 土地

多项选择题

1. 投标单位向招标单位所缴存的投标保证金,招标单位在(　　)情况下可予以没收。

A. 领取招标文件后未投标

B. 投标文件属于废标

C. 投标文件属于不合理标

D. 中标后拒绝在法定期内与建设方签订有关合同

E. 投标方力主竣工结算时才签订质量保修书

2.施工单位违反环境保护法规规定的具体做法有(　　)。

A.在施工现场附近的河流中清洗油桶

B.将施工垃圾处理后倒入施工工地附近的河流

C.转运施工废弃物时为对其进行掩盖

D.在居民区附近的高架桥施工时未设置声屏障

E.某下水管道的抢修工作一直持续到凌晨2点

3.防止地下水污染的规定有(　　)。

A.禁排含有毒污染物的废水

B.禁用无防止渗漏措施的沟渠

C.禁止用人工回灌法补给地下水

D.禁止混合开采已受污染的潜水和承压水

E.进行地下勘探活动时要防止地下水污染

综合简答题

索赔与诉讼和仲裁的关系是怎样的?

第8章
建设方的合同管理

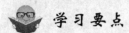 学习要点

1. 了解建设方合同管理的组织类型、合同策划
2. 掌握招标的方式、范围和内容
3. 熟悉建设方风险控制和反索赔

8.1 合同管理组织

➤ 8.1.1 合同管理体系及运行机制

工程项目在实施中有一系列的合同需要签订。这些合同独立来看,每一个都有很丰富的内容,印证着工程项目进程中的分工与阶段特色。把这些合同串接起来,则形成合同链,表现着工程项目沿着法定轨道从计划走向现实的历程。

对于建设方在合同管理方面最为紧迫的其实是体系化问题。合同管理的体系化问题,也就是将合同按层级、类别形成一个完整的系统,紧密结合、相互衔接,并以此为基础进行设计,形成完整的企业合同管理体系。

在这个合同体系中,相关的同级合同之间,以及主、从合同之间存在着一种合同网络。要保证项目的顺利实施,就必须对合同网络作出周密的计划和安排,使合同体系能够顺利运行。建设方在合同体系的运行、合同网络的协调方面应当做的工作有:

1. 工作内容的完整性

建设方的所有合同应能涵盖项目的所有工作;承包商所签总包合同、各种分包合同与非甲供物料买卖合同应能涵盖总承包责任。以上合同在工作内容上不应有缺陷或遗漏。在实际工作中,有关缺陷会带来设计的修改、计划的变动、施工秩序的混乱等问题,导致合同双方争执不断。为避免这种现象发生,建设方应做到:

(1)招标前认真进行系统分析,确定项目的系统范围。

(2)进行项目的结构分解,将整个项目任务分解成几个独立的合同,每个合同都有完整的工程量表。

(3)进行项目任务之间的界面分析,确定各个界面上的工作责任、成本、工期、质量。工程实践证明,许多遗漏和缺陷常常发生在界面上。

2. 技术上的协调

通常技术上的协调包括很复杂的内容,一般有以下几方面:

(1)几个主合同之间设计标准的一致性,如土建、设备、材料、安装等应有统一的质量、技术

标准和要求。各专业工程之间，如建筑、结构、水、电、通讯之间应有很好的协调。在建设项目中建筑师、结构工程师等常常作为技术协调的主导者。

（2）分包合同必须按照总承包合同的条件订立，全面反映总合同的相关内容。采购合同的技术要求必须符合承包合同中的技术规范。总包合同风险要反映在分包合同中，由相关的分包商承担。分包合同一般比总承包合同条款更为严格、周密和具体。

（3）各合同所定义的专业工程之间应有明确的界面与合理的搭接。如供应合同与运输合同，土建合同和安装合同，安装合同和设备供应合同之间存在责任界面和搭接。界面上的工作容易遗漏和产生争执。各合同只有在技术上协调，才能构成符合总目标的工程技术系统。

3. 价格上的协调

一般在总承包合同估价前，就应向各分包商（供应商）询价或洽谈，并考虑管理费等因素，作为总包报价，所以分包报价又会影响总包报价水平和竞争力。

4. 时间上的协调

各具体工程合同要与总包合同的时间要求一致，形成一个有序的实施过程链。例如设计图纸供应与施工，设备、材料供应与运输，土建和安装施工，工程交付和运行等之间应合理搭配。

每一个合同都形成各自的子网络，它们共同形成项目总网络。比如某工程，主楼基础工程施工尚未开始，而供热的锅炉设备已提前到货，要在现场停放两年才能安装，这不仅占用大量资金，增加保管费，而且超过设备的保修期。因此，签订系列合同要有统一的时间安排。在一张横道图或网络图上标出相关合同所定义的里程碑事件和它们的逻辑关系。

5. 合同管理的组织协调

在项目实施中，由于各个合同并不是同时签订的，执行时间也不一致，且不一定由同一部门管理，所以对它们的协调更为重要。这种协调不仅是合同内容和签约时机的衔接，而且是职能部门管理过程的合拍。例如承包商要签订一份物料买卖合同，签订前后，应就签订运输合同、融资合同、委托检验合同、加工合同等作出安排，以形成一个有序的管理过程。

➤ 8.1.2 合同管理基本制度

建设方应建立一个完善的施工项目合同管理制度，使管理人员有章可循。

1. 合同分类管理制度

为了保证合同的全面履行，应实行分类对口管理制。各部门负责管理与所涉业务相关的合同，再由单位的合同事务部实施综合管理，进行平衡、协调及处理纠纷。用这种分类用其长、综合制其短的办法，把合同的风险降到最低。

2. 合同审批制度

要保证合同的合法性。在签约前要对所签合同的形式合法、内容合法做到心中有数，拟定合同条款；签约中以谈判取得协商一致；履约中要指定专人管理，密切关注双方的履约步调，注意抗辩权的使用。以上过程应经上级主管部门及法律顾问审查，确保合同内容无遗漏，符合法律要求，维护企业的合法利益。

3. 合同专用章管理制度

企业对合同专用章登记、保管、使用等应有严格的规定。合同专用章应当由合同管理员保管、专用。合同专用章不能超越范围使用;不得加盖空白合同文本和未经审查的合同文本;严禁利用合同专用章谋取个人私利。出现上述情况,要追究合有关管理人员的责任。凡外出签约,应由两人以上携章前往。

4. 考核、奖励制度

完善合同统计考核、实施奖优罚劣是运用科学的方法,利用统计数字,反馈合同订立和履行情况的重要手段。通过统计数字的分析,总结经验教训,为企业经营决策提供重要依据。

5. 归档制度

工程交工后,合同管理员应具体实施合同后期管理。重要的合同资料原件要送交档案室保存。合同资料数量大、种类多、变更频繁,应将合同资料分门别类存储到计算机中。某些合同文本、技术变更资料、图纸图片和许多信函都可以通过网络进行存储和传递。

8.2 合同策划

合同策划是相关工程项目管理策划的重要一环。

➤ 8.2.1 合同策划的种类

通常线性组织架构是建设项目管理的一种常用模式,这种模式避免了由于指令矛盾而影响项目的运行。也可用这种方法勾勒出合同管理的种类架构。

根据不同的项目进展阶段,合理地安排应签订的合同以及合同内容,把合同管理与相应的项目阶段管理对应起来,不失为合同管理的方法之一。

1. 立项及报建管理阶段

建设方可签订投资合同、融资合同、委托项目可行性研究合同、委托项目评估合同、委托代理操作立项事务合同、委托代建合同、委托报建合同等。

2. 项目实施准备阶段

建设方可签订勘察合同、设计合同、图纸分期供应合同、委托监理合同、甲供物料买卖合同、委托招标合同、仲裁协议等。

3. 施工管理阶段

施工方可签订施工合同、工程变更协议、非甲供物料买卖合同、施工分包合同、联合承包合同、劳务分包合同、专项分包合同、商业秘密保护协议、专利许可使用合同、工程机械租赁合同、工程尾遗事项处理协议、施工配合事项处理协议、工程质量保修协议等。

在竣工验交后的质量保修期或特别约定的质量异议期内,也许还会签订某些合同,但发生几率要低得多。

➤ 8.2.2 项目实施中的合同策划

在工程实施中,建设方是通过合同来分解项目标、落实承包人和控制项目进程的。由于建设方处于主导地位,其必须就如下合同问题作出决策:

1. 与建设方签约的承包商的数量

建设方在招标前应决定有关工程项目的发包形式,可以分散平行(分阶段或分专业)发包,也可以实施总发包。

(1)分散平行承包,即建设方将勘察设计、物料设备供应、工程准备和土建、线路管道设备安装、装饰装修等工程施工分别委托给不同的承包商,各承包商分别与建设方签订合同。

(2)总包(设计-建造及交钥匙工程)合同,即由一个承包商承包建筑工程项目的全部工作,包括勘察设计、物料设备供应、组织专业工程的施工,甚至包括项目建设后的试运行管理。承包商向建设方承担全部工程责任。目前这种承包方式在国际上受到普遍欢迎。

由于总包对承包商的资信和实力要求很高,建设方可以让几个承包商联营投标,以降低发包风险。

(3)建设方也可以将工程委托给几个主要的承包商,如设计承包商、施工(包括土建、安装、装饰装修)承包商、物料设备供应承包商等。

2.合同种类的选择

不同种类的合同,有不同的应用条件,有不同的权力和责任的分配,对合同双方有不同的风险。应按具体情况选择合同类型。现代工程中最典型的合同类型有:单价合同(可调单价、固定单价);总价合同(可调总价、固定总价);成本加酬金合同。

(1)单价合同。

在这种合同中,承包商仅按合同约定承担报价的风险,即对报价(主要为单价)的正确性和适宜性承担责任;而工程量变化的风险由建设方承担。由于风险分配比较合理,能够适应大多数工程,能调动承包商和建设方双方的管理积极性。单价合同又分为固定单价合同和可调单价合同等形式。

单价合同的特点是单价优先,建设方给出的工程量表中的工程量仅是参考数字,而实际合同价款按实际完成的工程量和承包商所报的单价计算。

(2)固定总价合同。

①这种合同实行一次包死的总价格委托,价格不因环境的变化和工程量增减而变化。所以在这类合同中承包商承担了全部的工作量和价格风险。除了设计有重大变更,一般不允许调整合同价格。在现代工程中,特别在合资项目中,建设方喜欢采用这种合同形式,因为:

A.工程中双方结算方式较为简单。

B.在固定总价合同的执行中,承包商的索赔机会较少。在正常情况下,可以免除建设方由于要追加投资需经上级、董事会,甚至股东大会审批的麻烦。

②评价。承包商报价应当考虑施工期间物价变化、工程量变化和其他不确定因素带来的影响,因此报价较高。在这种合同的实施中,由于建设方风险较小,所以其干预工程的权力较小。

③固定总价合同的应用前提。

A.工程范围必须清楚明确,工程量应当相对准确。

B.工程量小、工期短,工程结构、技术简单。

④固定总价合同的计价方式。通常合同采用阶段付款。如果工程分项在工程量表中已经被定义,只有在该工程分项完成后承包商才能得到相应付款。

对于固定总价合同,承包商要承担两个方面的风险:

A.价格风险。价格风险包括:报价计算错误,漏报项目。

B.工程量风险。工程量计算错误,由承包商负责。

（3）计量定价承包——分项工程项目单价固定，工程量可按实际完成数量调整，据此计算承包总价的承包方式。该方式适于工程量可能发生较大变化的工程项目，国外应用较广泛。承包商应注意在有关合同中约定一个单价调整幅度，以应对工程量变化时的单价不合理。

（4）成本加酬金承包——除项目工程依据有关约定或规定按实际数量结算外，发包人应当另行向承包人支付酬金（管理费及利润）的承包方式。

①成本加固定酬金承包。承包商的工程直接费由发包人实报实销，另由发包人按事先约定的标准向承包人给付固定数额的酬金。令 C——总承包费用，C_d——实际成本，F——酬金，则 $C = C_d + F$。在这种承包方式中，承包商为尽快得到酬金，势必关注工期缩短事项。

②成本加固定百分数酬金承包。承包商除了从发包商处收取到直接工程成本费用（含劳务费、机械使用费、材料费等）外，另按双方约定的该项费用的固定百分数收取酬金。除了保持①中各字母含义外，另有 P——固定百分数，则 $C = C_d(1 + P)$。在这种承包方式中，承包商不会关注工期缩短和降低成本，这对发包商是很不利的。

③成本加浮动酬金承包。在这种承包方式中，承、发包商双方事先商定工程成本和酬金的预期水平，促使承包商关注成本的降低和工期的缩短。除了保持①中各字母含义外，另有 C_o——预期成本，F^*——酬金增量，从而有：若 $C_d = C_o$（持平），则 $C = C_d + F$；若 $C_d < C_o$（降低造价，简称降造），则 $C = C_d + F + F^*$（意在褒奖）；若 $C_d > C_o$（成本加大），则 $C = C_d + F - F^*$（意在约束）。这种承包方式的优点在于：尽管酬金及其增量相对都较小，但使承包商有一种安全感，并且对他们产生一种激励作用。

3. 合同条件的选择

所谓合同条件，从国际贸易的角度上，指所选定的国际贸易术语形式和相应的标准合同文本；就 FIDIC 合同体系而论，指通用条件和专用条件的结合。

对一个工程，有时会有几个类型的合同条件供选择。特别是在国际工程中，合同条件的选择应注意如下问题：

（1）合同条件应该与双方的管理水平相配套。将我国的施工合同示范文本与 FIDIC 合同相比较就会发现，我国施工合同在许多条款上的时间限制严格得多，这说明在工程中如果使用我国的施工合同，则要求合同双方要比使用 FIDIC 合同有更快的信息反馈速度，建设方、承包商、工程师应能及时决策。

（2）最好选择双方都熟悉的合同条件，以保证合同双方在工程管理中的公平有序。

（3）合同条件的使用应注意到其他方面的制约，与所采用的合同文本相配套。

4. 重要合同条款的确定

（1）以下合同条款属于重要合同条款：

①合同标的、数量和质量要求；

②付款方式、合同价格的调整条件、范围、调整方法；

③履行合同的期限、地点、方式和合同双方风险的分担；

④建设方对承包商的激励和约束措施；

⑤违约责任、解决争议的准据法以及实施仲裁的地点、机构名称和仲裁程序等。

（2）建设方对工程的控制是通过合同实现的，在合同中应当约定建设方的控制权有：变更工程权；进度计划审批权；进度监督权；对承包商下达追赶进度命令的指令权；对工程质量的检查权；对工程付款的控制权；在特殊情况下的临时处置权，例如将承包商逐出现场。

(3)合同双方应当约定的合同措施有：

①工程中的履约保函、保证金和其他担保措施。

②承包商的材料、设备进入现场后，没有建设方(或工程师)的同意不得移出现场。

③合同中应约定双方的特别处置权。例如在国际工程中，承包商严重违约时，建设方可以将其逐出现场；建设方严重违约时，承包商可以退出承包。有关损失分别由对方承担。

8.3 建设工程招标

8.3.1 建设工程招投标的概念

建设工程招标是指建设方或其委托的代理机构在建设项目发包前，以项目标底和其他综合考虑为尺度，在参加竞标的多家投标人中择优选定中标人的活动。建设工程投标是指经过特定审查而获得投标资格的承包单位，按照招标文件规定的时间和程序参加投标竞价，并争取中标的活动。

8.3.2 建设工程招标的方式

工程建设项目招标的方式主要有公开招标、邀请招标、议标和两阶段招标。

1. 公开招标

(1)公开招标是指招标人在国家指定的报刊、信息网络或者其他媒体上发布招标公告，吸引符合规定条件的投标人都来投标，以便从中择优选定中标人的活动。

(2)招标公告应当载明招标人的名称、地址，招标项目的性质、数量、实施地点和时间以及获得招标文件的办法等事项。

(3)评价。公开招标的优点是：一切符合招标文件规定资格的承包商或供应商均可参加投标竞争；招标公开进行，有利于平等竞标，使招标人有条件在较大的范围内优中选优。公开招标的缺点是：审查及评标的工作量大、耗时长、费用高；有的投标人压价竞标、不择手段，增加了招标管理的难度；有可能因审查不严，导致鱼目混珠的现象发生。

2. 邀请招标

(1)邀请招标是指招标人以投标邀请书的方式邀请3～10家有实力的投标人参加竞标，经过评标委员会的评审，最后由招标人确定中标人的活动。

(2)投标邀请书上同样应载明招标人的名称、地址，招标项目性质、数量、实施地点和时间以及获取招标文件的办法等内容。

(3)评价。邀请招标的优点是：一般被邀请参加竞标的单位往往都是拥有良好业绩、资质可靠的投标人，招标人心中有底；因投标人数目有限制，工作量就要少得多，招标周期就可缩短，招标费用也可以减少，同时还可减少合同履行中承包人违约的风险。邀请招标的缺点是：限制竞争，缺乏公正性，不利于社会进步；邀请招标往往报价比较高。

3. 议标

(1)议标指招标人经有关建设主管部门同意，直接向承包人发出招标通知书，双方经过谈判确立合同的招标活动。

（2）这种招标方式适用于专业性较强的工程项目,紧急或抢险的工程项目,其他较小的工程项目。

（3）评价。优点:操作简单,施标快捷。缺点:缺乏竞价,难以比选。

4.两阶段招标

两阶段招标指先对按公开招标方式吸引来的投标人进行资格预审,评审他们对项目工程的初步安排及其自身资质条件,遴选出 3～10 个优秀的中标候选人,再按邀请招标的方法运作,直到最后确定中标人的招标方式。

（1）阶段划分:第一阶段称为资格预审阶段,第二阶段称为竞价阶段。

（2）评价。该招标方式吸收了以上几种招标方式的优点,克服了它们的不足之处,摒弃了盲目竞标,大大减轻了评标负担,至今看来并无明显不足之处,在国内外被广泛应用。

➤ 8.3.3　中标签约

中标人确定后,招标人应当向中标人发出中标通知书,并将中标结果通知所有未中标的投标人。招标人和中标人应当自中标通知书发出之日起 30 日内,按照招标文件和中标人的投标文件订立书面合同。招标人和中标人不得再行订立背离合同实质性内容的其他协议。

8.4　工程合同的履行

➤ 8.4.1　工程合同进度目标的控制

工程项目的进度控制是指建设方在工程项目计划的实施中连续跟踪检查进度与计划的符合性,对出现的偏差及时指令采取针对性的补救措施或调整、修改原计划的过程。

1.对进度实施全面的综合控制

进度、投资、质量是工程项目的三大目标,建设方应当在考虑三大目标对立统一的基础上,明确进度控制目标,包括总目标和各阶段、各部分的分目标,对进度实施综合控制,包括采取组织措施、技术措施、合同措施等。做好协调工作是实现有效进度控制的关键。

（1）工程建设进度的控制,涵盖了项目勘察、设计、施工准备和施工的全过程控制。

（2）进度控制必须实现全方位控制,包括土建、设备安装、给排水、采暖通风、道路、绿化、电气等工程以及与这些工程相关的工作,如工程招标、施工准备等都应进行控制。

（3）影响进度的因素很多,采取措施减少或避免这些因素的影响。

2.进度控制措施

（1）组织措施,指建立进度控制的组织系统,落实各层次控制人员的职责分工,建立各种有关的制度和程序。

（2）技术措施,就是采用先进的进度编程控制技术,保证进度控制的有效性。

（3）合同措施,就是在承包合同中明确设定进度控制责任条款,保证进度目标的实现。

（4）经济措施,即实施工程款及时给付,工期提前给予奖励,工期延误给予惩罚等措施。

（5）管理措施,即加强内部管理,提高进度控制水平,消除或减轻各种因素对进度的影响。

➤ 8.4.2 工程合同价款的结算控制

要保证结算的及时性,利用合同有关条款控制建设方审核工程结算的时间属于一种有效措施。主要有:

(1)工程竣工验收报告经发包人认可后28天内,承包人向发包人递交竣工结算报告及完整的结算资料,双方按照协议书约定的合同价款及专用条款约定的合同价款调整内容,进行工程竣工结算。

(2)发包人收到承包人递交的竣工结算报告及结算资料后28天内进行核实,给予确认或者提出修改意见。发包人确认竣工结算报告后通知经办银行向承包人支付工程竣工结算价款。承包人收到竣工结算价款后14天内将竣工工程交付发包人。

(3)发包人收到竣工结算报告及结算资料后28天内无正当理由不支付工程竣工结算价款,从第29天起按承包人同期向银行贷款利率支付拖欠工程价款的利息,并承担违约责任。

(4)发包人收到竣工结算报告及结算资料后28天内不支付工程竣工结算价款,承包人可以催告发包人支付。发包人在收到竣工结算报告及结算资料后56天内仍不支付的,承包人可以与发包人协议将该工程折价,也可以由承包人申请人民法院将该工程依法拍卖,承包人就该工程折价或者拍卖的价款优先受偿。

(5)工程竣工验收报告经发包人认可后28天内,承包人未能向发包人递交竣工结算报告及完整的结算资料,造成工程竣工结算不能正常进行或工程竣工结算价款不能及时支付,发包人要求交付工程的,承包人应当交付;发包人不要求交付工程的,承包人承担保管责任。

施工企业可以在上述通用条款的基础上,在专用条款及补充条款中设定有关内容,对结算审核工作进行具体约定,以保证结算工作顺利按计划完成。

➤ 8.4.3 工程合同跟踪和合同清理

合同生效以后,合同双方应对对方的履约情况进行跟踪、监督和控制。

1. 施工合同跟踪

施工合同跟踪有两个方面的含义:一是各方对对方履约情况的跟踪,二是对自身履约情况的检查与对比,二者缺一不可。应该掌握的合同跟踪的内容包括:

(1)合同跟踪的文字依据。

其包括:合同文本、依据合同文本编制的计划文件;有关的实际工程文件如原始记录、报表、验收报告等;双方管理人员对现场情况的直观记录,如现场巡视、交谈、会议、质量检查等。

(2)合同跟踪的对象。

①承包任务完成情况。

A. 工程施工质量的符合性,包括材料、构件、制品和设备等的质量,以及施工或安装质量等项,是否符合合同要求。

B. 工程进度的符合性,进度有无拖后现象,原因是什么等。

C. 工程成本的符合性,有无增加和减少。

②专业分工和专业分包。

总包单位在有条件时,应对所承包的主体工程实施专业分工;在条件尚不具备时,可以依照约定将有关工程分包给专业承包人完成。对专业分工的主体工程和专业分包的工程,总承包商都负有协调和管理的责任,对由此造成的损失,分别承担直接责任或连带责任。故总承包商应对专业分工和专业分包的工程实施跟踪检查,协调关系,保证工程总体质量和进度。

③建设方和其委托的工程师的工作。

A. 建设方是否及时、完整地提供了工程施工的实施条件,如场地、图纸、资料等。

B. 建设方和工程师是否及时给予了指令、答复和确认等。

C. 建设方是否及时并足额地支付了应付的工程款项。

2.合同实施的偏差分析

通过合同跟踪,可能会发现合同实施中存在着偏差,即工程实施实际情况偏离了工程计划和工程目标,应该及时分析原因,采取措施,纠正偏差,避免损失。

合同实施偏差分析的内容包括以下几个方面:

(1)产生偏差的原因分析。

通过对合同执行实际情况与实施计划的对比分析,不仅可以发现合同实施的偏差,而且可以探索引起差异的原因。原因分析可以采用鱼刺图、因果关系分析图(表)、成本量差、价差、效率差分析等方法定性或定量地进行。

(2)合同实施偏差的责任分析。

分析产生合同偏差的原因是由谁引起的,应该由谁承担责任。责任分析必须以合同为依据,按合同规定落实双方的责任。

(3)合同实施趋势分析。

针对合同实施偏差情况,可以采取不同的措施,应分析在不同措施下合同执行的结果与趋势,包括:

①最终的工程状况,包括总工期的延误、总成本的超支、质量标准、所能达到的生产能力(或功能要求)等;

②承包商将承担什么样的后果,如被罚款、被清算,甚至被起诉,对承包商资信、企业形象、经营战略的影响等;

③最终工程经济效益(利润)水平。

3.合同实施偏差处理

根据合同实施偏差分析的结果,承包商应该采取相应的调整措施,调整措施可以分为:

①组织措施,如增加人员投入,调整人员安排,调整工作流程和工作计划等;

②技术措施,如变更技术方案,采用新的高效率的施工方案等;

③经济措施,如增加投入,采取经济激励措施等;

④合同措施,如进行合同变更,签订附加协议,采取索赔手段等。

8.5 合同变更控制

8.5.1 合同变更的范围和起因

1.合同变更的起因

合同内容频繁的变更是工程合同的特点之一。一个较为复杂的工程合同,实施中的变更可能有几百项。合同变更一般主要有如下几方面原因：

(1)建设方有新的变更指令，对建设工程提出新的要求。例如建设方有新的主意，修改项目总计划，削减预算。

(2)由于设计的错误，必须对设计图纸作修改。这可能是由于建设方要求变化，也可能是设计人员、监理工程师或承包商事先没能很好地理解建设方的意图。

(3)工程环境的变化，预定的工程条件不准确，要求实施方案或计划变更。

(4)由于产生新的技术和知识，有必要改变原设计、实施方案或实施计划，或由于建设方指令或原因造成承包商施工方案的变更。

(5)政府部门对工程有新的要求，如国家计划变化、环境保护要求、城市规划变动等。

(6)由于合同实施出现问题，必须调整合同目标，或修改合同条款。

(7)合同当事人由于倒闭或其他原因转让合同，造成合同主体的变化。

2.合同变更的影响

合同变更实质上是对合同的修改。这种修改通常不能免除或改变承包商的合同责任，但对合同实施影响很大，造成合同内容的调整。其主要表现在如下几方面：

(1)定义工程目标和工程实施情况的各种文件，如设计图纸、成本计划和支付计划、工期计划、施工方案、技术说明和适用的规范等，都应作相应的修改和变更，当然相关的其他计划也应作相应调整，如材料采购计划、劳动力安排、机械使用计划等。它不仅引起与承包合同平行的其他合同的变化，而且会引起相关合同如供应合同、租赁合同、分包合同的变更，甚至会打乱整个施工部署。

(2)引起合同主体间的责任变化。如工程量增加，则增加了承包商的工程责任，同时增加了费用开支并延长了工期。

(3)有些工程变更还会引起已完工程的返工，现场工程施工的停滞，施工秩序打乱，已购材料的损失等。

3.对合同变更的处理要求

(1)合同变更应尽可能快地作出。在实际工作中，变更决策时间过长和变更程序太慢会造成很大的损失，常有这两种现象：

①施工停止，承包商等待变更指令或变更会谈决议。等待变更为建设方责任，通常可由承包商提出索赔。

②变更指令不能迅速作出，而现场继续施工，有可能造成更大的返工损失。

(2)变更指令作出后，承包商应迅速、全面、系统地予以落实。

①全面修改相关的各种文件，例如图纸、规范、施工计划、采购计划等，使它们一直反映和包容最新的变更。

②在相关的各工程小组和分包商的工作中落实变更指令，并提出相应的措施，对新出现问题作解释和对策，同时又要协调好各方面工作。

③合同变更指令应立即在工程实施中得到贯彻。没有一个合理的计划期，变更时间紧，难以详细地计划和分析，就容易造成计划、安排、协调方面的漏洞，引起混乱，导致损失，且难以得到补偿。只有合同变更得到迅速落实和执行，合同监督和跟踪才可能以最新的合同内容作为目标，这是合同动态管理的要求。

(3)对合同变更的影响作进一步分析。合同变更是索赔机会，应在合同规定的索赔有效期内完成索赔处理。在合同变更过程中就应收集、整理所涉及的各种文件和建设方的变更指令，以作为分析和索赔的依据。实践中，合同变更必须与提出索赔同步进行，甚至先进行索赔谈判，待达成一致后，再进行合同变更。

按照国际工程统计，工程变更是索赔的主要起因。由于合同变更对工程施工过程的影响大，会造成工期的拖延和费用的增加，容易引起双方的争执。所以合同双方都应十分慎重地对待合同变更问题。

在一个工程中，合同变更的次数、范围和影响的大小与该工程招标文件（特别是合同条件）的完备性、技术设计的正确性，以及实施方案和实施计划的科学性直接相关。

4.合同变更的范围和程序

合同变更应有一个正规的程序，应有一整套申请、审查、批准手续。

(1)合同变更范围。

一般在合同签订后所有工程范围、进度、工程质量要求、合同条款内容、合同双方权利关系的变化等都可以被看做合同变更。最常见的变更有两种：

①涉及合同条款的变更，合同条件和合同协议书所定义的双方责权利关系，或一些重大问题的变更。这是狭义的合同变更，以前人们定义合同变更即为这一类。

②工程变更，即工程的质量、数量、性质、功能、施工次序和实施方案的变化。

(2)变更程序。

①对重大的合同变更，由双方签署变更协议确定。合同双方经过会谈，对变更所涉及的问题，如变更措施、变更的工作安排、变更所涉及的工期和费用索赔的处理等，达成一致。然后双方签署备忘录、修正案等变更协议。

在合同实施过程中，工程参加者各方定期会办（一般每周一次），商讨研究新出现的问题，讨论对新问题的解决办法。例如建设方希望提前竣工，要求承包商采取加速措施，则可以对加速所采取的措施和费用补偿等进行具体的协商和安排，在合同双方达成一致后签署赶工协议。

对于重大问题，需很多次会议协商，通常在最后一次会议上签署变更协议。

双方签署的合同变更协议与合同一样有法律约束力，而且法律效力优先于合同文本。

②建设方或工程师行使合同赋予的权力，发出工程变更指令。在实际工程中，这种变更在数量上极多，情况比较复杂：

A.与变更相关的分项工程尚未开始，只需对工程设计作修改或补充。如事前发现图纸错误，建设方对工程有新的要求等。变更时间比较充裕，变更的落实可有条不紊地进行。

B.变更所涉及的工程正在进行施工，如在施工中发现设计错误或建设方突然有新的要求。这种变更通常时间很紧迫，甚至可能发生现场停工，等待变更指令。

C.对已经完工的工程进行变更，必须作返工处理。

③工程变更的程序一般由合同约定。最理想的变更程序是，在变更执行前，合同双方已就工程变更中涉及的费用增加和工期延误的补偿协商达成一致。

④在国际工程中，承包合同通常都赋予建设方（或工程师）以直接指令变更工程的权力。承包商接到指令必须执行，而价格和工期的调整由工程师和承包商在与建设方协商后确定。

(3)工程变更申请。

在工程项目管理中，工程变更通常要经过一定的手续，如申请、审查、批准、通知（指令）等。表8-1为某工程项目的工程变更申请表。

表 8-1　工程变更申请表

申请人		申请表编号		合同号	
相关的分项工程和该工程的技术资料说明 工程号图号 施工段号					
变更的依据		变更说明			
变更涉及的标准					
变更所涉及的资料					
变更影响(包括技术要求、工期、材料、劳动力、成本、机械、对其他工程的影响等)					
变更类型		变更优先次序			
审查意见:					
计划变更实施日期:					
变更申请人(签字)					
变更批准人(签字)					
变更实施决策/变更会议					
备注					

5.工程变更责任分析

在合同变更中,量最大、最频繁的是工程变更。它在工程索赔中所占的份额也最大。工程变更的责任分析是确定赔偿问题的桥梁。工程变更中有两大类变更:

(1)设计变更。

设计变更会引起工程量的增加、减少,新增或删除工程分项,工程质量和进度的变化,实施方案的变化。一般工程施工合同赋予建设方(工程师)这方面的变更权力,可以直接通过下达指令、重新发布图纸、或规范实现变更。它的起因可能有:

①由于建设方要求、政府城建环保部门的要求、环境变化(如地质条件变化)、不可抗力、原设计错误等导致设计的修改,必须由建设方承担责任。

②由于承包商施工过程、施工方案出现错误、疏忽而导致设计的修改,必须由承包商负责。

③承包商提出的设计必须经过工程师(或建设方代表)的批准。对不符合建设方在招标文件中提出的工程要求的设计,工程师有权不认可。这种不认可不属于索赔事件。

(2)施工方案的变更。

①在投标文件中,承包商在施工组织设计中提出比较完备的施工方案,但施工组织设计不作为合同文件的一部分。对此有如下问题应注意:

A.施工方案虽不是合同文件,但它也有约束力。建设方向承包商授标就表示对这个方案的认可。

B.承包商应对所有现场作业和施工方法的完备、安全、稳定负全部责任。通常由于承包商自身原因(如失误或风险)修改施工方案所造成的损失由承包商负责。

C.建设方不能随便干预承包商的施工方案;为了更好地完成合同目标(如缩短工期),或在不影响合同目标的前提下承包商有权采用更为科学和经济合理的施工方案。当然承包商承担重新选择施工方案的风险和机会收益。

D.在工程中承包商采用或修改实施方案都要经过工程师的批准或同意。如果工程师无正当理由不同意可能会导致一个变更指令。这里的正当理由通常是:工程师认为,使用这种方案承包商不能圆满完成合同任务。如不能保证质量和工期。承包商要求变更方案(如变更施工次序、缩短工期),而建设方无法完成合同约定的配合责任。例如,无法及时提供图纸、场地、资金、设备,则承包商有权要求承包商执行原定方案。

【案例8-1】在一国际工程中,按总工期计划,应于××年×月×日开始现场混凝土施工。承包商的混凝土拌和设备迟迟运不上工地,就决定使用商砼,但被建设方否决。而在承包合同中未明确约定使用何种混凝土。承包商不得已,只有继续组织设备进场,由此导致施工现场停工、工期拖延和费用增加。对此承包商提出工期和费用索赔。而建设方以如下两点理由否定承包商的索赔要求:

(1)已批准的施工进度计划中确定承包商现场搅拌混凝土。

(2)拌和设备运不上工地是承包商的失误,他无权要求赔偿。

最终将争执提交调解人。调解人认为:因为合同中未明确约定一定要现场搅拌混凝土,而商砼只要符合约定的质量标准可以使用,不必经建设方批准。建设方拒绝承包商使用商砼,是一个变更指令,对此可以进行工期和费用索赔。但须在索赔有效期内提出。当然承包商不能因为用商砼要求建设方补偿任何费用。

②重大的设计变更常常会导致施工方案的变更。如果设计变更应由建设方承担责任,则相应的施工方案的变更也由建设方负责。反之,则由承包商负责。

③对不利异常的地质条件所引起的施工方案的变更,一般作为建设方的责任。一方面这是一个有经验的承包商无法预料现场气候条件除外的障碍或条件,另一方面建设方负责地质勘察和提供地质报告,则他应对报告的正确性和完备性承担责任。

④施工进度的变更。施工进度的变更是十分频繁的:中标后承包商要提出详细的进度计划,由工程师批准(或同意);在工程开工后,每月都可能有进度的调整。通常只要工程师(或建设方)批准(或同意)承包商的进度计划或调整计划,则新进度计划就有约束力。如果建设方不能及时提供图纸、施工场地、水电等,则属业主的违约行为。

【案例8-2】在某工程招标中,建设方提出工期为24个月,某承包商的进度计划也是24个月。中标后承包商向工程师提交一份计划,说明18个月即可竣工。工程师认可了承包商的计划。

在施工中由于建设方原因造成停工,使实际总工期接近24个月,但承包商仍成功地进行了工期与相关的费用索赔,因为18个月工期计划是有约束力的。

这里有如下几个问题:

第一,合同一般鼓励承包商提前竣工。承包商实施工期优化,这是承包商的权力,但不得拖延工期和影响工程质量。

第二，承包商不能因自身原因采用新的方案而向建设方要求追加费用，但工期奖励除外。

第三，承包商在作出新计划前，必须考虑有关合同计划的修改。如供应提前，分包工程加速等。同样，建设方在作出同意前要考虑到对自身有关合同的影响。如果建设方不能做好协调，则可以不同意承包商的方案；若同意，就应按约定承担责任。

⑤其他情况。

【案例8-3】在一房地产开发项目中，建设方提供了地质勘察报告，证明地下土质很好。承包商做施工方案，用挖方的余土作道路基础。由于正值雨季，承包商不得不将余土外运，另外取土作道路填方材料。

对此承包商提出索赔要求。工程师否定了该索赔要求，其理由是：填方的取土作为承包商的施工方案，它因受到气候条件的影响而改变，不能提出索赔要求。

在本案例中即使没有下雨，而因建设方提供的地质报告有误，地下土质过差不能用于填方，承包商也不能因为另外取土而提出索赔要求。

6.合同变更中应注意的问题

(1)对建设方(工程师)的口头变更指令，按施工合同规定，承包商也必须遵照执行，但应在7天内书面向工程师索取书面确认。而如果工程师在7天内未予书面否决，则承包商的书面要求信即可作为工程师对该工程变更的书面指令，是支付变更工程款的先决条件之一。当工程师下达口头指令时，为防止拖延和遗忘，承包商的合同管理人员可以立刻起草一份书面确认信让工程师签字。

(2)建设方和他的工程师的认可权必须限制。在国际工程中，常发生建设方通过工程师的认可权提高材料、设计和施工质量标准的事。当认可超过合同明确约定的标准时，它即为变更指令，应争取建设方或工程师的书面确认，进而提出工期和费用索赔。

(3)在国际工程中工程变更不能免去承包商的合同责任，而且对方应有变更的主观意图。对涉及双方责权利关系的重大变更，必须有双方签署的变更协议。

(4)工程变更不能超过合同规定的工程范围。如果超过这个范围，承包商有权不执行变更或坚持先商定价格后再进行变更。

(5)应注意工程变更的实施、价格谈判和建设方批准三者之间在时间上的矛盾性。在国际工程中，合同通常都规定，承包商必须无条件执行建设方代表或工程师的变更指令(即使是口头指令)。工程变更已成为事实，工程师再发出价格和费率的调整通知，价格谈判常常迟迟达不成协议，或建设方对承包商的补偿要求不批准。在这种情况下，价格调整主动权完全在建设方和工程师，承包商的地位很为不利，风险较大。对此可采取如下措施：

第一，控制(即拖延)施工进度，等待变更谈判结果。这样不仅损失较小，而且谈判回旋余地较大。

第二，争取以点工或按承包商的实际费用支出计算费用补偿，如采取成本加酬金方法，这样可避免价格谈判中的争执。

第三，应有完整的变更实施的记录和照片，请建设方、工程师签字，为索赔作准备。

第四，承包商在工程中不能擅自进行变更。施工中发现图纸错误或其他问题，需进行变更，首先应通知工程师，经工程师同意或通过变更程序再进行变更。否则，可能不仅得不到应有的补偿，而且会带来麻烦。

第五,在合同实施中,与建设方、与总(分)包人之间的任何书面信件、报告、指令等都应经合同管理人员进行技术和法律方面的审查,才能保证任何变更都在控制中。

第六,在商讨变更、签订变更协议过程中,承包商必须提出变更补偿(即索赔)问题。双方应就这些问题达成一致。这是对索赔权的保留,以防日后争执。

此外,在工程变更中,特别应注意因变更造成返工、停工、窝工、修改计划等引起的损失,注意有关证据的收集。在变更谈判中应对此进行商谈,保留索赔权。

➤ 8.5.2 工程变更控制

建设方在项目施工中审核各种有关工程变更请求,掌握好处理这些变更的程序和原则,对控制工程的进度、质量和投资起着至关重要的作用。

1. 工程变更程序

设计单位根据建设方设计委托书的要求进行设计,委托书一定要以书面形式给出。设计单位在完成施工图设计后,建设方要把图纸送交专业职能部门审核。建设方组织设计、施工、监理各方开展审图交桩活动,尽可能把存在的问题都提出来进行研究和讨论,并由设计单位作出解答,形成文字资料作为日后施工依据。

在工程实施中往往还会遇到许多预想不到的问题,工程实体与设计图纸,设备、材料确定过程与技术说明、参数要求多少会有些变化,这些变更一定要经设计单位认可,给出工程变更通知后方可实施。

2. 施工单位提出的工程变更

(1)施工单位对图纸或设计说明有不明确的问题向设计单位提出询问。

(2)施工单位提出技术修改,如对某些材料、设备参数的选用提出变更请求。

(3)施工单位对施工方法、施工议案提出修改。如地下室防水工程、屋面防水保温工程、管道保温材料选用等,做法有多种,使用材料也各不相同。

(4)施工单位要求修改图纸。比如实际的管路走向与图纸不符时,管线交叉相互碰撞时,施工单位提出修改图纸。

(5)施工单位往往还会因材料采购、资金安排和人力组织方面的原因而提出变更施工组织设计和施工方案的要求。

3. 监理单位提出的工程变更

监理工程师有着丰富的专业实践经验,在施工中他们经常在现场巡视,往往会发现工程中存在的问题,并提出工程变更建议。

4. 设计单位提出的工程变更

在施工中设计单位或其驻工地代表会对原设计中的错、漏、碰、缺提议设计修改和完善。

5. 建设方提出的工程变更

为考虑市场因素,完善使用功能,或为了保证工程质量、降低工程造价、加快工程进度等,建设方往往也会提出工程变更要求。

无论是哪一方提出工程变更,都要履行工程变更手续,由总监召集专业监理工程师进行审查,认为可行后,由建设方报设计单位重新出图、经总监发布变更令后交由施工单位执行。

8.6 工程索赔控制

8.6.1 工程索赔

1. 工程索赔的概念

索赔一般指对某事、某物主张权利和利益的一种活动。工程索赔通常是指在工程合同履行过程中,合同的承包方因非自身责任或对方不履行及未能正确履行合同而受到经济损失或权利损害时,通过一定的合法程序向建设方提出经济或工期补偿要求的活动。索赔大量发生在发包人、工程师和承包人之间,是一种以法律和合同为依据的、合情合理的行为,构成了促使有关各方正确履行合同义务的制约关系。

2. 索赔的特征

从索赔的基本含义,可以看出索赔具有以下基本特征:

(1)索赔是定向的。只有承包人向发包人追索利益叫索赔,发包人向承包人追索利益叫反索赔。由于实践中发包人始终处于主动和有利地位,因此在工程实践中大量发生的、处理比较困难的是承包人向发包人的索赔,也是工程师进行合同管理的重点内容之一。承包人的索赔范围非常广泛,一般只要因非承包人自身责任造成其工期延长或成本增加,都有可能向发包人提出索赔。

(2)只有实际发生了经济损失或权利损害,承包方才能向对方索赔。经济损失是指因非本方因素造成合同外的额外支出,如人工费、材料费、机械费、管理费等额外开支;权利损害是指因非本方因素一方合同权利不能实现,如由于恶劣气候条件对工程进度的不利影响。有时上述两者同时存在,如发包人未及时交付合格的施工现场,既造成承包人的经济损失,又侵犯了承包人的工期权利,因此,承包人既要求经济赔偿,又要求工期延长;有时两者则可单独存在。承包人根据合同规定或惯例则只能要求工期延长,不应要求经济补偿;或相反。

(3)索赔是一种未经对方确认的单方行为。对对方尚未形成约束力,这种索赔要求能否得到最终实现,须通过某种确认(如双方协商、谈判、调解或仲裁、诉讼)后才能实现。

实质上索赔是一种正当的权利或要求,是合情、合理、合法的行为。

8.6.2 工程索赔的分类

工程索赔贯穿在整个承包过程中,大致有以下几种:

1. 按索赔要求分类

(1)工期索赔。因工程量、设计改变,新增工程项目,发包方迟发指示,自然灾害影响,发包方不应有的干扰等原因,承包方要求延长工期的索赔活动。

(2)费用索赔。由于施工客观条件改变而增加了承包方的开支或亏损,向发包方要求补偿,弥补经济损失。

2. 按索赔的当事方来分类

(1)承包方向发包方提起的索赔。这类活动大都是有关工程量计算、工程变更、工期、质量和价格方面的争议,也有关于违约行为、中断或终止合同的损害赔偿等。

（2）总、分包方之间的索赔。其内容与前一种大致相似，但大多数是分包方向总包方索要付款和赔偿，以及总包方向分包方罚款或扣留支付款等。

（3）承包方同供应商之间的索赔。其内容多系商贸方面的争议，例如货品质量不符合技术要求、数量短缺、交货拖延、运输损坏等。

（4）承包方向保险公司索赔。承包方受到灾害、事故或其他损害或损失，按保险单向其投保的保险公司索赔。

3. 按索赔的依据分类

（1）合同内的索赔。索赔涉及的内容可以在合同中找到依据，或者属于合同约定事项。

（2）合同外的索赔。索赔的内容可从法律法规或合同含义中找到根据。其多表现为侵权致损或违反担保致损。

（3）道义索赔。承包方签约时或估算失误或弄巧成拙，致本方结算时亏损严重。但承包方诚信努力，合格或优质完工比率较高。承包方虽无法定事由，但认为自己有道义基础，而向发包方提出补偿要求。发包方基于某种利益的考虑而可能给予补偿。

4. 按索赔的起因分类

（1）有关合同文件资料引起的索赔。投标前的来往信件往往是重要的证据，而投标的附带文件也会包含一些重要信息。所有这些文件和资料，都可能使索赔成行。

（2）有关工程实施引起的索赔。合同实施中会产生索赔问题。工程变更往往是索赔的重要理由之一，尤其在变更项目的价格确定上更是如此。在合同事务中有将可能遇到的风险分配给他方的事。然而要分辨具体事件配送风险正确与否往往是不容易的，从而引发索赔。

（3）有关付款引起的索赔。

（4）有关工程延期和中断引起的索赔。这类问题多由发包方承担责任，因其使承包方发生了额外费用和工期损失。

（5）有关错误的决定等引起的索赔。如违约、终止合同等情况下产生的索赔。

➤ 8.6.3 工程索赔的程序

我国《建设工程施工合同（示范文本）》通用条款中，载有索赔程序：

（1）当一方向另一方提出索赔时，要有正当索赔理由，且有索赔事件发生时的有效证据。

（2）承包人因非自身过错致利益或工期受损可按下列程序书面向发包人索赔：

①索赔事件发生后 28 天内，向工程师发出索赔意向通知。

②发出索赔意向通知后 28 天内，向工程师提出延长工期和（或）补偿经济损失的索赔报告及有关资料。

③工程师在收到承包人送交的索赔报告和有关资料后，于 28 天内给予答复，或要求承包人进一步补充索赔理由和证据。

④工程师在收到承包人送交的索赔报告和有关资料后 28 天内未予答复或未对承包人作进一步要求，视为该项索赔已经认可。

⑤当该索赔事件持续进行时，承包人应当阶段性向工程师发出索赔意向，在索赔事件终了后 28 天内，向工程师送交索赔的有关资料和最终索赔报告。索赔答复程序与③④规定相同。

（3）发包人因承包人过错致利益受损，可按上述规定向承包人提出反索赔。

在实际工作中，"索赔"是定向的。工程师依据合同的事实可对索赔进行处理。在《建设工程施工合同》条件下,承包人机械设备损坏的的损失是由承包人承担的,不能向发包人索赔,但在 FIDIC 合同中,不可抗力事件一般都列为建设方承担的风险。

不管是我国《建设工程施工合同》条件下还是在 FIDIC 合同条件下,索赔事件发生后,索赔的提出和处理都应当是及时的,处理不及时对双方都会产生不利影响。承包商应当认真研究合同条件,分析事件发生的原因,及时准确地提出索赔请求,完善索赔资料,合理地争取到更多的利益。

➤ 8.6.4　建设方索赔管理

"买方市场"现状决定了施工合同中承包商和建设方的风险分担是不均的。施工索赔是承包商保护自身利益的手段,反索赔也是建设方或发包方的维权方式之一。

索赔是一种正当的权利要求。业界有句话叫"中标靠低价,赚钱靠索赔"。因此,工程索赔直接关系到双方的利益。尤其对建设方来说,加强工程索赔管理,可以有效地降低建设成本,提高工程质量。

1.建设方索赔管理中存在的问题

(1)建设方往往认为索赔是承包方的权利,对建设方来说只能被动地接受。有的对承包方的索赔要求持无所谓的态度。还有的认为,索赔是一种惩罚,发生索赔就要负法律责任,从而会采取一些违背常规的手段。

(2)建设方缺乏索赔意识是普遍存在的问题,因而未建立必要的索赔制度,对一些与合同有关的事件漠然置之,对一些重要的证据不收集、不记录、不签字、不归档,也不配备专门人员处理索赔事务。发现可以反索赔的机会,也不主动去实施。而一旦对方提出索赔要求,就会惊慌失措,仓促应付,被对方牵着鼻子走。

(3)索赔经验缺乏。我国建筑企业起步比较晚,索赔研究也相对滞后,目前仅仅停留在借鉴国外理论和经验的层面上,没有形成一套成熟的符合我国国情的索赔管理理论体系。

2.强化建设方索赔管理的措施

建设方在进行索赔管理时,要加强防范意识,坚持预防为主;努力做好事前、事中、事后控制,认真排查索赔事件的诱因,防止和减少索赔事件的发生。具体应做到:

(1)严把设计质量关,尽量减少设计变更。

①对可能引起设计变更的环节,如:设计方案(包括类型和尺寸),工程的质量标准,工程的数量、施工顺序和时间安排等一定要认真审查。

②要对提供给承包方的原始资料认真核查。这也是引起承包方索赔的主要环节。应该尽量避免出现如下错误:施工图与现场地质、环境等方面的差异过大;设计的图纸对规范要求、施工说明等表达不明确,对设备、材料的名称、规格型号表示不清楚;存在遗漏、计算错误等缺陷。

(2)认真编制招标文件。招标文件95%左右的内容均将成为合同内容,编好招标文件非常重要。在工程招标和合同谈判阶段,可邀请监理工程师参与决策。各招标文件的内容要一致,尽量避免和减少相互之间的矛盾;文件用语要推敲,要严谨;要注意资料可靠,能详细、客观地反映实际情况;要注意公正地处理合同双方的利益,风险要合理分担;对于价值高、工程量大的项目可要求承包商投标时提交"单价分析表",以备处理索赔时使用。

(3)加强项目实施阶段管理。应做好以下工作:

①在日常工作中,建设方应保持实际工程记录,建立工程项目文档管理系统,委派专人负

责工程资料和其他经济活动资料的收集整理工作。

②进行合同监督和跟踪。首先保证自己不违约，并动态地跟踪和监督对方的履约情况，发现不符合或有争议的问题应及时处理。

③尽早处理索赔事务，争取索赔中的有利地位。

④明确监理的授权范围，避免其工作越权越位，发出不适当的指令，引起索赔。

（4）充分发挥监理作用。建设方一方面要依靠监理工程师，另一方面也应对监理工程师提出如下明确要求：

①树立风险意识，对可能出现的薄弱环节要加强防范。

②提高职业责任感，做好监理日记和现场发生的各种情况的记录。

③在出现索赔事件后，能积极应对，根据合同提出公正合理的建议。

（5）严格监控承包商的履约行为，合理进行反索赔。在项目实施中，承包商不履行、不当履行或不完全履行合同义务，或是由于承包商的行为使建设方受到了损失，建设方为维护自身利益，应该进行反索赔。一般来讲，反索赔主要涉及工程质量、拖延工期、经济担保、保证金以及其他事项。

（6）建立反索赔机制，配备专门人员。在一项建设工程中，对建设方来说，反索赔管理的主要内容之一应是防止对方索赔和反击对方的索赔要求。建设方的索赔管理应该贯穿建设项目的全过程。组织可以是临设的，但配备的人员素质要高，既要懂工程管理，又要熟悉法律程序，还必须有敬业精神和良好的职业道德。这样才能保证索赔管理工作落得实，有成效。

建设方索赔管理是一项复杂而系统的工程，主要的原则是预防为主，合理反索赔。中心环节是相关证据的收集和整理。建设方只有做好以上工作，才能有效地防止承包商的索赔，同时也可以在自己的权益受到损害时，积极提起反索赔。

8.6.5 承包商对索赔的管理

1. 承包商的索赔管理措施

（1）建立精干而稳定的索赔管理小组。

（2）组织全体管理人员学习合同文件，使每一个人都建立索赔意识。

（3）加强文档管理，注意保存索赔资料和证据。

（4）抓住索赔机遇，及时申请索赔。

（5）写好索赔报告，重视索赔额计算和证据。

（6）注意索赔谈判的策略和技巧。

2. 承包商向发包方索赔的内容

当发生发包方要求增加工作内容、损害承包商权益或建设方违约时，承包商可视不同情况要求工期、费用和利润方面的索赔。这些情况可概括为以下一些方面：

（1）工程变更：工程项目或工程量的增加，工程性质、质量或类型的改变，工程标高、尺寸和位置的变化，各种附加工作以及规定的施工顺序和时间安排的改变，以上一般会引起工程费用增加和工期延长，可以据实要求索赔。在变更指令要求删减某些项目或工作量时，如造成承包商人员窝工和设备的积压时同样也可要求索赔。

（2）国家或州、省的法令、法规，政令或法律在某一规定日期后发生变更，影响到承包商的成本计算或外汇使用、汇出受到限制时，均可索赔。

（3）物价上涨，一般可按照价格调整公式或合同中的有关其他规定在每次支付时索赔。

（4）工期因素的影响：非承包方的原因造成的竣工期限的延长；工程暂停所造成的承包方的工期、费用和利润损失以及随后的复工时的费用；发包方要求承包商加速施工。

（5）工程师对承包商提供的索赔帮助，如：要求补充图纸或补充进行合同中未规定的设计时；提供的测量原始数据有错误或地质水文资料有错误时；要求附加打孔或钻探工作时；要求采取措施保护化石和文物时；当咨询工程师的设计侵犯专利权时；要求剥露或开孔检查质量而检查后工程质量合格时；要求进行合同规定之外的检验时；工程师纠正建设方代表的错误指示时；等等。

（6）建设方未尽到应尽的义务。如土地规划未获批准，未能提供招标时许诺的开工准备工作，未及时给出施工场地及通道等，导致承包商的损失。

（7）属于建设方的风险或特殊风险给承包商造成的损失。

（8）建设方违约造成的各种不良后果。

（9）其他：如工程保险中未能从保险公司得到的补偿，建设方雇用的其他承包商的干扰等。

FIDIC 合同条件下，承包商可索赔条款的基本规律是：

（1）各项索赔条款中，均可索赔成本。

（2）可索赔工期的条款，一般可同时索赔成本。

（3）可索赔利润的条款，一定可同时索赔成本。

（4）在工期延长和利润补偿二者之中，只能得到一种。

（5）利润补偿的机会较少。有相当多场合是可以索赔成本，但不能补偿利润；利润的补偿也不能单独进行。

➤ 8.6.6 工程师对索赔的管理

1. 工程师对索赔的审查

工程师审核承包人的索赔申请，判定承包人索赔成立的条件为：

（1）与合同相对照，事件已造成了承包人施工成本的额外支出，或直接工期损失。

（2）造成费用增加或工期损失的原因，按合同约定不属于承包人的行为责任或风险责任。

（3）承包人按合同规定的程序提交了索赔意向通知和索赔报告。

上述三个条件没有先后主次之分，应当同时具备。只有工程师认定索赔成立后，才按一定程序处理。

2. 审查索赔证据

工程师对索赔报告的审查，首先是判断承包人的索赔要求是否有理、有据。所谓有理，是指索赔要求与合同条款或有关法规是否一致，受到的损失应属于非承包人责任原因所造成。所谓有据，是指提供的证据满足索赔要求。

3. 审查工期延展要求

对索赔报告中要求延展的工期，在审核中应注意以下几点：

（1）划清施工进度拖延的责任。

因承包人的原因造成施工进度滞后，属于不可原谅的延期，只有承包人不应承担任何责任的延误，才是可原谅的延期。有时工期延误的原因中可能包含有双方责任，此时工程师应进行详细分析,分清责任比例,只有可原谅延期部分才能批准延展合同工期。可原谅延期,又可细分为可原谅并给予补偿费用的延期和可原谅但不给予补偿费用的延期,后者是指非承包人责任的影响并未导致施工成本的额外支出,大多属于建设方应承担风险责任事件的影响,如异常恶劣的气候条件影响的停工等。

(2)被延误的工作应是处于施工进度计划关键线路上的施工内容。

只有位于关键线路上工作内容的滞后,才会影响到竣工日期。但有时也应注意,既要看被延误的工作是否在关键路线上,又要详细分析这一延误对后续工作的影响。因为若对非关键路线工作的影响时间较长,超过了该工作可用于自由支配的时间,也会导致进度计划中的非关键路线转化为关键路线,其滞后将影响总工期的拖延。此时,应充分考虑该工作的自由时间,给予相应的工期延展,并要求承包人修改施工进度计划。

(3)无权要求承包人缩短合同工期。

工程师有审核和批准承包人展延工期的权力,但他不可以扣减合同工期。也就是说,工程师有权指示承包人删减掉某些合同内规定的工作内容,但不能要求他相应缩短合同工期。如果要求提前竣工的话,这项工作属于合同的变更。

(4)审查费用索赔要求。

工程师在审核索赔的过程中,除了划清合同责任以外,还应注意索赔计算的取费合理性和计算的正确性。

①承包人可索赔的费用。其一般包括:人工费、设备费、材料费、保函手续费、贷款利息、保险费、利润、管理费(现场管理费和公司管理费)。

②审核索赔取费的合理性。费用索赔涉及的款项较多,内容庞杂。承包人都是从维护自身利益的角度解释合同条款,进而申请索赔额。工程师应做到公正地审核索赔报告申请,挑出不合理的取费项目或费率,就某一特定索赔时间而言,可能涉及上述八种费用的某几项,所以应检查取费项目的合理性。

③审核索赔计算的正确性。主要注意的问题包括:

工程量表中的单价是综合单价,不仅含有直接费,还包括间接费、风险费、辅助施工机械费、公司管理费和利润等项目的摊销成本。在索赔计算中不应有重复取费。

停工损失中,不应以计日工费计算。闲置人员不应计算在此期间的奖金、福利等报酬,通常采取人工单价乘以折算系数计算。停驶的机械费补偿,应按机械折旧费或设备租赁费计算,不应包括运转操作费用。

正确区分停工损失与因工程师临时改变工作内容或作业方法的功效降低损失的区别。凡可改做其他工作的,不应按停工损失计算,但可以适当补偿降低的损失。

4.工程师对索赔的反驳

首先要说明的是,这里所讲的反驳索赔仅仅指的是反驳承包人不合理索赔或者索赔中的不合理部分,而绝对不是只把承包人当做对立面,偏袒建设方,设法不给予或尽量少给予承包人补偿。反驳索赔的措施是指工程师针对一些可能发生索赔的领域,为了今后有充分证据反驳承包人的不合理要求而采取的监督管理措施。反驳索赔措施实际上是包括在工程师的日常监理工作中的。能否有力地反驳索赔,是衡量工程师工作成效的重要尺度。

工程师通常可以对承包人的索赔提出质疑的情况有:

(1)索赔事项不属于建设方或工程师的责任,而是与承包人有关的其他第三方的责任。

(2)建设方和承包人共同负有责任,承包人必须划分和证明双方责任大小。

(3)事实依据不足。

(4)合同依据不足。

(5)承包人未遵守意向通知要求。

(6)合同中的开脱责任条款已经免除了建设方的补偿责任。

(7)承包人以前已经放弃(明示或暗示)了索赔要求。

(8)承包人没有采取适当措施避免或减少损失。

(9)承包人必须提供进一步的证据。

(10)损失计算夸大,等等。

8.7　工程合同风险管理

8.7.1　工程合同风险的分类

建设工程施工合同的特点可以概括为"特、长、多、广、严"五个字。"特"是指合同"标的物"——建设工程——的特殊性,即产品固定且单一、受自然和社会环境因素影响大等特点。"长"是指合同纠纷周期长、施工合同的履行期长。"多"是指施工合同与其他类型的合同内容相比,合同条款内容多。"广"是指施工合同涉及面广,不但涉及双方当事人,涉及法律法规,还要涉及地方政府建设行政主管部门,涉及其他单位和个人的利益等。"严"是指建设法规对承包人资质的要求非常严,如应具有营业执照、资质证书、安全生产许可证、外地企业进驻当地施工的有关备案手续等。

施工合同的风险客观存在,应根据施工合同的特点来分析研究风险的类型及防范措施。

根据合同主体行为,合同风险可分为客观性合同风险和主观性合同风险。

1.客观性合同风险

合同的客观风险是法律法规、合同条件以及国际惯例规定的,其风险责任是合同双方无法回避的。例如,FIDIC 合同条款规定:15％合同金额以内的工程变更,承包人得不到任何补偿,这叫做工程变更风险。又如,在招投标活动中,针对建筑市场平均价格承包方合同报价不予抬高,则应承担全部风险;如果在一定范围内抬高,则承担部分风险,这叫做市场价格风险。还有在索赔事件发生后的 28 天内,承包商必须提出索赔意向通知,否则索赔失效,这叫时效风险。

2.主观性合同风险

合同的主观性风险是人为因素引起的,能通过人为因素避免或控制的合同风险。在示范文本中,发包人利用有利的竞争地位和起草合同的便利条件,把相当一部分风险转嫁给了承包人。如:合同存在单方面的约束性、不平衡的责权利条款,合同内缺少转移风险的担保、索赔、保险等条款,缺少因第三方造成工期延误或经济损失的赔偿条款,缺少对发包人代表或监理工程师工作效率低或发出错误指令的制约条款等。而承包商为承揽工程,在合同协议中,对合同谈判只重视价格和工期,对其他条款注意有限,在合同签订上表现出一定的盲目性和随意性。

➤ 8.7.2　施工合同风险的管理

1. 施工合同风险识别的方法

有效识别是防范和控制施工合同风险的前提。一般来说施工企业进行合同风险识别的常用方法的有下列几种：专家调查法、财务报表法、流程图法、初始清单法、经验数据法和风险调查法。

（1）专家调查法。常用的主要方式有两种：一种是召集企业有关高级专业管理人员开会；另一种是采用问卷式调查，由风险管理人员对高级专业管理人员发表的意见加以归纳分类、整理分析，形成总体风险表，供领导决策参考。

（2）财务报表法。对财务报表中所列的各项会计数据作深入的分析研究，通过对以往相似工程财务数据进行分析对比来识别工程风险。

（3）流程图法。流程图法主要是将合同实施从立项、签订、招投标、委托授权、市场准入、合同履行、终结及售后服务全过程，以流程图的形式绘制出来，从而确定合同管理的重要环节，进行风险分析，提出补救措施。这种方法比较简洁和直观，易于发现关键控制点的风险因素。

（4）初始清单法。首先按单项工程、单位工程分解，再对各单项工程、单位工程分别从时间维、目标维和因素维进行分解，识别工程主要的、常见的风险，还可以参照同类工程风险的经验数据（要多方收集）或针对具体建设工程的特点进行风险调查。

（5）经验数据法。经验数据法也称为统计资料法，即根据已承建项目的相关风险资料来识别拟承建工程的风险。

（6）风险调查法。从分析具体建设工程的特点入手，一方面对通过其他方法已识别出的风险（如初始风险清单所列出的风险）进行鉴别和确认，另一方面通过风险调查去发现尚未识别的重要的风险。通常，可从组织、技术、自然、环境、经济、合同等方面分析拟建工程的特点以及相应的潜在风险。风险调查应该在建设工程实施全程中不断地进行。随着工程进展，不确定性因素越来越少，风险调查的内容亦将相应减少，风险调查的重点也随之变化。

对于施工合同风险来说，仅仅采用一种风险识别方法是远远不够的。从某种意义上讲，前五种风险识别方法的主要作用在于建立初始风险清单，而风险调查法的作用则在于建立最终的风险清单。

2. 施工合同风险对策的类型

施工合同风险对策有许多种，但常用的风险对策主要有风险回避、风险控制、风险转移和风险自担。

（1）风险回避是断绝风险来源的一种方法。其一般适用于以下两种情况：一是风险可能造成相当大的损失，且发生的频率较高；二是应用其他对策的代价昂贵，得不偿失。

（2）风险控制是针对可控性风险采取的防止风险发生、减少损失的对策。风险控制措施必须针对项目具体情况提出，既可以是项目内部采取的技术措施、工程措施和管理措施等，也可以是采取向外消化或减少项目承担的风险。

（3）风险转移是合同一方试图将自身可能面临的风险转移给他人承担，以避免自身风险损失。风险转移可以将风险源转移出去，或只把部分或全部风险损失转移出去。后一种方法主要分为保险转移方法和非保险转移方法。

（4）风险自担就是将风险损失留给施工企业自己承担。这又分为两种情况：一种是已知有风险,但由于可能获得高额利润或因为企业战略考虑而需要冒险;另一种情况是已知有风险,但若采取某种风险措施,其费用支出将大于自担风险损失。

复习思考题

1. 何谓合同管理体系?建设方如何实施合同管理的协调?

2. 工程合同管理基本制度及其内容都有哪些?

3. 合同策划的种类有哪些?

4. 建设方如何控制承包商的数量?

5. 试述单价合同、固定总价合同、计量定价承包、成本加酬金承包的要点。

6. 何谓重要合同条款?合同双方的约定事项和控制权都有哪些?

7. 试述建设工程招标的四种方式并进行评价。

8. 试述强制招标的范围和内容。

9. 如何实施工程进度目标控制?

10. 如何实施工程合同价款的结算控制?

11. 如何进行工程合同的界面协调?

12. 如何实施工程合同的跟踪和清理?

13. 合同变更的起因和影响有哪些?

14. 合同变更的范围和程序有哪些?

15. 如何实施工程变更控制?

16. 何谓工程索赔?它有哪些特征?

17. 简述工程索赔的分类。

18. 简述工程索赔的程序。

19. 建设方如何实施工程索赔管理?

20. 试述工程合同风险的分类。

21. 试述施工合同风险识别的方法。

考证知识点

1. 项目管理的核心任务是目标控制。要能够及时地发现问题,采取措施,纠偏补差,保证工程项目沿着正确的轨道实现目标。

2. 工程项目的实施分为五个环节:报建、设计、招投标、物料采购和委托监理。后两个环节有时合并为施工准备。作为设计环节而论,其前置工作就是编制设计任务书。

3. EPC承包是对有关工程负责进行设计-采购-施工的承包,又称为交钥匙总承包,并对该工程安全、质量、工期、造价全面负责。

4. 工程项目的策划,是工程项目的立项和实施基本运筹过程,在项目的运作中起着"千里之行始于足下"的启动作用。

5. 施工组织设计是施工单位或其项目部为完成项目施工任务而根据自身条件和客观形势编制的对施工进程的基本安排。该项安排在投标时就应具备雏形,开工前要进行细化,施工中根据实际情况进行修改完善,竣工验交后进行提炼和总结,升华为企业的智慧结晶和知识锦囊。

在自身条件一项中,管理人员的素质应为基本考察项,既不能高估,也不能低估。实施何种操作,有关管理人员应当心中有数。

6.所谓组织风险,指组织用人不当或对所用之人缺乏必要的培训和锻炼,特别对安全管理人员急需提高其履行职务的能力。

7.任何单位进行财务核算都离不开资产负债表这种工具,对施工企业也是如此。资产负债表的结构形式为:资产＝负债＋所有者权益。

8.工程项目进度控制,实质是一种动态控制。随时发现施工中的问题随时解决,才能保证受控进度计划实现。

9.工程项目的质量计划应由施工企业或其施工项目部编制,经企业总工程师或项目部技术负责人审查后,报请工程师或甲方代表(未委托监理)批准,然后由施工项目部付诸实施。

10.施工过程的质量控制最重要的是操作环节控制、工艺控制和材料设备的控制。

11.经统计,飘浮在空气中的微小灰尘颗粒和化学液滴的直径大致在 $0.1 \sim 100 \mu m$ 之间。

12.某施工单位在施工中遭遇非本方责任造成的非保险类经济损失和工期损失,都有权利向建设方进行索赔。建设方在担责后,对非本身责任造成的施工方损失,可以转而向责任方进行经济追索。

13.凡不可抗力事件造成的施工方的经济损失和工期损失,往往按经济损失计算损失值,由参与强制保险的施工方或建设方向有关保险公司索赔,最终的受益人是受损方。

14.在工程项目管理中,信息管理所以最薄弱的原因是:信息设施和工作机制的建设尚需时日;信息管理的基础并不完善;在我国建筑业界有不重视信息管理的习俗。

15.在工程项目管理中,承担工程项目总投资目标管理的单位是项目总承包单位、受委托的工程项目咨询单位或受委托的工程项目监理单位和设计单位。

16.工程项目实施策划的主要内容有:任务分工和管理职能分工、项目管理工作流程、建立编码体系、成立建设方项目管理机构。

17.有一类总承包管理公司称为代建公司,它们只实施管理而不实际操作,经它们选定的专业承包单位直接与建设方签订施工合同,而由代建公司进行管理。一般由代建公司向专业施工方支付工程款,也有建设方根据代建公司的意见直接支付的。对常规管理,完全由代建公司实施。因而,总承包管理合同又可称为代建管理合同,只涉及管理费,并不一定确定工程造价。

18.一般而论,工程项目质量控制点为:"四新"事项(新材料、新设备、新工艺、新技术),影响面较广的新结构,质量控制难度较大的重要部位,经验欠缺的施工内容。

19.可以实施机械使用费索赔的事项有:按错误指令实施或停机导致的窝工费,增加的额外机械使用费等;非承包方责任引发的机械功能降低形成的窝工费、机械使用费和其他损失。

20.工程项目实施工作编码的事项有:土建施工和设备安装、工程事务招投标、设计事务等。

21.索赔应属于专门的建设事务之一,指工程建设合同的非建设方主体向建设方索要经济补偿和工期补偿的活动。而建设方向有关非建设方主体索要经济补偿的活动称为反索赔。

有一种观点是:索赔无方向性,谁先提出经济补偿要求,他将被视同原告,反驳或反向请求被称为反索赔。不同意这种观点的依据暂列三条:第一,建设合同当事人双方的补偿请求种类不尽相同。其中,建设方不可能向他方提请工期补偿。第二,建设方总管经济,主持分配,其经济补偿请求可通过扣缴直接弥平。第三,但凡发生建设事务索赔纠纷,绝大多数都是非建设方向建设方提起的,反向提起的几率几乎趋近于零。此外,建设事务纠纷必先经工程师或甲方代表处理。即建设方在索赔事件中具有先天的优势。

单项选择题

1. 项目管理的核心任务是( )。

A. 目标规划　　　　B. 目标比选　　　　C. 目标论证　　　　D. 目标控制

2. 工程项目实施中,设计前主要工作是( )。

A. 编制项目建议书　　　　　　　　B. 编制项目总进度计划

C. 编制项目总成本计划　　　　　　D. 编制项目设计任务书

3. ( )的项目管理都属于EPC承包模式下的项目管理。

A. 施工总承包　　B. 投资方　　C. 建设项目总包方　　D. 施工联合体

4. ( )的过程是专家知识的组织和集成的过程,也是信息的组织和集成的过程。即通过知识的获取、编写和整理而形成的新知识。

A. 工程项目实施　　B. 工程项目策划　　C. 工程项目计划　　D. 工程项目结算

5. 施工组织设计的内容要结合工程对象的实际特点、施工条件和( )进行综合考虑。

A. 管理水平　　　　B. 技术水平　　　　C. 施工进度　　　　D. 管理人员的素质

6. 建设工程组织风险可分为:组织风险、经济与管理风险、工程环境和技术风险。下列风险中属于组织风险的是( )。

A. 安全管理人员的素质　　　　　　B. 人身安全控制计划

C. 引起火灾和爆炸事故的因素　　　D. 工程施工方案

7. 施工企业进行会计核算时的会计要素包括( )。

A. 资产、负债、利息　　　　　　　B. 负债、存货、折旧

C. 资产、负债、所有者权益　　　　D. 利息、存货、所有者权益

8. 工程项目进度控制在管理理念方面存在的主要问题包括( )。

A. 认为进度计划应该系统化　　　　B. 缺乏动态控制观念

C. 缺乏进度计划系统观念　　　　　D. 把时间花在多方案比较上

9. 施工质量计划编制后,应经( )批准,才能纳入执行。

A. 企业技术负责人审核并报请监理机构或建设方

B. 项目经理审核并报请监理机构或建设方

C. 工程监理单位审核并报请建设方

D. 工程监理单位审核并报请工程质量监督检查机构

10. 施工质量控制过程包括( )。

A. 工程项目设计质量控制　　　　　B. 工程项目材料设备质量控制

C. 工程项目施工过程质量控制　　　D. 工程项目竣工验收质量控制

11. 粒子状态污染物又称固体颗粒污染物,是分散在大气中的酸碱化合物的固体颗粒和微小液滴,粒径在( )μm之间,是一堆复杂的非均匀体。

A. 0.001~100　　B. 0.01~100　　C. 0.1~100　　D. 0.1~1000

12. 某施工单位在施工中发生:经建设方要求的合同外施工3万元,建设方原因致功效降

低增加人工费 3 万元,施工机械故障造成窝工损失 1 万元,则施工方向建设方的索赔额为( )万元。

  A. 7   B. 6   C. 4   D. 3

13. 可划归为不可抗力自然灾害事件造成施工方的经济和工期损失可统归为经济损失,应由( )承担责任。

  A. 承发包人共同   B. 发包人   C. 有关保险公司   D. 承包人

14. 目前我国项目管理工作中的最薄弱的工作环节是( )。

  A. 技术设施   B. 信息管理   C. 施工质量   D. 员工素质

多项选择题

1. 在项目管理的管理目标中,含有总投资目标的单位是( )。

  A. 项目总包单位   B. 委托项目咨询单位

  C. 委托项目监理单位   D. 项目设计单位

  E. 项目施工单位

2. 项目实施策划中的组织策划主要工作内容为( )。

  A. 任务分工和管理职能分工   B. 工作任务分工表

  C. 工程项目管理工作流程   D. 建立编码体系

  E. 成立建设方工程项目管理机构

3. 属于工程项目施工总包管理模式的事项有( )。

  A. 对施工总包管理单位招标时,只确定施工总包管理费,不确定工程造价

  B. 多数由建设方与专业分包方直接签约

  C. 对专业分包工程的质量控制由总包方进行

  D. 专业分包工程款可由总包方或建设方支付

  E. 开工前就有比较明确的合同标的额

4. 施工质量控制点是指施工质量控制重点。凡属"四新"内容(新材料、新设备、新工艺、新技术)和( )的事项,均为质量控制点。

  A. 关键技术

  B. 控制难度大的重要部位

  C. 经验缺乏的施工内容

  D. 合理性虽不足,但经建设方持续要求的事项

  E. 影响面较广的新结构

5. 工程项目施工中,机械使用费的索赔事项包括( )。

  A. 停工维修导致的窝工费

  B. 工程师错误指令机械停工导致的窝工费

  C. 非承包商责任导致功效降低的机械使用费

  D. 机械操作人员患病停工导致的窝工费

  E. 按指令完成额外工作增加的机械使用费

6. 工程项目实施的工作编码包括( )。

  A. 施工设备安装工作项   B. 招投标工作项

C. 设计事务工作项　　　　　　D. 成本控制工作项

E. 进度控制工作项

综合简答题

简述索赔定义的规定性及其理由。

第 9 章
工程承包合同

 学习要点

1. 掌握工程承包合同的订立原则和程序
2. 熟悉工程承包合同的履行原则及控制
3. 了解合同的分包形式和管理

9.1 工程承包合同的订立

➤ 9.1.1 工程承包合同文本的审查

1. 概述

(1)谈判签约。根据我国有关法律规定,中标人必须在中标通知书发出之日起 30 日内与发包人通过谈判签订施工合同。

(2)谈判目的。

①发包人参加合同谈判的主要目的是:完善合同条款,以期廓清承包范围,进一步明确双方权义,便于操作实施;希望通过合同谈判,降低承包人某些不合理的报价;与承包人协商吸收其他投标人非常可行的某些建议,并确定由此导致的价格变更。

②承包人参加合同谈判的主要目的是:澄清发包方建议的某些含糊不清的条款,充分解释自己的某些建议或保留意见;争取选择适宜的合同条件,谋求公正和合理的权益,使本方权利与义务达到平衡;与发包人进行讨价还价,把本方在投标书中所埋伏笔或曲折的意思表达明朗化,争取更为有利的合同价格;提出或接受某些有关实施合同的合理化建议,并协商确定有关的价格变更。

③在合同谈判之前,合同双方都应认真研究招标文件及双方已达成的协议,提出本方的合同建议条款,力争通过合同谈判使自己处于较为有利的位置。

2. 审查分析合同草案

合同草案应为合同双方共同选定的合同示范文本或一方自拟的合同文本,各方已基本了解对方就合同主要条款表达的意见。审查分析主要包括以下几方面内容:

(1)合同效力审查。

①对合同当事人资格的审查。

合同双方应当具备相应的民事权利能力和民事行为能力。例如承包人要承包工程应当具有法人营业执照(民事权利能力)和相应的资质等级证书(民事行为能力)。

②工程项目合法性审查即合同客体审查。

主要审查工程项目是否经过报建,是否证照齐全,是否经过招投标,是否具备签订和实施合同的一切条件,包括:是否具备开展工程建设所需要的各种批准文件;工程项目是否已经列入年度建设计划;建设资金和主要建筑材料和设备来源是否已经落实。

③合同订立过程的审查。

A.招标签约行为审查。如:审查招标人是否有规避招标和隐瞒工程真实情况的行为;投标人是否有串通作弊、哄抬标价以及以行贿的手段谋取中标的现象;招标代理机构是否有违法泄露标底和其他保密事项的情况;各方是否有其他违反公开、公平、公正原则的行为。

B.合同生效条件审查。有些合同签订后需要满足一定的条件才能生效。例如涉外合同须经政府外经部门批准后才能生效。约定缴纳定金或履约保证金的合同,缴纳后合同才生效。对此,应当特别注意。

④合同内容合法性审查。

主要审查合同标的和合同承包形式的合法性。如是否存在转包和其他违法分包的事项,合同标的是否符合环境保护的规定情况,合同结算就赋税承担的约定,外汇额度条款、劳务进出口等条款是否符合相应的法律规定。

(2)合同的完备性审查。

《合同法》第12条规定,合同文本应包括合同当事人,合同标的,标的的数量和质量,合同价款或酬金,履行期限、地点和方式,违约责任和解决争议的方法等条款。由于建设工程的价值高、期限长、涉及面广,合同履行中不确定性因素多,从而给合同履行带来很大风险,甚至会给当事人造成重大损失。因此,应当对合同的完备性进行审查,包括:

①合同文件完备性审查。即审查属于该合同的各种文件是否齐全。如发包人提供的技术文件等资料是否与招标文件中规定的相符,合同文件是否能够满足工程需要等。

②合同条款完备性审查。即审查对工程涉及的各方面问题是否都有约定,是否存在漏项等。这与采用何种合同文本有很大关系:

如果采用的是合同示范文本,如我国《建设工程施工合同(示范文本)》等,则一般认为该合同条款较完备。此时,应重点审查专用条款是否与通用条款对应,是否有遗漏等。

如果未采用合同示范文本,应将拟签订的合同文本与示范文本的条款一一对照,从中寻找合同漏洞。

在审查无标准合同文本,如联营合同等的完备性时,应在符合《合同法》第12条规定的基础上与同类合同文本进行对比分析,并结合工程的实际情况,确定该类合同的范围和合同文本结构形式。

(3)合同条款的公正性审查。

由于建筑市场竞争异常激烈,而合同的起草权往往掌握在发包人手中,发包人所提供的合同条款很难保持公正性,承包人一般处于被动应付的地位。因此,承包人对明显缺乏公平公正的条款,在合同谈判时,或利用其他时机,力争对合同条款作出有利于自己的修改。谈判签约前,承包人应当拟定本方对发包人事先在招标文件中发布的合同预条款进行响应、修改、删除或替换的条款。为此,必要时承包人可对招标文件中发包人是否存在欺诈等违背诚实信用原则予以审查。

(4)对施工合同而言,应当重点审查以下内容:

①工作范围。即承包人所承担的工作范围,包括施工,非甲供材料和设备供应,劳务人员

的提供,工程量的确定,质量、工期要求及其他义务。工作范围是制定合同价格的基础,招标文件中往往有一些含糊不清的条款,故有必要进一步明确。在这方面,经常发生的问题有:

A.因工作范围和内容规定不明确,或承包人未能正确理解而出现报价漏项,或应包括的工程量没有进行计算,从而导致成本增加甚至整个承包出现亏损。

B.对于规格、型号、质量要求、技术标准文字表达不清楚,从而在实施中发生纠纷。

C.对于承包的国际工程,在实施有关书面翻译时出现错误,如将金扶手翻译成镀金扶手,将发电机翻译成发动机等,这必然导致报价失误。

②审查要点。合同审查的重点是价格条款。在固定总价合同中,根据双方已达成的价格,查看承包人应完成哪些工作,界面划分是否明确,对追加工程能否另计费用。对招标文件中已经体现,工程量也已列入,但总价中未计入者,要补充计价并相应调整合同价格。需注意应为现场监理工程师提供的宿办房及工作、生活设备等项服务是否包含在合同价内,以及合同中有无诸如"除另有规定外的一切工程"、"承包人可以合理推知需要提供的为本工程所需的一切服务"等含糊不清的词句。

③权利和责任。在合同审查时,要查清双方责权利是否平衡和对双方权义的制约是否完善。例如合同中规定"承包商在施工中随时接受工程师的检查"条款。应当相应增加"如果检查结果符合合同规定,则建设方应当承担相应的损失(包括工期和费用赔偿)"约定,以限制工程师的检查权。如合同强调承包商按时开工,则应相应地约定建设方应及时提供现场施工条件和支付预付款等。

在审查时,还应当检查双方当事人的权责是否详细、明确、清晰等。例如,对不可抗力的界定必须清晰,如风力为多少级,降雨量为多少毫米,地震的烈度为多少度等。如果招标文件提供的气象、水文和地质资料明显不全,则应在合同价格中约定对气象、水文和地质方面的设定条件,超过者则需要增加额外费用。

④工期和施工进度计划。

A.工期。发包人在审查合同时,应当综合考虑工期、质量和成本三者的制约关系,以确定一最佳工期。如果承包人认为很难在规定工期内完工,应在谈判中依据施工规划,争取确定一个能为双方都接受的工期,以保证施工的顺利进行。

B.开工。主要审查从签约到开工的准备时间是否合理,发包人提交的现场条件的内容和时间能否满足施工需要,发包人延误开工、承包人延误进场各应承担什么责任等。

C.竣工验交。主要审查竣工验交应当具备什么条件,验收的程序和内容;对单项工程较多的工程,能否分批分栋验交;已竣工交付部分,其质量异议期如何计算;对于工程变更、不可抗力及其他发包人原因导致不能按期竣工验交的,应如何延长竣工时间等。

⑤工程质量。主要审查工程质量标准的约定能否体现优质优价的原则;材料设备的标准及验收规定;工程师的质量检查权力及限制;工程验收程序及期限规定;工程质量瑕疵责任的承担方式;质量异议期及保修责任的履行等。

⑥工程款及其支付。建设方与承包商之间发生的争议,大都集中在付款上。

A.合同价格。

合同的计价方式,如采用固定价格方式,则应检查是否约定风险范围及风险费用,风险承担方式是否合理;如采用单价方式,则应检查是否约定单价随工程量的增减而调整的变更比例;如采用成本加酬金方式,则应检查成本构成和酬金是否合理。还应分析工程变更对合同价格的影响。

同时,还应检查是否约定工程结算的程序、方式和期限。对单项工程较多的工程,是否约定按各单项工程分别确定竣工验交日期,分批结算;坚决抵制"三边"工程(边审批、边设计、边建设),遵从对结算造价有异议时的处理约定等。

B.工程款支付。

a.预付款。对承包人来说,争取预付款既可以使自己减少垫付的资金及利息,也可以表明建设方的支付信用。因此,承包人应当力争取得预付款,甚至可适当降低合同价款以换取部分预付款。在没有预付款时,应争取在合同中约定给付一定的初期付款。

b.付款方式。对于采用根据工程进度按月支付的,主要审查工程计量及工程款的支付程序及延期支付的责任。对于采用按形象进度付款的,应重点审查各阶段付款的比例是否合理。

c.支付保证。其包括承包人预付款保证和工程款支付保证。应注意被扣还的预付款递减比例和建设方支付能力大小。尽可能要求建设方提供银行担保。

d.保留金。主要检查合同中规定的保留金限额是否合理及退还时间;尽力以维修保函代替保留金;对于分批交验的工程,是否可分批退还保留金。

⑦违约责任。发包人拖欠工程款、承包人不能保证工程质量或不按期竣工,均会给对方以及第三人带来一定的损失。因此,违约责任的约定必须具体、完整,才能有助于促使当事人认真履行。

A.应当根据不同的违约行为,如工程质量不符合约定、工期延误等分别约定违约责任。同时,对同一种违约行为,应视违约程度,约定承担不同的违约责任。

B.违约金的约定应以能够覆盖未来可能的损失为要件,并约定届时约定违约金不能覆盖实际损失,还可另行追索赔偿金。违约金约定过高或较低,应及时申请法院或仲裁机构予以调整。

C.在履约中注意抗辩权的行使,避免形成违约问题难以处理。

D.对比较复杂的违约事件和双方争执不下的问题协商或调解无果,应尽可能选用仲裁的办法来解决,并注意在时效期内行使诉权。

此外,在合同审查时,还必须注意合同中关于保险、担保、工程保修、变更、索赔、争议的解决及合同的解除等条款的约定是否完备、公平合理。

3.合同审查表

(1)合同审查表的作用。

合同审查后,用合同审查表可以系统地针对合同文本中存在的问题提出相应的对策。合同审查表的主要作用有:

①通过合同的结构分解,使合同当事人及合同谈判者对合同有一个全面的了解。

②检查合同内容的完整性。与标准的合同结构对照,可发现该合同缺少的条款。

③分析评价每一合同条款执行的法律后果及风险,为合同谈判和签订提供决策依据。

④通过审查还可以发现:合同条款之间的矛盾;不公平条款,如过于苛刻、责权利不平衡、单方面约束性条款;隐含着较大风险的条款;内容含糊,概念不清,或难以理解的条款。

对于一些重大、复杂的工程,合同审查的结果应经律师或法律专家核对评价,或在其指导下进行审查,以减少失误。

(2)合同审查表的构造。

①审查项目。审查项目是审查的关键。可以以合同标准结构中的项目和子项目作为具体

的审查事项。

②编码。这是为计算机数据处理而设计的,以方便调用、对比、查询和储存。合同结构编码系统要统一。

③合同条款号及内容。可从被审查合同中直接摘录该被审查合同条款到合同审查表中来。

④存在问题。客观评价该条款执行的法律后果及将给当事人带来的风险,这是合同审查中最核心的问题。

⑤建议或对策。针对审查得出的问题和风险,提出对策或建议,做到有的放矢,以维护当事人的合法权益。

9.1.2 工程承包合同的谈判与签约

1. 合同谈判的准备工作

合同谈判是建设方与承包商面对面的切磋,谈判的结果直接关系到合同的订立。因此,双方事前必须做好充分的思想、组织和资料准备等,做到知己知彼,为谈判的成功奠定基础。

(1)思想准备。应对以下两个问题做好充分的思想准备:

①确定谈判目标。确定自己的谈判目标,分析对方的真实意图,从而有针对性地确定相应的谈判方式。

②确定本方谈判的底线和策略。确定本方在谈判中哪些问题是必须坚持的,哪些问题可以作出让步以及让步的程度等。分析谈判有无失败的可能,遇到实质性问题争执不下如何解决等。做到既保证合同谈判顺利进行,又保证本方合法权益。

(2)合同谈判的组织准备。组织一个精明强干的谈判班子具体准备谈判事务。谈判小组应由技术人员、财务人员、法律人员组成。谈判组长应由思维敏捷、熟悉业务、经验丰富的人员担任。

(3)合同谈判的资料准备。有关资料可分成三类:一是招投标文件、技术规范及中标函等文件,以及向对方提出的建议等资料;二是谈判时对方可能索取的文件资料以及用以说服和批驳对方的资料;三是证明自身能力和资信等项资料。

(4)背景材料的分析。

①对本方的分析。

发包人应了解本方准备工作情况,包括技术准备、征地拆迁、现场准备及资金准备等,以及本方对项目质量、工期、造价等方面的要求。

承包商中标后,应当详细分析项目的自然条件和施工条件,本方的优势和不足,以确立本方的谈判原则和立场。

②对对方的分析。

A. 对方是否为合法主体,资信状况如何。承包人须查明有关工程有无政府批文,发包主体合法状况和资信状况;发包人应对对方履约能力、资信、主体合法状况有基本的掌握。

B. 谈判对手的真实意图,以求在谈判中掌握主动权。

C. 对方谈判人员的基本情况,以便本方做好思想上和技术上的准备。并注意与对方建立良好的关系,为谈判创造良好的氛围。

(5)谈判方案的准备。要根据谈判目标,准备几套谈判方案。要确定方案的某种顺序。当对方不易接受某一方案时,就可以改换另一种方案。切忌使谈判陷入僵局。

(6)会务的准备。会务的准备包括:选择谈判的时机、谈判的地点以及谈判议程。尽可能选择有利于本方的时间和地点,同时要兼顾对方的接受。议程安排应松紧适度。

2.谈判程序

(1)一般讨论。不要一开始就进入实质性问题的争论。要先搞清基本概念和双方的基本观点,在双方相互了解基本观点之后,再逐条逐项仔细地讨论。

(2)技术谈判。技术谈判包括工程范围、技术规范、标准、施工条件、施工方案、施工进度、质量检查、竣工验收等。

(3)商务谈判。商务谈判包括工程合同价款、支付条件、支付方式、预付款、履约保证、保留金、货币风险的防范、合同价格的调整等。在进行技术谈判和商务谈判时,不能将两者截然分割开来。

(4)合同拟定。在原则问题基本达成一致的情况下,相互之间可以交换书面意见或合同稿,逐条逐项审查。先审查一致性问题,后审查不一致的问题。对达不成一致的问题,下次继续讨论,直至形成合同草案为止。

3.谈判的策略和技巧

谈判实质上是本方说服对方和被对方说服的过程,必须注重谈判的策略和技巧。以下介绍几种常见的谈判策略和技巧:

(1)掌握谈判议程,合理分配谈判各有关议题所用时间。成功的谈判者善于掌握谈判的进程。气氛融洽时,商讨自己所关注的议题。气氛紧张时,引导探讨双方具有共识的议题,以缓和气氛,缩小差距,推进谈判进程。对于各议题的商讨时间应得当,不要过于拘泥于细节性问题。

(2)高起点战略。谈判的过程是各方妥协的过程。有经验的谈判者在谈判之初会有意识向对方提出苛刻的谈判条件。这样对方会过高估计本方的谈判底线,从而在谈判中作出更多的让步。

(3)注意谈判氛围。谈判各方存在利益冲突,轻易谈判成功是不现实的。在各方分歧严重,谈判气氛不融洽时采取润滑措施,舒缓压力。如通过宴请,联络对方感情,进而在和谐的氛围中重新回到议题。

(4)拖延与休会。当谈判陷入僵局时,拖延与休会会使谈判者有时间冷静思考,给出替代方案。经一段冷处理后,各方可能弥合分歧。

(5)避实就虚。谈判各方都有自己的优势和弱点。谈判者可以抓住对方弱点,猛烈攻击,迫其就范,作出妥协。而对己方的弱点,则要尽量注意回避。

(6)对等让步。本方准备作出某种让步时,可以要求对方在其他方面也相应让步。应分析对我双方让步是否均衡,在未分析清楚之前轻易表态是不可取的。

(7)分配谈判角色。谈判时各成员可扮演不同的角色。有的唱红脸,积极进攻;有的唱白脸,和颜悦色。这样软硬兼施,有时会事半功倍。

(8)善于抓住实质性问题。谈判中,不要为一些鸡毛蒜皮的小事争论不休,而把大的问题放在一边。要防止对方转移视线,回避主要问题,故意在无关紧要的问题上兜圈子。拖延到谈判快结束时再提出主要问题,就容易草草收场,达不到预期效果。

4. 谈判时应注意的问题

(1)谈判态度。谈判时注意礼貌,态度友好,平易近人。特别当对方反对本方意见时,一定不能急躁。绝对不能用无理或侮辱性语言伤害对方。

(2)内部意见要统一。内部有不同意见时不要在对手面前暴露出来,为统一意见必要时可请示领导审批。在谈判中,一切让步和决定都应由组长作出,而组长不应急于表态和承诺。

(3)注重实际。谈判中双方应当尽可能多地表达具体的办法和意见,切不可说大话、空话和不现实的话,以免谈判进行不下去。

(4)注意行为举止。在谈判中必须注意行为举止,讲究文明。禁止出现不文明的举止。

➤ 9.1.3 工程承包合同的订立原则和程序

谈判双方在签约前,应再次检查合同草案的合法性、完备性和公正性,争取改变某些内容,以最大限度地维护本方合法权益。

1. 合同订立的基本原则

(1)平等自愿原则。合同双方的法律地位是平等的。自愿指是否签约、与谁签约、合同内容及是否变更,都由当事人依法自愿决定。同时,在签约时,当事人不应接受对方强加于本方的,双方权利义务严重失衡的不合理条款。

(2)公平原则。签订工程合同,双方权利义务必须对等,即要照顾到双方的利益,不能利用合同来转嫁风险,有意损害对方利益。享有某种权利就应当承担相应的义务;承担了某种义务,即应享有相应的权利,即权利义务应当对等。这是双方搞好长期合作的基础,也是合同顺利履行的根本保障。

(3)诚实信用原则。当事人签约和履约应当相互协作,密切配合,言行一致,表里如一,说到做到,正确、适当地行使合同规定的权利,全面履行合同义务。要考虑对方需要,照顾对方困难,处事合情合理;不能见利忘义,弄虚作假,尔虞我诈;不做损害对方、国家、集体或第三人以及社会公共利益的事情;不采用欺诈、胁迫手段或乘人之危签约。如发包人利用自身在建筑市场的优势地位,强迫承包人与之订立双方权利义务严重失衡的不合理条款,或承包人利用发包人业务不熟悉的弱点欺骗发包人等。诚实信用原则因其重要性被称为帝王原则。

(4)合法原则。工程合同当事人、合同的订立形式和程序、合同各项条款的内容、履行合同的方式、合同解除条件和程序等约定,必须符合国家法律、行政法规的规定及维护社会公共利益的需要。否则,即使签约双方自愿协商订立,合同也不能生效和履行。

2. 工程合同的订立形式和程序

(1)工程合同订立的形式。除法律另有规定外,当事人可以自由约定合同的形式。合同形式有以下几种:

①口头形式。口头形式是当事人以口头方式达成协议,包括当面对话、电话联系等形式。其优点是简便易行,缺点是发生合同纠纷时取证困难。因此,口头形式一般只适用于即时清结的事项,如零售买卖等。

②书面形式。书面形式是以书面文字有形地表现合同内容的方式。合同书、信件、数据电文等都是合同具体的书面形式。其优点是发生合同纠纷时有据可查,可以使合同内容更加详细、周密。

由于工程合同涉及面广、内容复杂、建设周期长、标的金额大，因此，《合同法》规定，建设工程合同应当采用书面形式。

③其他形式。包括默示形式和视听形式等。

(2)工程承包合同的订立程序。根据《合同法》、《中华人民共和国招标投标法》及《房屋建筑和市政基础设施工程施工招标投标管理办法》的规定，工程合同的订立程序如下：

①要约公示——系发包人采取通知或公告的方式，向不特定人发出的、吸引或邀请相对人参与投标的意思表示。往往为招标公告所取形式。

②招标文件——要约公示的细化资料。往往是潜在的投标人被确定为投标人时以交付押金或购买方式取得。它应当包括以下内容：

A. 投标须知，包括工程概况、工程资金、标段划分、工期要求、质量标准、现场踏勘和答疑安排、投标文件编制要求、投标报价要求、投标有效期、开标的时间地点、评标的方法和标准等；

B. 招标工程的技术要求和设计文件；

C. 采用工程量清单招标的，应当提供工程量清单；

D. 投标函的格式及附录；

E. 拟签订合同的主要条款；

F. 要求投标人提供的其他材料。

③投标。投标指投标人在规定的期间内向招标人发出的以订立合同为目的意思表示。根据《房屋建筑和市政基础设施工程施工招标投标管理办法》的规定，投标人应当编制投标书，对招标文件的实质性要求和条件作出响应。投标书应当包括投标函、施工组织设计或者施工方案、投标报价及招标文件要求提供的其他材料。

④中标。中标指由招标人通过评标后，在规定期间内发出的，表示愿意与选中的投标人订立合同的意思表示。

⑤签约。根据有关规定，中标人应于收到中标函后的 30 日内和招标人签约，并不得再订立背离合同实质性内容的其他协议。

9.2 工程承包合同的履行

➤ 9.2.1 承包商合同管理体系

现代工程管理以合同管理为中心。国内合同管理存在合同管理体系不健全，合同履行管理不到位，以及分包管理混乱三大缺陷，造成项目投入产出不对称，社会效益得不到保障的现象。

1. 承包商合同管理体系的缺陷及其改进

(1)在合同管理体系上，承包商有两个明显的缺陷：

①企业合同履行主体分工不明确。主要表现在：把项目部作为合同责任主体，合同管理责任主体错位。其后果是项目经理只对企业上缴利润的那一部分负责。这显然是错误的。主要由于以下原因：

企业法人是合同履行的责任主体。企业对合同的监管到位，项目经理负盈不负亏的问题才会得到约束。

项目部是合同履行主体。在项目经理的领导下,项目部应以合同管理为中心,全面履行合同,并收集原始依据,及时认真地开展索赔,以维护企业的合法权益。

②企业与项目部合同管理工作脱节。项目部往往无专人管理合同,小弊端自行消化,积累或发生了大问题才由企业合同管理部门来处理,造成损失很难弥补。

2. 合同履行缺陷的改进

(1)组织上,企业设法律事务部,由一批既懂法律、又懂生产、经过考试获得资格的法律顾问出任职员。有项目部成立,则派员主管合同事务,受双重领导。项目合同员也可兼职,但非经培训不得上岗。

(2)制度上规定:凡参与有关合同事务者,均需经过合同事务培训和合同交底,熟知合同基本情况、执行要点和合同风险防范措施;法律事务部应定期与项目合同员交流有关合同执行情况,解决已形成的问题;对管理合同卓有成效的有关人员,应给予一定的奖励与鼓励。

3. 分包合同管理的缺陷及改进

在建筑市场中,承包商最不规范的交易行为集中在项目的转包和分包问题上。例如某一施工单位在一项仅4100万元的工程中,各类分包队伍多达35家,而经劳务部门确认合格的仅5家,该项目实施的结果,使工期延续19个月,亏损高达1917万元,亏损率48%。事实说明,转包和过度分包危害极大。坚决杜绝转包,解决好过度分包,是亟待解决的现实问题。怎样解决过度分包?

(1)要认识到过度分包的危害和不利。对外而言,过度分包,会失去建设方的信任和牺牲未来的市场。过度分包使工程质量低劣,安全事故频发以及工期拖后,对承包商今后的市场开拓蒙上了阴影。对内而言,过度分包还会失去企业员工的信任。特别是劳动密集型的施工企业,必然会使大批的员工滞留企业,无事可干;企业员工生活水平下降,会导致企业不稳定。另外分包越多,管理的难度也就增大,特别是选择了不合格的分包队伍,等于承包商给自己套上连带责任的枷锁。

(2)严格工程分包。坚持工程项目施工自营为主的方针,能不分包则坚决不分包,对需要分包的区别对待。坚持三看,一看分包是否是建设方的要求,二看分包后对项目的总体效益是否有利,三看项目的专业施工是否需要。对分包队伍实行严格审查制度,实行淘汰管理。对分包执行项目领导回避制度,项目经理不能直接指定分包队伍。经企业和建设方审定批准后,项目经理才能签订分包合同并由企业承担管理责任和连带责任。

➤ 9.2.2 工程承包合同的履行原则

1. 工程承包合同履行的概念

工程承包合同的履行是指建设项目的发包方和承包方根据合同规定的时间、地点、方式、内容及标准等要求,各自完成合同义务以实现对方权利的行为。根据当事人履行合同义务的程度,合同履行可分为全部履行、部分履行和不履行。根据履行方式的恰当性,可分为正确履行和不当履行。

发包方最主要的义务是按约定支付合同价款,而承包方则是交付合格以上的工作成果。这种支付或交付行为是一系列义务的总和。例如,对工程设计合同来说,发包方不仅要按约定支付设计报酬,还要及时提供设计所需要的地勘资料和必要的工作条件等;而承包方除了按约定提供设计资料外,还要参加审图交桩、地基验槽等工作。对施工合同来说,发包方不仅要按时支付工程备料款、进度款外,还要按时提供现场施工条件、及时参加中间和隐蔽工程验收等;而承包方义务的多样性则表现为工程质量必须达标,施工进度应能保证总工期等。总之,建设工程合同的履行,内容丰富,历时漫长,应保证按约定履行。

2.工程承包合同履行的基本原则

(1)实际履行原则。

当事人应按约定履行义务;任何一方不能以支付违约金或赔偿金的方式来代替合同的履行;违约方即使支付了违约金和赔偿金,守约一方要求继续履行的,对方应当继续履行。

(2)全面履行原则。

当事人应当严格按合同约定的数量、质量、标准、价格、方式、地点、期限等完成合同义务。该原则是判断合同各方是否违约以及违约应当承担何种违约责任的根据和尺度。

(3)协作履行原则。

合同当事人在履约中,应当互谅、互助,尽可能为对方履行合同义务提供便利条件。

一方履约行为往往是对方履约的条件。因此,在各方严格履约的基础上,相互之间应进行必要的监督检查,及时发现问题,平等协商解决;当一方遇到困难时,对方应给予必要的帮助,共渡难关;当一方违约时,另一方应及时指出,违约方应及时采取补救措施;发生争议时,双方应顾全大局,正确处理等。

(4)诚实信用原则。

当事人在履约中,应恪守信用,以善意的方式行使权利并履行义务。就施工合同履行来说,建设方应提供施工场地,及时支付工程款,聘请工程师现场监理;承包方应当认真计划、组织好施工,按质按量按时完成施工任务,并履行各项有关的义务。在遇到未约定、约定矛盾或含糊的问题时,双方应善意对待,进行补充约定,协商解决。

(5)情事变更原则。

在履约中如果发生了签约时当事人不能预见并且不能克服的情况,应当允许受不利影响的当事人变更或解除合同。该原则实质上是诚实信用原则的延伸,其目的在于消除合同因情事变更所产生的不公平后果。适用情事变更原则应当具备以下条件:

①有情事变更的事实发生。即作为合同履行环境及基础的客观情况发生了异常变动。

②情事变更发生于履约进程中。

③有关异常变动无法预料且无法克服。否则,则不能适用该原则。

④该异常变动不可归责于当事人。否则,则应当由有关当事人承担风险责任。

⑤该异常变动应属于非市场风险。否则,当事人不能主张情事变更。

⑥情事变更将使维持原合同显失公平。

例如总价合同实行工程总价一次包死,如果发生通货膨胀导致建筑物料价格大幅度上涨,让购料方独立承担涨价风险显系不公平。但《合同法》只规定了不可抗力,尚未涉及更大的范围。

➤ 9.2.3　工程承包合同的控制

1.合同控制的概念和方法

(1)合同控制的概念。

控制是项目管理的重要职能之一。所谓控制就是行为主体按照拟定的计划和标准,对被控制对象的有关行为进行检查、对比、分析和纠正,以保证实现预定目标的管理活动。

工程承包合同控制指承包商对合同实施过程进行全面监督、检查、对比和纠正的管理活动。其控制程序包括以下几个方面：

①工程实施监督。工程实施监督属于日常事务性工作。应按照预先确定的各种计划、设计、施工方案实施工程，并将施工状况反映在工程资料上，如质量检查报告、记工单、用料单、成本核算凭证等。

②分析比较。将工程资料上的数据与工程目标进行对比，就可以发现两者的差异，即工程实施偏离目标的程度。如无差异，或差异较小，则可以按原计划继续实施工程。

③分析差异的原因，采取调整措施。详细分析差异产生的原因和影响，并对症下药，采取措施进行调整。所以，在工程实施中要不断进行调整，才能使工程实施一直围绕合同目标进行。

（2）合同控制与其他有关控制。

合同目标必须通过具体的工程活动来实现。由于在工程施工中各种干扰的作用，常常使工程实施过程偏离总目标。项目实施控制就是不间断的目标调整。

工程项目实施控制包括：成本控制、质量控制、进度控制和合同控制。其中，合同控制是核心，它与其他控制的关系为：

①成本控制、质量控制、进度控制应与合同控制协调一致。承包商追求的是实现成本、质量、工期三大目标，所以合同控制是其他控制的保证。通过合同控制可以使质量控制、进度控制和成本控制协调一致，形成一个有序的项目管理系统。

②合同控制的范围较成本控制、质量控制、进度控制宽泛得多。承包商的合同控制不仅包括与建设方之间的工程承包合同，还包括与总合同相关的其他合同，如分包合同、供应合同、运输合同、租赁合同、担保合同等，而且包括总合同与各分合同、各分合同之间的协调控制。

③合同控制较成本控制、质量控制、进度控制更具动态性。一方面，合同实施受到外界干扰，要不断地进行调整；另一方面，合同目标本身不断地变化，导致合同双方的责任和权益发生变化。这样，合同控制就必须是动态的。

（3）工程承包合同控制的方法。

合同控制适用一般的项目控制方法。项目控制方法可分为：按项目的发展过程分类，可分为事前控制、事中控制、事后控制；按控制信息的来源分类，可分为前馈控制、反馈控制；按是否形成闭合回路分类，可分为开环控制、闭环控制。归纳起来，可分为两大类，即主动控制和被动控制。

①主动控制。主动控制指预先分析目标偏离的可能性，并拟订和采取各项预防措施，以保证计划目标得以实现。这是一种对未来的控制，根据已掌握的可靠信息来预测将要偏离的目标值时，制定和采用纠正措施。主动控制措施一般如下：

A. 详查外部条件，确定各种有利和不利因素，并将它们考虑到计划和其他管理职能当中。

B. 识别风险，努力将潜在因素揭示出来，为风险分析和管理提供依据。

C. 科学制订计划，做好计划可行性分析，消除造成资源、技术、经济和财务不可行的各种错误和缺陷，保障工程实施有足够的时间、空间、人力、物力和财力，并在此基础上力求计划优化。

D. 把目标控制的任务与管理职能落实到适当的机构和人员，做到权责明确，通力协作，为实现目标而共同努力。

E.制订应急备用方案。一旦发生异常情况,启动应急方案,减少或消除偏离。

F.计划应留有余地。避免对计划的干扰影响,减少"例外",使管理处于主动地位。

G.沟通信息渠道。加强信息收集、整理和研究,为预测工程发展提供全面、及时、可靠信息。

②被动控制。被动控制指控制者从计划的输出中发现偏差,对偏差及时纠正的控制方式。因此要求管理人员对计划的实施进行跟踪,对输出的工程信息进行加工、整理,再传递给控制部门,使控制人员从中发现问题、找出偏差、解决问题和纠正偏差。被动控制实际上是事后检查过程中发现问题及时处理的一种控制,仍为一种积极的且十分重要的控制方式。被动控制的措施如下:

A.应用现代化方法跟踪、测试、检查项目实施过程的数据,发现异常情况及时采取措施。

B.建立项目实施中控制组织,明确控制责任,实施检查,发现问题及时处理。

C.建立有效的信息反馈系统,及时将偏离目标情况进行反馈,以便及时采取措施。

被动控制与主动控制对项目管理缺一不可。力求加大主动控制的比例,同时进行定期、连续的被动控制。如此,方能有效完成项目目标控制。

2.合同控制的日常工作

(1)落实计划。

合同管理人员与其他职能人员一起落实合同实施计划,为各工程小组、分包商的工作提供必要的保证。如安排现场人工、材料、机械和工序间的搭接。

(2)协调各方关系。

合同管理人员应着力协调建设方、工程师、各职能人员、各工程小组和分包商之间的工作关系,解决相互间问题。如责任界面间的争执、时间和空间上的不协调。

(3)指导合同工作。

合同管理人员应对各工程小组和分包商进行工作指导和合同解释,增强全局观念,对工程中发现的问题及时提出意见、建议或警告,在工程实施中起到"堵漏工程师"的作用。例如,促使工程师改变不适当、不合理的指令;及时提出对图纸、指令、场地等的申请,尽可能提前通知工程师。

(4)参与项目控制的其他工作。

合同管理人员应会同有关职能人员每天检查、监督各工程小组和分包商的合同实施情况,发现问题并及时采取对策。

①核查已完工程,对未完或有缺陷的工程建议限期补正。

②会同建设方和工程师开箱检查、验收现场材料和设备。参与中间、隐蔽工程检验;参与工程结算;参与对工程款账单和分包商的收款账单进行审查和确认;参与合同实施的追踪、偏差分析及处理。

③主持工程变更、索赔、文档等项管理。

④草拟对分包商的指令,对建设方的文字答复、请示,审查和记录建设方的指令。

(5)争议处理。

参与和配合处理有关合同、项目的争议。这应成为合同管理人员的一项主要工作。

3.合同跟踪

履约中的偏差常常由小到大,日积月累。这就需要合同管理人员不间断进行跟踪,以便及时发现偏差,不断调整。

(1)合同跟踪的范围。

合同跟踪的范围包括:履约分析;有关计划、方案、合同变更文件等;原始记录、各种工程报表、报告、验收记录等;现场事件、谈话、小组会议等。

(2)合同跟踪的对象。

①对照合同事件表的具体内容:工程进度、工程质量和数量、工期延长的原因、成本的增加和减少。从这里可以发现索赔机会。

②工程小组或分包商的工程和工作:对实施情况的检查分析,合同管理人员提供的帮助,责成在一定时间段内提高质量、加快工程进度等。从这里可以发现本方的反索赔事件。

③建设方和工程师的工作:履约缺陷、所下指令的背景与正确性、诚信现状、资金现状等。一方面防止建设方的陷阱和违约托词,为行使抗辩权寻找根据;另一方面争取与建设方建立良好的合作关系,保证工程顺利实施。

④事先未考虑到的情况和局面。如发生较严重的工程事故等。

4.合同实施情况偏差分析

合同实施情况偏差表明工程实施偏离了工程目标,应加以分析调整。合同实施情况偏差分析,指在合同追踪的基础上,评价合同实施情况及其偏差,预测偏差发展趋势,分析产生原因,以便对该偏差采取调整措施。有关内容包括:

(1)合同执行差异的原因分析。

原因分析可以采用鱼刺图、因果关系分析图(表)、成本量差、价差、效率差分析等方法定性或定量地进行。

例如,通过计划成本和实际成本累计曲线的对比分析,可查知偏离的原因可能为:整个工程加速或延缓;施工次序被打乱;工程费用增加;增加了附加工程;工作效率低下;资源消耗增加等。

上述每一类偏差原因还可进一步细分。如引起工作效率低下可以分为:内部干扰,如操作人员违反操作规程、缺少培训等;外部干扰,如设计修改频繁,现场混乱,水、电、道路等受到影响等。

(2)合同差异责任分析。

即这些原因由谁引起,该由谁承担责任。这常常是索赔的理由。一般只要原因分析详细有根有据,则责任分析自然清楚。

(3)合同实施趋向预测。

可考虑不采取调控措施和采取调控措施,以及采取不同的调控措施情况下合同的最终执行结果:

①最终的工程状况,包括总工期的延误、总成本的超支、质量标准、所能达到的生产能力等。

②承包商将承担什么样的后果,如被罚款,甚至被起诉,对承包商资信、企业形象、经营战略的影响等。

③最终工程经济效益(利润)水平。

5.实施合同偏差处理

根据有关偏差分析结果,承包商应采取的调整措施可分为:

（1）组织措施，如增加人员投入，重新进行计划或调整计划，派遣得力的管理人员。

（2）技术措施，如变更技术方案，采用新的更高效率的施工方案。

（3）经济措施，如增加投入，对工作人员采取激励或约束措施等。

（4）合同措施，如进行合同变更，签订新的附加协议、备忘录，通过索赔解决费用超支问题等。

合同措施是承包商的首选措施，通常应考虑：

①如何保护和充分行使自己的合同权利。例如通过索赔以降低自己的损失。

②如何利用合同使对方的要求降到最低。例如及早解除合同，降低损失；争取道义索赔，取得部分补偿；采用以守为攻的办法，迫使合同对方达成某种妥协。

9.2.4　工程分包合同管理

分包合同是承包商将主合同内部分工作交给分包商实施，双方约定相互之间的权利义务的合同。通过签订分包合同，会将有关的风险合理地转移给分包商。分包工程的施工涉及两个合同，因此比主合同的管理复杂。

1.主合同主体与分包事务

（1）建设方对分包合同的管理。

建设方不是分包合同的当事人，他对分包合同的管理主要表现为对分包工程的批准。

（2）工程师对分包合同的管理。

工程师仅与承包商建立监理与被监理的关系，只是依据主合同对分包工作内容及分包商的资质进行审查，行使确认权或否定权；对分包商使用的材料、施工工艺、工程质量进行监督管理。工程师就分包工程施工发布的任何指示均应发给承包商代表。分包合同内应明确规定，分包商接到工程师的指示后需得到承包商代表同意才可实施。

（3）承包商对分包合同的管理。

承包商对分包工程的实施负有全面管理责任，应委派代表对分包商的施工进行监督、管理和协调，并就分包工程的质量和其他问题向建设方承担连带责任。承包商的管理工作主要通过发布转发一系列指示来实现。对于分包合同的管理，应把握以下几点：

①审查分包方资质。

根据《最高人民法院关于审理建设工程施工合同纠纷案件适用法律问题的解释》第1条规定，承包人未取得建筑施工企业资质或者超越资质等级的；没有资质的施工方借用其他企业名义的，应当认定无效。根据《房屋建筑和市政基础设施工程施工分包管理办法》第14条规定，分包工程发包人将专业工程或者劳务作业分包给不具备相应资质条件的分包工程承包人的，属于违法分包；因违反国家法律强制性规定而无效。

鉴于上述原因，承包人在签订分包合同前，必须要求分包方提供营业执照、资质证书、安全资格证书等资信资料的副本或原件，同时提供分包方所在地工商部门加盖公章的营业执照复印件、加盖分包方公章的资质证书复印件，同时项目部必须专人对上述资料的真实性进行复核，确保资格审查到位、分包方身份真实合法。

②对分包方的验工。

对分包方的验工必须准确及时，付款必须严格按照验工金额扣除必要的费用后支付。在验工过程中，可以将一些罚款、应扣除而分包方未签认的项目、代付款项等在验工单中得以体现,如果分包方对验工单拒绝签认,则承包人可依据合同约定拒绝付款。对于建设方付款严重滞后的项目,为减轻验工后分包方要求支付工程款的压力,项目部可以单方面对分包方进行估验(但该估验资料必须对分包方保密),可以依据单方验工结果进行付款。

③防止分包担保和其他担保致损本方利益。

《中华人民共和国担保法》规定,对于担保的债务,当债务人不履行债务时,均要求担保人按照约定履行债务或者承担责任。即使担保合同被确认为无效,债务人、担保人、债权人有过错的,还应当根据其过错各自承担相应的民事责任。因而如果债务人不履行债务或者无力履行债务时,履行债务的风险就转嫁给担保人。但对于分包商的履约,法定由承包商承担连带责任;加上其他经济事务的内在联系,承包商对分包商的担保几乎是不可避免的。因此,承包商在工程分包合同的履行中,要尽力做好监督控制工作,防止有关的担保给自身带来利益损害。

此外,公司本部各部门、片区指挥部、分公司、项目经理部(工区)不得以任何形式对外设置担保;公司以自身名义对外设置担保应当先经公司董事会批准。公司在借贷、买卖、货物运输、加工承揽等经济活动中也可以要求对方企业为公司的债权设置担保。

④代为履行合同应当征得收益方事先同意或事后认可。

承包方代分包方的履约行为系无因管理行为,指没有法律上的根据(既未受委托,也不负有法定义务)而为他人管理经济事务,根据《民法通则》第93条规定:"没有法定的或者约定的义务,为避免他人利益受损失进行管理或者服务的,有权要求受益人偿付由此而支付的必要费用。"

承包人遴选的分包方必须有一定的资金垫付能力。让分包方直接与第三方建立合同关系,尽量避免这种出力不讨好的现象发生;如果为满足施工需要不得已而为之,也必须取得实施管理行为的证据及发生的必要费用的证据。

⑤对分包方民工工资的发放必须进行监控。

国家加大发包方的责任,确保民工工资的给付。分包方拖欠民工工资,有时会形成政府施压由承包人垫付的情况,也会影响到承包人的声誉。

2.对工程分包合同的分阶段管理

(1)订立分包合同阶段。

承包商可以采用邀请招标或议标的方式与分包商签订分包合同。

①分包合同价格。

承包商选择分包商时,通常要求对方就分包工程进行报价,然后与其协商而形成合同。分包合同的价格应为承包商发出"中标通知书"中接受的价格。由于承包商在分包合同履行中负有监督、管理、协调责任,应收取分包管理费,因此分包合同的价格不一定等于主合同中的有关价格。

②分包商应充分了解主合同中对分包工程的约定。

承包商除了向分包方提供与分包工程有关的合同条件、图纸、技术规范和工程量清单外,还应提供主合同的投标书附录、专用条件的副本及通用条件中不同于分包文本的细节。承包商应允许分包商查阅主合同或应请提供一份主合同副本。以上不含主合同中的工程量清单及承包商报价细节。

(2)划分分包责任的基本原则。

①保护承包商的合法权益不受侵害。

A. 分包商应承担主合同中约定的承包商与分包工程有关的义务,使承包商免于承担因分包违约导致的损害赔偿或其他纠纷困扰。否则承包商可从应付给分包商的款项中扣除这笔金额,且不排除采用其他方法弥补所受到的损失。

B. 不论是承包商选择的分包商,还是建设方指定的分包商,均不得与建设方有任何私下约定。

C. 为约束分包商忠实履约,承包商可以要求分包商提供履约保函。在工程师颁发解除缺陷责任证书后的 28 天内,将保函退还分包商。

D. 分包商不得将任何分包工程部分转让,劳务和采购分包除外。

②保护分包商合法权益不受侵害。

A. 任何非分包商责任导致工期延长、成本增加和修复缺陷的费用,均应由承包商给予补偿。

B. 承包商应保障分包商免于承担非分包商责任引起的索赔、诉讼或损害赔偿。

3. 分包合同的履行管理

(1)进度管理。

①分包工程的开工令。

主合同工程的开工令由工程师发布,而分包工程的开工令则由承包商代表发布。如果分包商的施工会对其他承包商的施工产生交叉干扰时,还需报请工程师批准后才可向分包商发布开工令。

②批准分包商的施工计划。

分包商应按照约定,在施工前将施工方案、进度计划及保障措施提交承包商代表批准。当实际进度与计划进度不符时,承包商代表有权要求分包商修改进度计划。

(2)质量监督。

①监督施工工艺。

承包商代表要随时监督分包商的施工操作,对任何忽视质量行为发出指示,要求及时改正。

②实施质量检验。

对分包工程的中间验收或隐蔽验收,承包商应及时通知工程师,与他共同检验。只有工程师才有质量认可权。

③督促分包商修复有缺陷的工程部位。

凡是分包商责任引起的工程质量缺陷,分包商应在限定的期限内修复。如果分包商不按指示执行,承包商有权将该部分工程由自己或雇用他人来修复,发生费用从应付给分包商的款额内扣回。

④分包工程的移交。

分包工程不向承包商单独办理移交手续。当分包工程是可以分阶段移交的单位工程时,承包商代表应与分包商共同向建设方办理移交;若主合同内没有此项约定,则待全部施工完成后,承包商将分包工程作为工程的一部分同时办理移交手续。

(3)分包工程的支付管理。

不论是施工期内的阶段支付,还是竣工后的结算支付,承包商都要进行两个合同的支付管理。

①分包合同的支付程序。

分包商在约定的期间,向承包商报送支付报表。经承包商代表审核,与主合同的支付报表一并提交工程师批准。承包商应在约定的期间内支付分包工程款,逾期支付要计算拖期利息。

②承包商代表对支付报表的审查。

接到分包商的支付报表后,承包商代表应复核取费的合理性和计算的正确性,并按约定扣除预付款、保留金、其他应扣款项、分包管理费后,核准应付金额。然后,再按主合同工程量清单中的取费标准计算,填入到向工程师报送的支付报表内。

③承包商不承担逾期付款责任的情况。

以下情况承包商不承担逾期付款责任:工程师不认可分包报表中的某些款项;建设方拖延支付经过工程师签证后的应付款;分包商与承包商或与建设方之间存在争议。承包商代表在应付款日之前及时将扣发或缓发理由通知分包商,则承包商不承担逾期付款责任。

(4)分包工程变更管理。

承包商代表接到工程师发布的涉及分包工程变更的指令后,书面通知分包商,也有权自主发布有关变更指令。

分包商执行了变更指令,进行变更工程计量及估价时应请承包商参加,以便合理确定应获补偿额和工期延长。若非分包商的责任引发变更,承包商应该给予费用补偿和工期顺延。如果工期不能顺延,则要考虑赶工措施费。进行变更工程估价时,应参考分包合同工程量表中相同或类似工作的费率来核定,或应通过协商确定一个公平合理的费用加到分包合同价格内。

复习思考题

1. 工程承包合同的当事人通过谈判签订合同的目的是什么?

2. 合同当事人对工程项目的合法性审查有哪些内容?

3. 合同当事人对工程项目的完备性审查有哪些内容?

4. 合同当事人对工期和施工进度的审查应注意什么问题?

5. 合同当事人审查违约责任条款应注意什么问题?

6. 举例说明合同审查表的使用。

7. 合同谈判的思想准备工作有哪些?

8. 对合同谈判的背景材料如何分析?

9. 简述工程承包合同的谈判程序。

10. 谈谈合同谈判的策略和技巧。

11. 在合同原则中,诚实信用原则和公平原则相比,哪个更重要? 为什么?

12. 简述工程承包合同的订立程序。

13. 承包商的合同管理体系一般常有哪些缺陷? 如何改进?

14. 试述工程分包合同的缺陷和改进办法。

15. 简述工程承包合同的履行原则。

16. 工程承包合同的控制程序有哪些?

17. 工程承包合同的控制方法有哪些?

18. 如何实施合同履行跟踪?

19. 如何实施合同履行的偏差处理?

20.承包商对工程分包合同的管理应哪些内容?

21.为什么分包担保会损害本方利益?

22.如何分阶段实施工程分包管理?

23.承包商如何实施工程分包合同的履行管理?

考证知识点

1.《中华人民共和国招标投标法》规定,招标人在招标文件规定的投标截止日前,可补充、修改、替代或撤回已提交的投标文件,并书面通知招标人。

2.根据《中华人民共和国物权法》规定,妨害行使用益物权的,权利人可向有权部门请求排除妨害。不过,请求人为物权拥有人。

3.有关法律强制规定,屋面防水最低保修期为5年。承发包双方如果另行约定,不得少于此限。

4.身体受到伤害的诉讼时效期间是一年,中途发生障碍并不影响有关诉讼时效的进行。

5.建材、设备、建筑构配件生产厂家对建设合同当事人的订货回函就货物的品名、数量、质量、价格、交货日期等作任何修改,都应视为对原要约进行了实质性修改,属于新要约。

6.我国租赁合同租期不得超过20年。租期在六个月以下的,双方当事人可以口头约定;租期超过六个月的,双方须书面约定,且不论双方是否约定租期,该租赁合同均应被视为不定期合同,双方可随时解除。

7.可能发生意外释放能量的载体或危险物资属于第一类危险源。可能因控制失效、造成破坏的不安全因素属于第二类危险源,包括人的不安全因素、物的不安全状况和不良环境。

8.我国的安全方针是:安全第一,预防为主。它体现了我国以人为本、以企业利益为重,把安全教育、培训放在重要位置的思想。

9.工程项目安全检查的目的是:清除隐患,防止事故,改善劳动条件,有计划地采取措施,保证安全生产。该项活动由各项目部经理组织,定期进行。

10.2007年3月28日国务院公布《生产安全事故报告和调查处理条例》规定的死亡人数:一般事故为1~2人,较大事故为3~9人,重大事故为10~29人,特别重大事故为30人以上。

11.《合同法》鉴于我国物料买卖多数推崇送货到门,实行三包,因而规定履约费用约定不明时,可向接受履约的一方索要。

12.法律、行政法规规定,合同变更须经有权机关批准、登记的,未办理批准、登记,则视为有关合同未变更,从而依照原合同执行。

13.合同转让分三种形式:合同权利转让、合同义务转移和合同权利义务的概括转让。其实质是:合同权利义务的转让或转移。

14.施工方在能够确证建设方将丧失支付能力的前提下,可以行使不安抗辩权,中止履行有关合同。待建设方情况有好转时,再恢复履行。

15.一种行为有两种或两种以上的致损后果的名称,称为致损后果名称的竞合。此时,受损当事人可以选择一种名称要求致损方作出赔偿。

16.《中华人民共和国建筑法》关于防止污染的"三同时"制度是指:防止污染的设施应与生产设施同时设计、同时施工、同时投产。

17.《中华人民共和国建筑法》规定,建设单位领取施工许可证的条件是:建设单位已办理了建筑用地批准手续,建设资金已落实,已经确定了有关的建筑安装施工企业,拆迁工作进度基本可以满足施工需要,制订了保证工程安全、质量的措施。

18.在我国,建设项目被批准立项后必须实施报建,否则,不许开展设计、施工。建设单位实施报建,应当交验"两证一书":建设规划许可证、建设用地规划许可证和经批准的选址意见书。

19.《中华人民共和国招标投标法》规定,必须实行招标的工程项目有:大型基础设施、公用事业等关系公共利益、公共安全的项目;全部或部分使用国有资金或国家融资的项目;使用国际组织或外国政府贷款、援助资金的项目。此外,房建工程、市政基础设施等单项合同价200万元以上,综合投资3000万元以上的项目,必须进行招标。

20.一般的赔偿链条是这样的:个体在工作中受伤→向本单位求偿(个体受本单位指派工作)→本单位赔偿后向责任方求偿。

21.根据我国《建设工程安全生产管理条例规定》,安全技术交底、消防安全保护措施、环境污染防护措施属于安全生产基本保障措施。

22.DRB(争议评审委员会)是国际工程项目中解决争议常用的形式之一。该形式起源于美国大型民用工程解决争议办法,已得到国际广泛认可,可用于1000万美元以下的小型工程。通常由三名委员组成小组,费用由承包方均摊。

该评审委成员由法律、施工和合同专家(至少是行家里手)组成。具体操作时,参与评审的委员与承发包双方无任何经济联系和隶属关系。支付费用包括聘请费和酬金两部分。

23.施工项目部在完成各项扫尾工作的同时,首先提请所在企业进行自验。尔后向建设单位提交竣工验交申请,由建设方向有关政府建设行政主管部门提交有关的报告和资料。经商定后,建设方组织有关的党委会人员最多进行两次验收——初验和复验,并形成尾遗事项纪要。最后,由承发包双方签订质量保修书,实施施工结算。

24.LEC评价法。L——发生事故的可能性,分值为0.1、0.2、0.5、1、3、6、10;E——人或标的物暴露的频繁度,分值为0.5、1、2、3、6、10;C——事故损害后果的大小,分值为1、3、7、15、40、100。用 $\mu = L \times E \times C$ 记值。$\mu \leq 20$,可容许危险;$\mu = 20-70$,不容许危险;$\mu = 70-160$,中度危险;$\mu = 160-320$,高度危险或重大危险;$\mu \geq 320$,极度危险。

单项选择题

1.某投标人投标时,投标书内夹了一封修改报价的函件。开标时未宣读,当时投标人未持异议。此份修改函件应视为( )。

A.有效   B.无效

C.经有关投标人说明后有效   D.招标人若接受则有效

2.商贩拥门,使某项目部浇筑困难,影响工期。此时,施工项目部可以采取( )方式请求司法部门维护自身物权。

A.请求确认物权   B.请求排除妨害   C.请求恢复原状   D.请求返还原物

3.屋面防水工程的最低质量保修期为( )。

A.两个雨季   B.三个雨季   C.三年   D.五年

4.赵某,2009年7月31日因交通事故身体受伤,回老家治病。直到当年11月1日未及提请赔偿。接着又发生其他障碍使赵某无法求偿。直到2010年3月31日障碍消除。该事件诉讼时效终止时间为( )。

A.2010年7月1日　B.2010年8月1日　C.2011年7月1日　D.2011年8月1日

5.建设方甲和施工方乙双方订立施工合同,在附件中双方约定由甲方采购两部电梯。甲方向丙厂订购,丙厂回函称只能供应一部,且比所要求的供货时间推迟两周。丙厂的回函属于( )。

A.要约邀请　　　　　B.要约撤销　　　　　C.承诺　　　　　D.新要约

6.某工程需租用钢管,租赁双方约定租期8个月。下列说法中错误的是( )。

A.双方以书面形式签约　　　　　　　　B.口头约定租期视为6个月

C.口头约定出租方可以随时解除合同　　D.口头约定承包方可以随时解除合同

7.属于第一类危险源的是( )。

A.氧气瓶、炸药、电线绝缘层　　　　　B.炸药、电线绝缘层、管道闸门

C.氧气瓶、炸药、起重物体　　　　　　D.氧气瓶、电线绝缘层、管道闸门

8.应用作业条件危险评价法即LEC法:事故可能性$L=4$,暴露频繁度$E=5$,事故后果严重性$C=6$,则测得危险状况为( )。

A.可容许危险　　　B.中度危险　　　C.重大危险　　　D.不容许危险

9.我国的安全方针是( )。

A.安全第一,预防为主　　　　　　　　B.以人为本,安全第一

C.以企业利益为重,安全先行　　　　　D.安全第一,教育为先

10.工程项目安全检查的主要内容有( )。

A.查计划,查实施,查隐患,查监控,查事故处理

B.查计划,查管理,查组织,查监控,查事故处理

C.查计划,查实施,查隐患,查整改,查事故处理

D.查思想,查管理,查隐患,查整改,查事故处理

11.根据我国有关建设法规规定,重大伤亡事故指一次性死亡( )的安全事故。

A.3人以上10人以下　　　　　　　　　B.10人以上30人以下

C.30人以上　　　　　　　　　　　　　D.50人以上

12.根据《合同法》的规定,当合同条款对履约费用负担约定不明时,不用通过协议补充,不能通过合同有关条款或者交易习惯确定,则该项费用应由( )承担。

A.接受履行结果一方　　　　　　　　　B.主要产生履行费用一方

C.双方共同　　　　　　　　　　　　　D.双方平均

13.根据《合同法》的规定,法律、行政法规规定变更合同应当办理批准、登记手续的,合同当事人必须办理,否则( )不发生法律效力。

A.合同履行部分　　B.合同变更部分　　C.原合同　　　D.合同未变更部分

14.合同转让的实质是( )。

A.合同标的的改变　　　　　　　　　　B.合同违约责任的改变

C.合同内容的改变　　　　　　　　　　D.合同权义的转让或转移

15.某施工合同载明:建设方不支付预付款和工程进度款,由施工方施工直至竣工验交后结算。则以下表述正确的是( )。

A.若施工方能够证实建设方将丧失支付能力,则可中止履约

B. 在任何情况下施工方都要履行合同,否则要承担违约责任

C. 若施工方能够证实建设方将丧失支付能力,则可终止履约

D. 若施工方能够证实建设方将丧失支付能力,则可就继续履约还是解除合同进行选择

16. 因一方当事人的违约行为侵害了对方当事人的人身或财产权益,则受损方(　　)。

A. 只能要求对方当事人承担违约责任

B. 只能要求对方当事人承担侵权责任

C. 只能选择要求对方当事人承担违约责任或者侵权责任

D. 可以同时要求对方当事人承担违约责任和侵权责任

17. 某县城内要建设一个造纸厂。为尽量减轻对环境的污染,应采取的措施是(　　)。

A. 设计、施工、生产同时进行

B. 投入使用后3个月内必须完善污水处理设施

C. 由检测部门根据有关造纸厂对环境的污染程度决定何时修建污水处理设施

D. 污水处理设施应与造纸厂主体同时设计、同时施工、同时投产使用

多项选择题

1. 根据《中华人民共和国建筑法》的规定,建设方领取施工许可证的必备条件是(　　)。

A. 已办理建筑用地批准手续　　　　　B. 建设资金已落实

C. 已选定了建筑施工企业　　　　　　D. 已经完成了全部拆迁工作

E. 有保证工程质量和安全的措施

2. 在我国,建设项目被批准立项后,必须实施报建。应当交验的资料除立项批文外,主要是"两证一书",包括(　　)。

A. 建设工程规划许可证　　　　　　　B. 建设用地规划许可证

C. 固定资产投资许可证　　　　　　　D. 施工图、设计文件审查合格书

E. 经批准的选址意见书

3. 根据《中华人民共和国招标投标法》、《工程建设项目施工招投标办法》的规定,下列工程项目必须实行招标的是(　　)。

A. 坐席达5万人的体育场

B. 中国银行上海分行总部大楼

C. 累计贷款达2亿元的居民住宅区

D. 某高校接受联合国教科文组织援建的试验中心

E. 某跨国公司在华分公司的办公大楼

4. 两施工单位甲、乙双方签订脚手架安装分包合同。后因甲方提供的脚手架质量有问题,使乙方人员王某在安装施工中受伤。则下列关于责任承担的说法中正确的是(　　)。

A. 乙方可以要求甲方承担违约责任

B. 乙方可以要求甲方承担侵权责任

C. 王某可以要求甲方承担违约责任

D. 王某可以要求生产厂家承担违约责任

E. 王某可以要求乙方承担赔偿责任

5. 下列事项属于施工单位安全生产基本保障措施的是(　　)。

A. 安全生产费用专款专用　　　　　　　B. 安全技术交底

C. 施工安全监理责任制　　　　　　　　D. 消防安全保护措施

E. 防治环境污染保护措施

6. 采用 DRB 方式解决合同纠纷时,下列说法中正确的是(　　)。

A. DRB 的委员必须是工程施工、法律和合同事务方面有经验的专家

B. DRB 的委员与发包人之间不得有任何经济利益关系

C. DRB 的委员过去 3 年内未被承包人聘用过

D. DRB 的委员可及时解决纠纷,但费用较高

E. 支付给 DRB 成员的费用包括聘请费和酬金两部分

▰ 综合简答题

1. 竣工验交阶段施工合同双方应做的工作都有哪些?

2. 请简述 LEC 评价法的基本内容。

第10章
工程合同争议

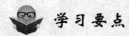学习要点

1. 了解施工合同常见的争议
2. 掌握施工合同争议解决的方法
3. 熟悉施工合同争议管理

10.1　合同争议概述

➢ 10.1.1　合同争议

合同争议,又称合同纠纷,是指合同当事人之间因具体合同的签订和履行所引发的权属利益之争。合同关系的实质是通过设定当事人的权利义务在合同当事人之间进行资源配置。而在合同权利义务框架中,权利与义务是互相对应的,一方的权利多属另一方的义务;反之亦然。在某种情况下,合同当事人都无意违反合同的约定,但由于他们对于履约中的某些事实存在着不同的看法和理解,就容易酿成合同争议。某些合同法条规定的非针对性,也会导致当事人对于合同事实的认识互不一致。

从内容上讲,"合同争议"应作广义的解释,凡是合同双方当事人对合同是否成立、合同成立的时间、合同内容的解释、合同的效力、合同的履行、违约责任,以及合同的变更、中止、转让、解除、终止等发生争议,均应包括在内。

➢ 10.1.2　工程承包合同争议的形成及主要内容

工程承包合同争议,是指承、发包双方因工程合同的订立和履行所引发的权属利益纠纷。常见的争议类型主要有:

1. 工程价款支付争议

工程发包人往往并非建设单位,通常不具备支付工程价款的实际资格。此时承包人为保障自身合法权益,可向发包人主张权利,由发包人在作出赔偿后向建设单位追索;也可向发包人和建设单位一并主张权利。

【案例10-1】A公司(发包单位)与B公司(承包单位)签订《建设工程施工合同》一份。合同载明:A公司受某商厦筹建处(下称C单位)委托,并征得市建委施工处、市施工招标办的同意,采用委托施工(即议标)的形式,择定B公司为施工总承包单位,按某市建筑设计院的施工图施工,包括土建、装饰及室外装修等。同时,合同就工程开竣工时间、工程造价及调整、预付款、工程量的核定、确认和验收、结算等均作了约定。

签约后,B公司即按约组织施工并竣工,并通过了建设工程质量监督检查总站的质量核准。B公司与C单位就工程总造价进行结算,确认A公司尚欠B公司工程款人民币950万元。

履约中,A公司曾致函B公司:《建设工程施工合同》的甲方名称更改为C单位。但经查,C单位未经市工商行政管理局注册登记。又查:该商厦的建设方为某上市公司(下称D公司)。随后,B公司即以A公司为施工合同的发包人,D公司为该商厦的所有人为由,将两公司作为共同被告向人民法院提起诉讼,要求二公司承担连带清偿责任。

庭审中,A、D公司对于950万元的工程欠款不持异议。但A公司辩称:A公司代理C单位发包,曾致函B公司,施工合同甲方的名称已改为C单位;之后,B公司一直与C单位发生联系,事实上已承认了发包人的主体变更。同时A公司证实,C单位由某局发文建立,并非独立经济实体,资金来源于D公司。所以,A公司不应承担950万元的偿债义务。

D公司辩称:施工合同的发包人为A公司;工程结算在B公司与C单位间进行,与D公司不存在任何法律上的联系;C单位有"筹建许可证",系独立经济实体,应独立承担民事责任。庭审中,D公司向法庭出示了一份"筹建许可证",以证明有关筹建处依法登记至今未撤销。

B公司认为:A公司接受委托,与B公司签订了施工合同,但征得了市建委施工处、市施工招标办的同意,该施工合同应当有效。D公司作为有关施工合同的实际发包人,理应承担民事责任。经查实,C单位未经工商注册,不具备主体资格,所以无法取代A公司在施工合同中的甲方地位。对于D公司,虽非发包人,但它是该商厦的所有权人,依法应当承担支付工程款的责任。

法院最终判令D公司承担偿债义务。

2. 审价争议

所谓审价,指工程师或建设方多以审查工程进度(例如形象进度)的符合性和单价标准的准确性而核准向施工方付款是否正确有效的活动。

尽管施工合同中已列出了工程量,但实际施工中会有很多变化,包括设计变更、变更指令、现场条件变化,以及计量方法等引起的工程量增减。某些实际已完的工作因未纳入形象进度而未获得付款机会。由于日积月累,在施工后期可能增到一个很大的数字,发包人不愿支付,因而形成审价争议。

工程师或建设方往往在资金尚未落实的情况下就着手开始工程建设,致使发包人千方百计要求承包人垫资施工、不支付预付款、尽量拖延支付进度款、拖延工程结算及工程审价进程,致使承包人的权益得不到保障,最终引起争议。

【案例10-2】某施工单位A与某办事处B签订了一份施工合同,由A为B建造一座8层楼,总造价207万元。后由于设计变更,双方又签订了补充合同,将造价调整为"预计257万元……"。A按期完工,B前后共支付了进度款205万元,双方正式进行了竣工验收。A和B之间的结算书由B报送建行审定,B在结算书上写明:"坚持按原合同结算,变更项目待后协商。"建行审定工程造价为289万元,但未述及支付变更工程款的事。A要求B支付剩余工程款,并承担违约金。B拒绝支付,A遂向人民法院起诉。

该案经一、二审,均以拖欠工程款为案由,判令B支付剩余款项及从结算日起算的利息。B不服,继续申诉。省高院认为该案确有不当之处,予以提审,改判称:该案案由不当,因第一份合同,办事处已支付完工程款,不存在拖欠。至于工程设计修改后,造价增加,对增加部分双方有分歧,不能算 B 违约,只能算工程款结算纠纷。本案是确认之诉,不是给付之诉,所以违约金应从法院确认之日起算,判决 B 在此基础上支付余款本息。

3.工期拖延争议

工期延误往往是由于错综复杂的原因造成的,要分清各方责任往往十分困难。属工程师或建设方的责任,除按约定承担违约责任外,还应给予施工方工期延长;属第三方或客观条件方面的原因,应给予施工方责任减免和适度工期延长,向有关责任方追偿损失或补助;建设方(含工程师)和施工方的混合过错,要分清责任,根据过错比例确定工期延长、责任减免和损害赔偿;纯属施工方过错和行为致损,即使承担了违约责任,也不得给予工期延长。以上原则方式,可通过和解、调解、行政处理甚至仲裁或诉讼来实现。

【案例 10-3】某大型桥梁,跨越平原区河流。桥梁所跨河段水深常在 5 米以上,河床淤泥层较厚。工程采用 FIDIC 标准合同条件,中标合同价为 7800 多万美元,工期 24 个月。

开工后,在开挖桥墩中发现地质情况复杂,淤泥厚度比资料所述大得多,岩基高程较设计图纸高程降低 3.5 米。工程师多次修改施工图纸,而且推迟交付图纸。因此,在工程将近完工时,承包商提出索赔,要求延长工期 6.5 个月,补偿费用损失约 3000 多万美元。

建设方聘请咨询工程师进行了分析。该咨询工程师认为,有关工程实际所需工期为 28 个月,造价约为 9000 多万美元。本来 1500 多万美元为承包商可以索赔的上限,但在投标中承包商少报了 500 万美元,可视为承包商自愿放弃。因此,约 1000 万美元为目前承包商可以索赔的上限,工期补偿为 28-24=4 个月。承包商工期超过合同工期 6.5 个月,其中 2.5 个月应当由建设方反索赔。根据合同约定,承包商每逾期一天的"误期损害赔偿金"为 9.5 万美元。在咨询工程师建议下,经建设方与承包商反复洽商,最后达成如下协议:

(1)建设方批准给承包商支付索赔款 1000 万美元,批准延长工期 4 个月。

(2)承包商向建设方支付误期损害赔偿款 9.5 万美元/天×76 天=722 万美元。

(3)以上两项相抵后,建设方一次向承包商支付索赔款 280 万美元。

4.安全损害赔偿争议

安全损害赔偿争议包括安全责任事故、相邻关系纠纷、施工环节不当等引发的人员和财产损害、安全事故责任等方面的赔偿争议。其中,工程相邻关系纠纷成为发生频率越来越高,牵涉主体和财产价值也越来越多的问题。《中华人民共和国建筑法》第 39 条规定:"施工现场对毗邻的建筑物、构筑物和特殊作业环境可能造成损害的,建筑施工企业应当采取安全防护措施。"

【案例 10-4】某房地产开发公司 A 为在某一旧式花园洋房的东南方新建高层建筑,将工程发包给施工企业 B。与此同时,该洋房的正东面已有另一房地产开发公司 C 新建成一多层住宅。在 C 的建筑活动中,该花园洋房已出现墙壁开裂、地基不均匀下沉等项弊端。B 施工以后,花园洋房墙壁开裂加剧且明显倾斜。花园洋房的所有权人以 B、C 为共同被告诉至法院,请求判令二被告修复房屋并赔偿损失。诉讼中原告又将 A 追加为被告。

案件审理中,法院委托进行了技术鉴定,查明该多层住宅裂缝产生的主要原因是地基的不均匀沉降,次要原因是楼房之间的高低效应。而在其地基尚未稳定的情形下,A 新建房屋由 B 承包后开始开挖地基,此行为又使该花园洋房损坏加剧。故判决由 C 按有关《房屋质量保修书》的约定实施修复,A 和 B 各承担修复费用的 35%。

5. 工程质量及保修争议

质量争议包括工程材料不符合法定或约定的技术标准,有关设备性能和规格不合要求,工程交付使用后产品的质量或数量达不到设计要求,施工和安装有严重缺陷等。这类争议主要表现为:工程师或发包人要求清除违规材料和更换不合格的设备,或者返工重做,或者修理后予以降价处理。特别对于设备质量问题,甚至发生要求退货并赔偿经济损失的事。而承包人则认为缺陷是可以改正的,或者业已改正;对生产设备质量则认为是性能测试方法错误,或者认为产成品的原料不合格或者是发包人操作有问题等,质量争议往往变成为责任问题争议。

保修期内的缺陷修复往往往是发包人和承包人争议的焦点,特别是承包人对保修期内已经通知发生的约定弊端拖延修复,或发包人未经通知承包人就自行委托第三人对工程缺陷进行了修复。在这些情况下动用质量保修金都会引发争议。

【案例 10-5】某单位 A 为建设职工宿舍楼,与市建筑公司 B 签订了一份施工合同,建筑面积 6000 平方米,高 7 层,总造价 150 万元,由 A 提供建材指标,B 包工包料,主体工程和内外承重墙一律使用国家标准红机砖,每层都用钢砼圈梁加固。

B 按合同约定的时间竣工。在验交时,A 发现 2~5 层楼内承重墙裂缝较多,要求 B 修复后再验交,遭到 B 的拒绝,认为不影响使用。2 个月后,A 发现这些裂缝越来越大,最大的裂缝能透过其看到对面的墙壁,便提出工程系危险房屋,要求承包人拆除重建,并拒付剩余款项。B 提出,裂缝属于砖的质量问题,与施工技术无关。双方协商未果,A 诉至法院。

经法院审理查明:本案建筑工程实行大包干的形式,A 提供建材指标,B 为节省费用,在采购机砖时,只采购了外墙和主体结构的红机砖,而对内承重墙则使用了价格较低的烟灰砖。而烟灰砖因为干燥、吸水、伸缩性大,导致裂缝出现。法院委托市建筑工程研究所现场勘察、鉴定,认为烟灰砖不适用于高层建筑和内承重墙,建议所有内承重墙用钢筋网加水泥砂浆修复加固后方可使用。经法院调解,双方达成协议,承包人将 2~5 层所有内承重墙均用钢筋网加固后再进行内装修,所需费用由承包人承担。验收合格后,发包人在 10 日内将工程款一次向承包人结清。

6. 合同中止及终止争议

合同中止造成的争议有:承包人因这种中止致损严重而得不到足够的补偿,发包人对承包人提出中止合同的补偿费用计算有异议;承包人因设计错误或发包人拖欠支付工程款造成困难提出中止合同,发包人不承认承包人提出的中止合同的理由,也不同意承包人的责难及其补偿要求等。

合同终止一般会给某一方或者双方造成损害。除不可抗力外,任何终止合同的争议往往是难以调和的矛盾造成的。如何合理处置合同终止后双方的权利和义务,责任和利益的配比往往是这类争议的焦点。合同终止可能有以下几种情况:

(1)承包人的责任引起的合同终止。例如,发包人认为并证明承包人不履约或不能正确履约,已经严重地使工期滞后,且已无法改变这种局面。例如,承包人破产或严重负债等。在这些情况下,发包人可能宣布终止与该承包人的合同,将承包人驱逐出工地,并要求承包人赔偿工程终止造成的损失,甚至发包人可能会立即从有关银行提取履约保函和预付款保函的全部金额赔损;承包人则要求取得已完工程的付款,要求发包人补偿其已运到现场的材料、设备和各种设施的费用,还要求发包人赔偿其经济损失,并退还被扣留的银行保函等。

(2)发包人的责任引起的合同终止。例如,发包人不履约或不能正确履约、严重拖延应付工程款;发包人破产并被证明已无力支付欠款;发包人严重干扰或阻碍承包人的工作等。在这种情况下,承包人可能宣布终止合同,并要求发包人赔偿其因合同终止而遭受的损失。

(3)非合同双方责任引起的终止合同。例如,由于不可抗力使任何一方不得不终止合同,某些政治因素引起的履约障碍属于此类。尽管一方可以引用不可抗力宣布终止合同,但如果另一方有不同看法,或者合同中未约定这类问题处理办法,双方应通过协商处理,若协商无果则应提起仲裁或诉讼。

(4)单方终止合同。例如,发包人因改变整个设计方案、改变工程建设地点或者其他任何原因而通知承包人终止合同,承包人因其总部的某种安排而主动要求终止合同等。这类单方终止合同事件,大都发生在工程初期,要求终止合同的一方通常会给予对方适当补偿,但是仍然可能在补偿范围和金额方面发生争议。例如,发包人要求终止合同时,承诺给承包人的补偿往往只限于其直接损失,而承包人还会要求补偿其失去承包其他工程机会而遭受的间接损失。

【案例10-6】某建筑公司 B 与某厂 A 签订施工合同,B 为 A 承担 6 台 400 立方米煤气罐检查返修任务,工期六个月,约定当年 10 月开工,合同价 42 万元。临近开工时,因煤气罐仍在运行,双方议定改为次年 7 月动工。届时 B 调集机械和人员进入现场,搭设脚手架,装配排残液管线。施工两个月后,A 要求提前竣工,遭拒后继而提出解除合同问题,承包人仍未同意。接着,A 正式发文单方解除合同,限期让 B 拆除脚手架。为此 B 向法院起诉,要求 A 赔偿其实际损失 24 万元。

在案件审理中,A 认为:B 投入施工现场的人员少、素质差,不可能保证工程质量和如期完工。B 认为:本方有计划地调集和加强施工力量,足以保质按期完工;A 在工期未过半时就断言工程质量不可靠,缺乏根据。法院认为:有关施工合同是有效合同,A 单方毁约毫无根据,应负违约责任。在法院主持下双方达成调解协议,终止执行有关合同,由 A 向 B 赔偿 16 万元。

10.2　合同争议的和解与调解

为尽可能减少工程承包合同争议,合同双方首先应对合同内容进行认真的磋商,其次在履约中双方应当及时交换意见,及时处理所发现的的问题,切勿积累,尽量将争议解决在履约过程中。

根据《合同法》第 128 条的规定,当事人可以选择四种方式解决合同争议,即协商和解、调解、仲裁、诉讼。遇到合同争议,应当认真考虑对方当事人的态度、双方之间的合作关系等因素,经认真权衡选择对自己最为有利的解决方式。

➤ 10.2.1　和解

1.和解的原则

和解是指在合同争议发生后,当事人在自愿基础上,依照法律、法规的规定和合同的约定,自行协商解决合同争议的一种方式。它是解决合同争议最常见、最简便、最经济的方法。和解应遵循以下原则:

(1)合法原则。

合法原则要求工程合同当事人在和解解决合同纠纷时,必须遵守国家法律、法规的要求,所达成的协议内容不得违反法律、法规的规定,也不得损害国家利益、社会公共利益和他人的合法权益。

(2)自愿原则。

自愿原则是指合同当事人采取和解方式解决争议,是自己选择或愿意接受的,并非受到对方当事人的强迫、威胁或其他的外界压力。同时,双方当事人协议的内容也必须是出于自愿,决不允许任何一方给对方施加压力,迫使对方接受。

(3)平等原则。

双方当事人解决合同争议中的法律地位是平等的,双方要互相尊重,平等对待,不允许以强凌弱,以大欺小。对于合同或事实中双方理解不一致者,可以通过耐心解释,特别是借用工程惯例予以处理。

(4)互谅互让原则。

互谅互让原则指工程合同当事人在如实陈述客观事实和理由的基础上,也要多从自身找找原因。即使自身没有过错,也不能得理不让人。

2. 争议和解应当注意的几个问题

(1)坚持原则。

在合同争议的解决过程中,双方当事人既要互相谅解,以诚相待,勇于承担各自的责任,又不能进行无原则的和解,要杜绝损害国家利益和社会公共利益的行为。对于违约责任,违约方应当主动担责,受害方也应当积极主张,决不能以协作为名,假公济私、慷国家之慨。

(2)分清责任。

和解解决合同争议的基础是分清责任。当事人要实事求是地分析争议产生的原因,不能一味地推卸责任。应当以详细和可靠的证据材料作依据,以法定的条文和约定的合同条款作为标准,始终坚持摆事实讲道理的态度。

(3)及时解决。

及时是和解的灵魂。由于和解不具有强制执行力,易出现当事人反悔。如果当事人在协商中出现僵局,就不应该继续坚持和解的办法。特别是一方当事人有故意不法侵害行为时,更应当及时采取其他方法解决。

(4)注意把握和解的技巧。

首先要求当事人诚实信用,以理相待,处处表现出宽容和善意。其次,要求当事人要恰当使用协商语言,不使用过激的或模棱两可的语言。再次,在协商过程中,要摆事实、讲道理,围绕中心,抓住主要问题,以使合同争议的主要问题及时得到解决。还要注意"得理让人",对非原则问题,可以作一些必要的让步,促使问题及早解决。

任何协商都不是一蹴而就的。一是双方坚持不让,谈判陷入僵局。这时比较可行的办法是委托双方都有关系的第三人"牵线搭桥"。二是谈判达成谅解。应及时将谈判结果写成书面文件,并经双方正式签署。新的协议文件应当是处理方案明确,且有处理的合理期限,以利实施。三是谈判破裂,在谈判已明显出现不可能达成妥协方案时,应当为使用其他解决争议的方式作好准备。

➤ 10.2.2　调解

1. 调解的原则

调解是指发生合同争议后,在第三人的主持下,促使合同当事人在互谅互让的基础上达成协议从而解决争议的活动。调解一般应遵循以下原则:

(1)自愿原则。

合同争议的调解过程,实际是一个分清是非、明确责任、协商一致的过程。只有合同当事人自愿接受调解,调解人才能进行调解。调解协议也必须由双方当事人自愿达成。调解人在调解过程中必须充分尊重当事人的意愿,并对双方当事人进行耐心劝导,促使双方当事人互相谅解,达成协议。

(2)合法原则。

合同当事人协议的内容必须合法,不得同法律、法规和政策相违背,也不得损害国家利益、社会公共利益和第三人的合法权益。合同当事人只能在法律法规允许的范围内,自由地处分自己的权利。

(3)公平原则。

调解人应采取权义对等、责权利一致的态度,取得双方当事人的信任,促使他们自愿地达成协议。绝不能采用"和稀泥"、"各打五十大板"等无原则性的方式。否则,如果偏袒一方压服另一方,只能引起当事人的反感,不利于争议的解决。

2. 调解的方式

(1)行政调解。

行政调解是指发生合同争议后,在有关行政主管部门主持下,合同当事人自愿达成解决合同争议的方式。行政调解人一般是一方或双方当事人的行政或业务主管部门。这样既能满足各方的合理要求,维护其合法权益,又能使合同争议得到及时的解决。

(2)法院调解或仲裁调解。

法院调解或仲裁调解是指在审理合同争议的诉讼或仲裁活动中,在法院或仲裁机构的主持下,合同当事人平等协商,自愿达成协议,并经法院或仲裁机构认可的活动。调解书经双方当事人签收后,即发生法律效力,当事人应当自觉履行。调解未果或者调解书签收前当事人一方或双方反悔的,调解即告终结,法院或仲裁庭应当及时裁决而不得久调不决。调解书发生法律效力后,如果一方不履行时,另一方当事人可向人民法院申请强制执行。

(3)民间调解。

民间调解是指合同发生争议后,当事人共同协商,请有威望、受信赖的第三人,包括人民调解委员会、企事业单位或其他经济组织、一般公民以及律师、专业人士等作为中间调解人,双方合理合法地达成解决争议的协议。民间调解靠当事人自觉履行,以双方当事人的信誉、道德,以及主持人的人格力量、威望等来保证履行。

律师或专业人士主持调解争议可以在一定程度上弥补我国现有调解队伍力量不足的现象。

10.3 合同争议仲裁

合同争议仲裁大都称为经济仲裁,是指合同当事人根据合同中的仲裁条款或另外达成的仲裁协议,选定仲裁机构对合同争议依法进行具有法律效力的调解或裁决的活动。

10.3.1 经济仲裁特征

在我国境内履行的工程合同,双方当事人申请仲裁的,适用 1995 年 9 月 1 日起施行的《中华人民共和国仲裁法》。仲裁具有如下特点:

1.仲裁当事人具有多种选择权利

(1)合同当事人可以约定提交仲裁的争议范围、适用的法律、仲裁机构、仲裁规则和仲裁地点及仲裁程序所使用的语言等。

(2)合同当事人可以自己选择仲裁员。许多仲裁机构备有仲裁员名单,多为法律方面的专家、知名律师、技术专家、教授、知名人士等,比法官审判更具有权威性和说服力。

(3)当事人在仲裁事项的选择和仲裁员的选择上争执不下的,可由仲裁委员会主任指定或自任审理。

2.仲裁程序的保密性和排他性

(1)仲裁程序一般都是保密的,案件审理一般不允许旁听或者采访。但是,除涉及国家秘密的案件以外,当事人协议仲裁公开进行的,则可以公开进行。

(2)仲裁管辖具有排他性。合同当事人一旦约定仲裁,则法院不得受理相关的诉讼请求。

(3)仲裁处理的法律效力等同于司法判决的法律效力。

3.仲裁裁决质量可靠效率较高

(1)仲裁实行一裁终局制。仲裁从立案到最终裁决的持续时间一般为三个月。

(2)仲裁员多数具有高级职称,具体办案人员往往是有关方面的行家里手。

(3)仲裁机构没有级别管辖和地域管辖。仲裁时效等同于诉讼时效。

(4)国内仲裁机构所在地的中级人民法院有权裁定撤销错误的仲裁裁决书。

10.3.2 经济仲裁的基本原则

1.独立办案原则

仲裁机构多数以"地名＋仲裁委员会"来命名。仲裁委员会是由政府组织有关部门和商会统一组建的民间团体。仲裁委员会具有独立行使仲裁权,不受行政机关、社会团体和个人的干涉。它与行政机关、司法机关以及其他仲裁委员会之间不存在隶属关系和管理关系。

2.自愿的原则

自愿原则体现在许多方面,例如,是否选择仲裁的方式解决争议,选择哪一个仲裁机构进行仲裁,仲裁是否公开进行,是否要求调解,是否进行和解等,都是由当事人约定。仲裁庭对案件的管辖权来自合同中的仲裁条款或另行达成的仲裁协议。

3.或裁或审的原则

《中华人民共和国仲裁法》第 5 条规定:"当事人达成仲裁协议,一方向人民法院起诉的,人民法院不予受理,但仲裁协议无效的除外。"

4.一裁终局的原则

《中华人民共和国仲裁法》第 9 条规定:"仲裁实行一裁终局制的制度。"一裁终局是指仲裁裁决作出之后,当事人就同一争议再申请仲裁或者向法院起诉的,仲裁委员会或者法院都不应受理,但是当事人有足够的理由、证据,向仲裁机构所在地中级人民法院申请撤销仲裁裁决的除外。

5.先行调解的原则

先行调解就是仲裁机构裁决之前,根据争议的情况或双方当事人的自愿而进行的说服和劝导工作,以便双方当事人自愿达成调解协议,解决合同争议。

➤ 10.3.3 仲裁协议

仲裁协议是指当事人自愿选择仲裁的方式解决他们之间可能发生的或者已经发生的合同争议的书面约定。它是仲裁机构对有关案件有管辖权的依据。

(1)仲裁协议应当具有以下主要内容:

①请求仲裁的意思表示。即双方当事人应当明确表示将合同争议提交有关仲裁机构解决。

②仲裁事项。即双方当事人共同协商确定的提交仲裁的合同争议范围。

③选定的仲裁委员会。双方当事人应明确约定仲裁事项由哪一个仲裁机构进行仲裁。

(2)导致仲裁协议无效的原因有:

①约定的仲裁事项超出法律规定的范围。

②无民事行为能力或者限制行为能力的人订立的仲裁协议。

③当事人一方采取胁迫手段,迫使对方订立仲裁协议。

此外,仲裁协议对仲裁事项约定不明确的,当事人可以补充协议;达不成补充协议的,仲裁协议无效。

➤ 10.3.4 仲裁程序

1.仲裁的一般程序

(1)仲裁申请和受理。

①仲裁申请。

仲裁申请是指经济纠纷当事人向约定的仲裁委员会提请审理具体纠纷的书面材料。当事人申请仲裁应当符合下列条件:有仲裁协议;有具体的仲裁请求和事实、理由;属于仲裁委员会的受理范围。

在申请仲裁时,仲裁申请书应当载明下列事项:个体当事人的姓名、性别、年龄、职业、工作单位和住所;法人或其他组织的名称、住所、法定代表人或者主要负责人的姓名、职务;仲裁请求和所根据的事实、理由;证据及其来源和作用、证人姓名和住所。

②仲裁受理。

受理是指仲裁委员会依法同意立案,着手处理有关争议。仲裁委员会在收到仲裁申请书之日起 5 日内,认为符合受理条件的,应当受理,并通知当事人;认为不符合受理条件的,应当书面通知当事人不予受理,并说明理由。

(2)组成仲裁庭。

仲裁委员会受理仲裁申请后,应当组成仲裁庭进行仲裁活动。仲裁庭不是一种常设的机构,其组成的原则是一案一组庭。仲裁庭有两种组成方式:

①仲裁庭由三名仲裁员组成,即合议制的仲裁庭。采用这种方式,应当由当事人双方各自选择一名或者各自委托仲裁委员会主任分别指定一名仲裁员。第三名仲裁员即首席仲裁员由当事人共同选定或者共同委托仲裁委员会主任选定。必要时可由仲裁委员会主任兼任。

②仲裁庭由一名仲裁员组成,即独任制的仲裁庭。这名仲裁员由当事人共同选定或者共同委托仲裁委员会主任指定。

在具体的仲裁活动中,采取上述两种方法中的哪一种,由当事人在仲裁协议中协商决定。当事人没有约定或者约定不明的,由仲裁委员会主任指定。仲裁庭组成后,仲裁委员会应当将仲裁庭的组成情况书面通知当事人。

(3)开庭和裁决。

开庭是指仲裁庭按照法定的程序对案件进行审理。《中华人民共和国仲裁法》第39条规定:"仲裁应当开庭进行。"也就是当事人共同到庭,经调查和辩论后进行裁决。同时,该条还规定:"当事人协议不开庭的,仲裁庭可以根据仲裁申请书、答辩书以及其他材料作出裁决。"

在开庭以前,仲裁委员会应当在规定的期限内将开庭日期通知双方当事人;申请人无正当理由不到庭或者未经仲裁庭许可中途退庭的,可以视为撤回仲裁申请;被申请人无正当理由不到庭或者中途退庭的,可以缺席裁决。

在仲裁过程中,原则上应由当事人承担对其主张事由的举证责任。证据应当在开庭时出示,当事人有权质证和进行辩论。辩论终结时,首席仲裁员或者独任仲裁员应当征询当事人的最后意见。

仲裁庭在作出裁决前,当事人自愿调解的,仲裁庭应当调解;当事人不愿调解或调解无果的,仲裁庭应当进行裁决。调解达成协议的,仲裁庭应当制作调解书,调解书应当送达双方当事人。

仲裁裁决是指仲裁机构经过审理,依据事实和法律,对当事人双方的争议作出的具有法律约束力的判定。仲裁裁决应当按照多数仲裁员的意见作出,少数仲裁员的不同意见可以记入笔录;仲裁庭不能形成多数意见时裁决按照首席仲裁员的意见作出。裁决应当制作裁决书,仲裁书自作出之日起生效,和人民法院的判决具有同等法律效力。

2.法院对仲裁的协助

(1)法院对仲裁活动的协助。

①财产保全。财产保全是指为了保证仲裁裁决能够得到实际执行,在法定条件下所采取的限制有关当事人、利害关系人处分财物的保障措施。它包括查封、扣押、冻结以及法律规定的其他方法。

②证据保全。证据保全是指在证据可能毁损、灭失或者以后难以取得的情况下,采取一定的措施加以确定和保护的制度。

③强制执行。仲裁裁决具有强制执行力,对双方当事人都有约束力,当事人应该自觉履行。《中华人民共和国仲裁法》规定,一方当事人不履行仲裁裁决的,另一方当事人可以依照民事诉讼法的有关规定向人民法院申请执行。

（2）法院对仲裁的监督。

为了保护各方当事人的合法权益，《中华人民共和国仲裁法》规定了法院对仲裁活动实施司法监督的制度。司法监督的实现方式主要是允许当事人向有管辖权的法院申请撤销仲裁裁决和不予执行仲裁裁决。

①撤销仲裁裁决。当事人提出证据证明裁决有下列情形之一的，可以在自收到仲裁裁决书之日起6个月内向仲裁委员会所在地的中级人民法院申请撤销仲裁裁决：没有仲裁协议的；裁决的事项不属于仲裁协议的范围或者仲裁委员会无权仲裁的；仲裁庭的组成或者仲裁的程序违反法定程序的；裁决所根据的证据是伪造的；对方当事人隐瞒了足以影响公正裁决证据的；仲裁员在仲裁该案时有索贿受贿、徇私舞弊、枉法裁决行为的。

此外，法院认定仲裁裁决违背社会公共利益的应当裁定撤销。法院应当在受理撤销裁决申请之日起两个月内作出撤销裁决或者驳回申请的裁定，法院裁定撤销裁决的，应当裁定终止执行；撤销裁决的申请被裁定驳回的，法院应当裁定恢复执行。

②不予执行仲裁裁决。在仲裁裁决执行中，如果被申请人提出仲裁违法的证据，经法院组成合议庭审查核实，裁定不予执行该仲裁裁决。

仲裁裁决被法院裁定不予执行的，当事人就该争议可以根据双方重新达成的仲裁协议申请仲裁；也可以向法院起诉。

10.4　合同争议的诉讼

合同争议的诉讼是指人民法院根据合同当事人的请求，在所有诉讼参与人的参加下，审理和解决有关合同争议的活动。

1. 合同争议的特点

合同争议的诉讼属于民事诉讼，其主要特点是：

（1）公权性。

民事诉讼是以司法方式解决平等主体之间的纠纷，是由法院代表国家行使审判权解决民事争议的活动。

（2）强制性。

①法院对民事案件只要符合管辖规定，就应当受理，依法被仲裁协议等排除管辖权的除外。

②法院作出的民事裁判可以依法强制执行。法院主持达成的生效调解协议与民事判决具有同等法律效力。

（3）程序性。

民事诉讼是法院、当事人和其他诉讼参与人严格依照法定程序开展的诉讼活动。违反法定诉讼程序常常会引起一定的法律后果，如法院的裁判被上级法院撤销，当事人失去某种诉讼或实体权利等。

2. 与处理合同争议有关的民事管辖要点

（1）因侵权行为提起的诉讼，由侵权行为地或者被告住所地人民法院管辖。

①侵权行为发生后，受害人既可以向侵权行为地人民法院起诉，也可以向被告住所地人民法院起诉。根据最高人民法院的司法解释，因产品质量不合格造成他人财产、人身损害提起诉

讼的,产品制造地、产品销售地、侵权行为地和被告住所地人民法院都有管辖权(《最高人民法院关于适用〈中华人民共和国民事诉讼法〉若干问题的意见》第 29 条)。在涉外民事诉讼中,只要侵权行为地或者侵权结果地在中国领域内的,人民法院依法享有诉讼管辖权。

②有些侵权案件的侵权行为实施地或结果地可以特别广泛。例如,反不正当竞争案件中,不正当竞争行为地是国内任何一个地方市场,其所在地法院都有管辖权。知识产权以及网络侵权诉讼等也有同样的特点。

(2)海陆空交通工具运转事故致损他人人身和财产,按先达地原则和有关交通工具权属地原则确定民事管辖权。

①因铁路、公路、水上和航空事故请求损害赔偿提起的诉讼,由事故发生地或者车辆船舶最先到达地、航空器最先降落地或者被告住所地人民法院管辖。

②因船舶碰撞或者其他海损事故(触礁、触岸、搁浅、浪损、失火、爆炸、沉没、失踪)造成财产、人身损害,以下四个地方的人民法院都有管辖权:其一,碰撞发生地;其二,碰撞船舶最初到达地;其三,加害船舶最后被扣留地;其四,被告住所地,一般是加害船舶的船籍港所在地。

③因海难救助费用提起的诉讼,由救助地或者被救助船舶最先到达地人民法院管辖。

④因共同海损提起的诉讼,由船舶最先到达地、共同海损理算地或者航程终止地人民法院管辖。

(3)协议管辖,又称合意管辖或者约定管辖,指合同争议当事人在原告或被告居所地、合同签订地或履行地、标的物所在地同级法院中协议约定一个法院对相关争议享有一审管辖权。

①协议管辖,必须书面约定。一旦经首告选定,一般不允许更改。

②协议管辖,不得违反法律对级别管辖和专属管辖的规定。

(4)专属管辖,是指对某些特定类型的案件,法律规定只能由特定的人民法院行使管辖权。专属管辖排斥其他类型的法定管辖,也排斥协议管辖。

①因不动产纠纷提起的诉讼,由不动产所在地人民法院管辖。

不动产,是指不能够移动或者移动后会引起性质、状态的改变,从而损失其经济价值的财产,如土地、山林、草原以及土地上的建筑物、农作物等。因不动产纠纷提起的诉讼,主要是因不动产的所有权、使用权、相邻权发生纠纷而引起的诉讼,以及相邻不动产之间因地界不清发生争议而引起的诉讼等。

②因港口作业发生纠纷提起的诉讼,由港口所在地人民法院管辖。

港口作业中发生的纠纷主要有两类:一是在港口进行货物装卸、驳运、保管等作业中发生的纠纷;二是船舶在港口作业中,由于违章操作造成他人人身或财产损害的侵权纠纷。港口作业纠纷属于海事海商案件,应由该港口所在地的海事法院管辖。

③因继承遗产纠纷提起的诉讼,由被继承人死亡时住所地或者主要遗产所在地人民法院管辖。

④根据最高人民法院的规定,铁路运输合同纠纷及与铁路运输有关的侵权纠纷,由铁路运输法院管辖。

(5)共同管辖,是指依照法律规定两个或两个以上的人民法院对同一诉讼案件都有管辖权。原告可以向其中任一法院起诉。如果原告向两个以上有管辖权的人民法院起诉,由最先立案的人民法院管辖。

(6)移送管辖是案件从无管辖权的法院向有管辖权法院的移送。

①已经受理案件的人民法院,因发现本法院对该案件没有管辖权,而将案件移送给有管辖权的人民法院审理。

②当事人向无管辖权的人民法院起诉的,该法院应当根据民事诉讼法的规定,将案件移送给有管辖权的人民法院。

(7)指定管辖,指上级人民法院根据法律规定,指定其所在行政区内的下级人民法院对某一具体案件行使管辖权。

①有管辖权的人民法院由于特殊原因,不能行使管辖权的,由上级人民法院指定管辖。

②人民法院之间因管辖权发生争议,表现为争抢管辖权和推辞管辖权等形式,由争议的双方法院协商解决;协商无果,则可报请它们的共同上级人民法院指定管辖。

3.合同争议解决途径的选择

(1)有利有理有节,争取和解或调解。

自2003年以来,我国企业,主要是国有企业,设置并逐步完善了自己的内部法律顾问机构或部门,专职管理合同争议。发生争议后,法律顾问要深入研究案情和对策,处理争议要有理有利有节。

①首先争取用和解、调解的方式解决争议。

②和解失效、调解无果,则可启动争议评审机制解决争议。

争议评审机制,指合同当事人在履行建设合同发生争议时,根据合同约定,将有关争议提交临时成立的评审组,由评审组依据事实和法律给出结论性意见的纠纷解决方式。

该机制类似于仲裁,也被称为"准仲裁",评审人员多由仲裁机构提供,是近一两年来才出现的争议解决方式。它实际上奠定了诉讼和仲裁的判定基础。

③合同争议各方有人对评审不服,则可在时效期内提起仲裁或诉讼。

(2)重视诉讼、仲裁时效,及时主张权利。

通过仲裁、诉讼的方式解决工程合同争议的,应当特别注意有关仲裁时效与诉讼时效的法律规定,在时效期内主张权利。诉讼、仲裁时效似乎是一种程序方面的规定,实际上它是一种实体权利,是《民法通则》第七章的内容。

债权人的实体权利不因诉讼、仲裁时效期间届满而丧失,但其诉讼权利的丧失,致使其实体权利的实现依赖于债务人的自愿履行。《民法通则》第138条规定:"超过诉讼时效期间当事人自愿履行的,不受诉讼时效限制。"另有几个相关问题。

①时效期间的最后6个月内,债权人因不可抗力或其他障碍不能行使请求权的,时效中止。待有关原因消除后,继续计算时效期。

②时效中断指诉讼、仲裁时效进行中,因发生一定的法定事由致使已经经过的时效期间归于无效,待中断事由消除后,时效期间重新开始计算的规定。

③最长时效。历次时效中断之和不得超过20年。

(3)全面收集证据,确保证据链的客观充分,切实维护本方合法权益。

(4)抓住时机,促成财产保全。

①向办案人员讲明债务人有转移财产等项异常表现,请求人民法院在必要时裁定采取财产保全措施。

②利害关系人因情况紧急,不立即申请财产保全将会使其合法权益受到难以弥补的损害的,可以在起诉前向人民法院申请采取财产保全措施。

（5）聘请专业律师，尽早介入争议处理。

合同当事人不论是否有自己的法律机构，当遇到案情复杂、难以准确判断的争议时，应当尽早聘请专业律师，避免走弯路。工程合同争议的解决不仅取决合同当事人对行业情况的熟悉，某种程度上还取决于诉讼技巧和正确的策略，而这些都是专业律师的专长。

复习思考题

1. 合同争议的概念和实质是什么？

2. 何谓工程价款支付争议、审价争议、工期拖延争议、安全损害赔偿争议和工程质量保修争议？讨论它们的成因。

3. 何谓合同中止和终止争议？它们的成因和分类是怎样的？

4. 如何减少工程承包合同争议？主要方法有哪些？

5. 和解的原则和注意事项有哪些？

6. 调解的原则和方式有哪些？

7. 何谓合同争议仲裁？它有什么特征？

8. 经济仲裁的原则有哪些？

9. 仲裁协议的内容和无效原因各有哪些？

10. 简述经济仲裁的程序。

11. 人民法院如何实施对仲裁活动的协助和监督？

12. 合同争议引起的民事诉讼主要特点是什么？

13. 与合同争议有关的民事管辖要点有哪些？

14. 合同争议解决途径如何选择？

考证知识点

1. 我国现行的仲裁有三类：经济仲裁、劳动仲裁和行政仲裁。只有经济仲裁具有最终的法律效力。劳动仲裁和行政仲裁是人民法院处理相关案件的前提。劳动仲裁实质上也是一种行政仲裁。

我国的经济仲裁分为两类：国内经济事务仲裁，国际经济事务和海事仲裁。

2. 经济纠纷的当事人对仲裁协议的效力有异议或者对仲裁裁决不服，并在持有可靠证据的前提下，应向仲裁机构所在地中级人民法院申请裁定，宣告仲裁协议无效或者仲裁裁决无效。

3. 证据效力的顺序一般是：官方文件＞鉴定结论＞经过公证的书证＞目击者的证言。

4. 仲裁庭独立办案，不受任何机关、团体和个人的干涉。仲裁机构属于独立于行政机构的民间机构。

5. 人民法院的生效判决和裁定，有关当事人必须履行。无故不履行的，对方当事人可申请强制执行。当事人中一方是个体公民的，申请期为一年；当事人均为个体的，申请期为六个月。

6. 有关行政法规规定：以城市房地产登记后作为抵押担保标的的，登记部门为县级以上人民政府的有关管理部门，有关抵押合同自登记之日起生效。

7. 仲裁庭可由三名或一名仲裁员组成。当事人约定由三名仲裁员组成仲裁庭的，设首席仲裁员。当事人双方各选一名或各自委托仲裁委主任指定一名仲裁员，第三名仲裁员可由双方共同选定或委托仲裁委主任指定,一般担任首席仲裁员。当事人约定由一名仲裁员组成仲裁庭的,应由双方共同选定或委托仲裁委主任指定。

8. 尽管法律法规明文规定:招标人不得强制投标人垫资施工,但实际建筑活动中垫资施工的事情所在多有,纠纷不断。为此,最高人民法院在司法解释中明确规定:当事人的垫资及其利息有约定的,承包人请求返还,应予支持;约定利息高于银行同类贷款同期利息的部分除外。

9. 根据《中华人民共和国行政复议法》的规定,有两类不能提请复议的事项:不服行政处分或人事处理决定者;行政机关对民事纠纷的调解或处理。行政调解无果,不能提起行政复议或行政诉讼,只能申请仲裁或提起诉讼。

10. 根据《中华人民共和国民事诉讼法》的规定,先予执行须经诉讼当事人一方申请,人民法院可要求申请方提供担保。若申请方败诉,应赔偿被申请人有关的损失。

11. 根据我国《建设工程质量管理条例》的规定,建设方任意压缩合理工期应处罚款20～50万元。

12. 根据我国有关招投标的规范性文件规定,应当公开招标的工程项目,必须经过批准才可以实施邀请招标的工程项目有:实施技术比较复杂的;只有少数几家投标人或潜在投标人可供选择的;受地域或其他自然条件限制较多、影响较大的;涉及国家安全、国家机密或抢险救灾事务,可以招标但不宜公开招标的;适于公开招标,但费用和项目价值相比,不值得的;法律法规规定不宜公开招标的。

13. 用人单位设立劳动争议调解委员会,由职工代表、用人单位代表和用人单位工会代表三方组成。但用人单位代表不能超过调解委员会成员人数的三分之一。

14. 仲裁受案条件是:存在有效的仲裁协议或合同仲裁条款;有具体的仲裁请求事项;属于仲裁委员会受案范围。

15. 根据我国《建设工程质量管理条例》的规定,工程项目的竣工验交应符合下列条件:完成了设计和合同约定的各项内容;有完整的技术档案和施工管理资料;有工程项目所用的主要建筑材料、构配件和设备的进场试验报告;有勘察、设计、监理各方共同签署的质量合格文件;有施工方和建设方签署的工程质量保修书。

16. 根据我国《建设工程安全生产管理条例》的规定,建设方的安全职责是:向施工方提供有效的施工资料;依照法定或约定的事项履行有关合同;对建设场地拆除等有关情况实施备案。

17. 根据《合同法》第286条的规定和《最高人民法院关于建设工程价款优先受偿权问题的批复》,发包人逾期不支付工程结算款,除不宜折价、拍卖者外,承包人可与发包人协议将工程折价,也可申请法院拍卖。工程价款优先受偿,优先于抵押权和其他债权。但工程价款只包括实际支出的费用,而不包括因发包人违约所致损失。

18. 根据《中华人民共和国仲裁法》的规定,平等主体的公民、法人和其他组织间发生合同纠纷和其他财产权益纠纷,可以申请仲裁。

19. 时标网络计划是横道计划和网络计划的结合,即在时间坐标中绘制网络计划。时间坐标单位可以取天、周、月、季、年,常用间接法和直接法进行绘制。间接法绘制的主要步骤是:对普通网络图,需要计算出最早作业时间;从起点开始,将起点节点绘制在时间坐标中;按工作持续时间绘制出工作箭线(细实线),其水平投影长须与工作持续时间一致;箭线长度不够,可用波形线将箭头与完成节点连接。直接法绘制的主要步骤是:将起点节点设在时间坐标横轴上为0的位置;按工作持续状态绘制紧后工作箭线;网络图中其他工作的开始节点定位在诸项紧前工作中最晚完成的箭线箭头处。某些箭线长度不够,则用波形线将箭头与完成节点连接。如此,直至网络图的终点节点为止

单项选择题

1. 以下纠纷可以纳入仲裁处理的是( )。

   A. 抚养纠纷   B. 婚姻纠纷   C. 继承纠纷   D. 劳动纠纷

2. 经济纠纷的当事人协议选定国内的仲裁机构仲裁。一方对仲裁协议的效力有异议,请求人民法院裁定。该案件由仲裁委所在地的( )管辖。

   A. 基层法院   B. 中级法院   C. 高级法院   D. 最高法院

3. 以下证据中证明力最小的是( )。

   A. 人力资源和社会保障局的文件   B. 鉴定结论

   C. 经过公证的书证   D. 目击者证言

4. 以下关于仲裁机构特点的说法中不正确的是( )。

   A. 仲裁机构无隶属关系   B. 仲裁机构隶属于行政机构

   C. 仲裁庭不受仲裁机构干涉   D. 仲裁机构不受任何机关干涉

5. 某法院做出终审判决,判令甲单位应于2010年6月1日前向乙单位给付工程款。甲单位未自动履行。则乙单位申请强制执行的最后日期为( )。

   A. 2010年9月1日   B. 2010年12月1日

   C. 2011年3月1日   D. 2011年6月1日

6. 某企业以其办公大楼为抵押向银行贷款有关抵押合同生效的时间为( )之日。

   A. 抵押合同签章   B. 房产部门登记   C. 公证机关公证   D. 贷款合同生效

7. 关于仲裁庭组成的表述正确的是( )。

   A. 仲裁庭可由三名仲裁员或一名仲裁员组成,由三名仲裁员组成的,设首席仲裁员

   B. 由多名仲裁员组成仲裁庭的,不设首席仲裁员

   C. 仲裁庭由两名仲裁员组成,当事人双方各选一名

   D. 仲裁庭由当事人双方各选一名仲裁员组成

8. 某施工合同当事人双方约定,承包人垫资施工,发包人对有关垫付资金按现行银行贷款利率的两倍支付利息。因发包人到期未按约定实施,承包人诉至法院。对有关法院的以下处理,你认为正确的是( )。

   A. 予以追缴   B. 不予支持

   C. 支持按合同约定全部支付   D. 只支持按银行同类贷款现行利息支付

9. 某建设行政主管部门对一个建设工程合同争议案件进行调解没有结果。则该合同的受损方可以( )。

   A. 申请行政复议或提起行政诉讼   B. 申请仲裁或提起民事诉讼

   C. 申请行政复议后提起行政诉讼   D. 申请仲裁后提起民事诉讼

10. 某施工单位拖欠雇员王某的工资,经劳动仲裁后,王某不服,诉至法院。在一审开庭中,王某得知其子病重,急需用钱,请求先予执行。则下列关于先予执行的说法正确的是( )。

   A. 法院可裁定先予执行

B. 王某可申请法院可裁定先予执行

C. 因案件尚未审毕,当事人不得申请法院先予执行

D. 若王某败诉,无须赔偿给有关单位造成的损失

11. 建设单位任意压缩合理工期时,依据我国《工程建设质量管理条例》的规定,应当罚款( )万元。

A. 5~15 B. 10~30 C. 15~40 D. 20~50

多项选择题

1. 下列可实行邀请招标的工程项目是( )。

A. 涉及国家安全的项目

B. 抢险救灾项目

C. 受地域、自然条件限制的项目

D. 技术复杂且只有 4 家投标人可供选择的项目

E. 全部使用国有资金投资的项目

2. 用人单位设立劳动争议调解委员会由( )。

A. 劳动行政主管部门代表 B. 职工代表

C. 律师代表 D. 用人单位代表

E. 工会代表

3. 仲裁的申请条件是( )。

A. 有具体的仲裁请求 B. 经由相对人同意或默许

C. 存在有效的仲裁协议 D. 有约定的仲裁范围

E. 属于仲裁委员会的受案范围

4. 建筑工程竣工验交应具备的条件是( )。

A. 有完整的技术档案和施工管理资料

B. 分包工程项质量必须优良

C. 有施工方和建设方共同签署的工程质量保修书

D. 有勘察、设计、监理各方共同签署的质量合格文件

E. 主要功能项目抽查结果应符合《中华人民共和国产品质量法》的有关规定

5. 我国《建设工程安全生产管理条例》中规定的建设单位的安全责任有( )。

A. 持续进行安全生产教育 B. 向施工方提供有效的文件资料

C. 依照法定和约定全面履行有关合同 D. 办理意外伤害保险

E. 对拆除工程进行备案

6. 承包人将在建工程抵押给某银行用以促成贷款。后因发包人经营不佳,无力还贷及无法支付工程款。则下列关于承包人权利的说法中,正确的是( )。

A. 承包人可以申请法院批准拍卖有关在建工程

B. 承包人无权申请法院批准拍卖有关在建工程并从中优先受偿

C. 承包人应在工程竣工日申请法院批准拍卖

D. 承包人可以不申请法院批准拍卖,而是与发包人协商折价处理有关在建工程

E. 承包人因发包人违约而受损,可在拍卖有关在建工程所得中扣还

7. 以下各项纠纷中属于《中华人民共和国仲裁法》调整处理范围内的是（　　）。

A. 某建筑公司与某设备安装公司间的借款合同纠纷

B. 村民王某与村委会的耕地承包纠纷

C. 某施工单位与某商品混凝土供货商的供货合同纠纷

D. 施工单位之间有约定配合事项的施工合同纠纷

E. 钢筋工赵某与他所供职的施工单位之间的劳动纠纷

综合简答题

如何编制时标网络计划图？

参考文献

[1]杨庆丰.建筑工程招投标与合同管理[M].北京:机械工业出版社,2009.

[2]刘晓勤,等.建筑工程招投标与合同管理[M].上海:同济大学出版社,2009.

[3]全国一级建造师执业资格考试用书编写委员会.建设工程项目管理[M].2版.北京:中国建筑工业出版社,2010.

[4]杨春香,等.工程招投标与合同管理[M].北京:中国计划出版社,2011.

[5]李启明,等.工程项目采购与合同管理[M].北京:中国建筑工业出版社,2009.

[6]方俊,等.工程合同管理[M].北京:北京大学出版社,2006.

图书在版编目(CIP)数据

建设工程合同管理/高成民主编. —西安:西安交通大学
出版社,2013.7

高职高专"十二五"建筑及工程管理类专业系列规划教材

ISBN 978-7-5605-5302-3

Ⅰ.①建… Ⅱ.①高… Ⅲ.①建筑工程-经济合同-管理-
高等职业教育-教材 Ⅳ.①TU723.1

中国版本图书馆 CIP 数据核字(2013)第 113047 号

书　　名	建设工程合同管理
主　　编	高成民
责任编辑	史菲菲

出版发行	西安交通大学出版社
	(西安市兴庆南路 10 号　邮政编码 710049)
网　　址	http://www.xjtupress.com
电　　话	(029)82668357　82667874(发行中心)
	(029)82668315　82669096(总编办)
传　　真	(029)82668280
印　　刷	陕西新世纪印刷厂

开　　本	787mm×1092mm　1/16　印张 13.375　字数 318千字
版次印次	2013 年 7 月第 1 版　2013 年 7 月第 1 次印刷
书　　号	ISBN 978-7-5605-5302-3/TU·86
定　　价	24.80 元

读者购书、书店添货,如发现印装质量问题,请与本社发行中心联系、调换。

订购热线:(029)82665248　(029)82665249

投稿热线:(029)82668133

读者信箱:xj_rwjg@126.com